誰讓恐龍有了羽毛？

THE DINOSAURS REDISCOVERED

從顏色、行為到奔跑速度，
科學如何改寫恐龍的歷史與形象

Michael J. Benton

麥可・班頓———著　王惟芬———譯

科普漫遊 FQ1074

誰讓恐龍有了羽毛？：
從顏色、行為到奔跑速度，科學如何改寫恐龍的歷史與形象
The Dinosaurs Rediscovered: How a Scientific Revolution is Rewriting History

作　　　者	麥可‧班頓（Michael J. Benton）	
譯　　　者	王惟芬	
副總編輯	謝至平	
責任編輯	鄭家暐	
行銷企畫	陳彩玉、陳紫晴、林佩瑜	

編輯總監　劉麗真
總　經　理　陳逸瑛
發　行　人　涂玉雲
出　　　版　臉譜出版
　　　　　　城邦文化事業股份有限公司
　　　　　　臺北市中山區民生東路二段141號5樓
　　　　　　電話：886-2-25007696 傳真：886-2-25001952
發　　　行　英屬蓋曼群島商家庭傳媒股份有限公司城邦分公司
　　　　　　臺北市中山區民生東路二段141號11樓
　　　　　　客服專線：02-25007718；25007719
　　　　　　24小時傳真專線：02-25001990；25001991
　　　　　　服務時間：週一至週五上午09:30-12:00；下午13:30-17:00
　　　　　　劃撥帳號：19863813　戶名：書虫股份有限公司
　　　　　　讀者服務信箱：service@readingclub.com.tw
　　　　　　城邦網址：http://www.cite.com.tw
香港發行所　城邦（香港）出版集團有限公司
　　　　　　香港灣仔駱克道193號東超商業中心1樓
　　　　　　電話：852-25086231或25086217　傳真：852-25789337
　　　　　　電子信箱：hkcite@biznetvigator.com
新馬發行所　城邦（新、馬）出版集團
　　　　　　Cite（M）Sdn. Bhd.（458372U）
　　　　　　41, Jalan Radin Anum, Bandar Baru Sri Petaling,
　　　　　　57000 Kuala Lumpur, MalaysFia.
　　　　　　電話：603-90578822　傳真：603-90576622
　　　　　　電子信箱：cite@cite.com.my
一版一刷　2022年8月
一版二刷　2022年10月

城邦讀書花園
www.cite.com.tw

ISBN 978-626-315-152-9（紙本書）
ISBN 978-626-315-169-7（epub）

定　價　NT$ 550（紙本書）
定　價　NT$ 385（epub）

國家圖書館出版品預行編目資料

誰讓恐龍有了羽毛？：從顏色、行為到奔跑速度，
科學如何改寫恐龍的歷史與形象／麥可‧班頓
（Michael J. Benton）著；王惟芬譯. 一版. 臺北市：
臉譜，城邦文化出版；家庭傳媒城邦分公司發行，
2022.08
　　面；　　公分. --（科普漫遊；FQ1074）
譯自：The dinosaurs rediscovered : how a scientific
　　revolution is rewriting history
ISBN 978-626-315-152-9（平裝）

1.CST：爬蟲類化石　2.CST：動物演化　3.CST：古生物學
359.574　　　　　　　　　　　　　　111009025

Published by arrangement with Thames & Hudson Ltd, London, The Dinosaurs Rediscovered © 2019
Thames & Hudson Ltd, London
Text © 2019 Michael J. Benton

This edition first published in Taiwan in 2022 by Faces Publications, Taipei
Complex Chinese edition © 2022 Faces Publications

獻給我的妻子瑪麗和孩子菲利帕和唐納德，
感謝他們對我的容忍。

目　次

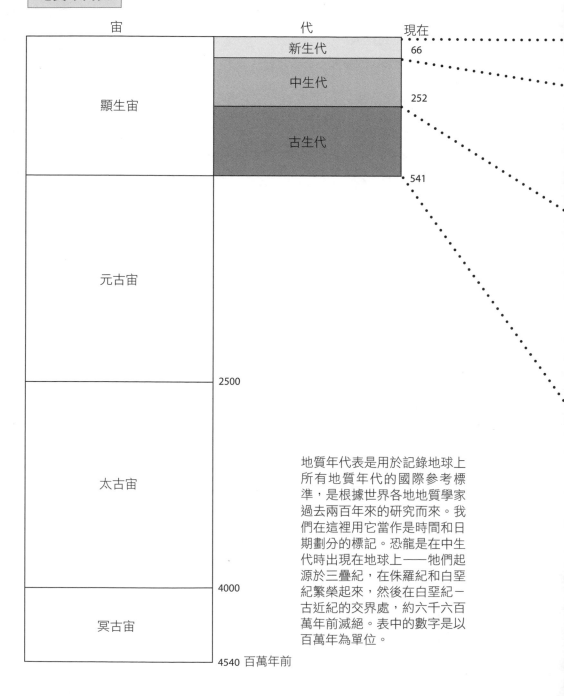

地質年代表

宙	代	現在
	新生代	66
顯生宙	中生代	252
	古生代	541
元古宙		
		2500
太古宙		
		4000
冥古宙		
		4540 百萬年前

地質年代表是用於記錄地球上所有地質年代的國際參考標準，是根據世界各地地質學家過去兩百年來的研究而來。我們在這裡用它當作是時間和日期劃分的標記。恐龍是在中生代時出現在地球上——牠們起源於三疊紀，在侏羅紀和白堊紀繁榮起來，然後在白堊紀－古近紀的交界處，約六千六百萬年前滅絕。表中的數字是以百萬年為單位。

紀	距今大約年代	
		現在
新生代	新近紀	23
	古近紀	66
中生代	白堊紀	145
	侏羅紀	201
	三疊紀	252
中生代	二疊紀	299
	石炭紀	359
	泥盆紀	419
	志留紀	444
	奧陶紀	485
	寒武紀	541 百萬年前

導言

科學發現

　　我還記得二〇〇八年十一月二十七日那天,布里斯托掃描式電子顯微鏡實驗室的帕迪·奧爾(Paddy Orr)過來找我,他說:「我們在羽毛化石裡發現了一些排列規則的胞器,你覺得那會是什麼?」我趕了過去。奧爾和我,還有顯微鏡實驗室主任斯圖爾特·吉恩斯(Stuart Kearns),全都齊聚在那裡,仔細觀察這些小化石碎片,它們是取自中國的某種帶羽毛恐龍。我們看著螢幕,上面顯示羽毛組織深處有一排排輕微扭曲的球形構造。斯圖爾特轉動顯微鏡的控制球,視野隨之改變,但不論移到哪裡,都可以看到它們。

羽毛化石中的球狀黑素體。

那是黑素體（melanosomes）。

在一塊一億兩千五百萬年前的羽毛化石裡。

黑素體呈空心囊狀，存在於含有黑色素（melanin）的羽毛或毛髮中。黑色素就是讓頭髮和羽毛呈現黑色、棕色、灰色和橘色等顏色的一種色素。我們是首次找到能夠證明恐龍身上帶有黑素體的人——至少就公開紀錄來說，這是史上首例證據。要是我們沒弄錯，這就是恐龍長有彩色羽毛的證據，可以說我們是第一批確定恐龍真的有顏色的研究團隊。

在那個當下，我們真的是欣喜若狂。當時最想做的，就是狂奔出去，告訴全世界——馬上向媒體公布，站在屋頂上大喊，讓所有人都知道！但身為科學家，我們所受的專業訓練告訴我們要謹慎行事，而且我們也不想在沒有確切證據前就貿然發表聲明，那樣太愚蠢了。在發表科學成果前，還得先經過一套完整的審核流程，就是所謂的「同儕審查」。在這個過程中，必須提供所有詳細且完整的證據，然後請兩三位其他同行進行獨立審查，等到這篇文章在科學期刊上發表後，才可以向主流媒體公布你的發現。

於是，我們只是一起出去喝了杯啤酒，以茲慶祝，並且計畫要查看更多的標本，進行觀察和測量。在二〇〇八年，這樣的發現可是會引起很大的爭議。我們在顯微鏡下看到的確實有可能是黑素體，但是假如不能重複這項觀察，並排除所有其他可能的解釋，那麼一定會遭到審查者的嚴厲批評。

過去三十年來，一直無法明確解釋羽毛組織中的這些微小結構，有人說是細菌，有人說是黑素體，還有人認為是假影……有時候它們看起來呈微小的球狀，就如同我所觀察到的；但在其他地方，也有人看到類似小香腸的形狀。它們的直徑只有約一微米，甚至半微米（一微米等於百萬分之一公尺，即千分之一公釐），我們的觀察已經接近當前掃描式電子顯微鏡的極限。它們是不是真的有可能只是某種無機物，或者只是在羽毛成為化石的過程中進入其內的礦物晶體呢？

二○○八年初，出生於丹麥的耶魯大學博士生雅各布·溫塞爾（Jakob Vinther）發表了一篇重量級的論文，指出那些微小的球狀和香腸狀結構都只出現在化石的深色部位，由此推論它們是黑素體而不是細菌。他的這種說法很有說服力，他認為，如果這些是在羽毛化石形成過程中侵入羽毛組織內，那些以吸取礦物質維生的細菌，那麼這些球狀應該均勻分布在整個表面，同時包括深色和淺色的條狀帶。

我們也同意他的這項觀點，並且立即把他的精闢見解運用到我們化石標本研究上，這是和北京的古脊椎動物與古人類研究所（Institute of Vertebrate Paleontology and Paleoanthropology）的張福成（Fucheng Zhang）博士一起合作的一批化石。張博士在二○○五年曾到布里斯托做過博士後研究，他帶來一些恐龍和鳥類的羽毛化石標本，這些標本對我們的研究很有幫助。

這些化石樣本是中華龍鳥（*Sinosauropteryx*），這是一種體長約一公尺的長尾恐龍，牠的前肢很短，但不會飛。雖然如此，中華龍鳥的化石完美保存了其背部鬃毛狀的羽毛和延伸到尾部的簇狀毛。黑素體是羽毛中角蛋白裡的空心囊，羽毛生長的時候會在其中注入黑色素。從我們在標本中看到的球狀黑素體研判，可以推測中華龍鳥的身體是赤黃的，還長有一條黃白相間的尾巴。

現在，我們有了客觀的證據，可以證明這種恐龍的顏色和顏色分布模式。知識的邊界再次擴大，一星期前還只是處於猜測階段的，現在變得確切起來。

科學戰勝猜測

這就是本書要講的故事主題，我要講的是在恐龍研究中，科學是如何戰勝猜測。才在不久前，當古生物學的恐龍研究面對「恐龍能跑多快？」、「恐龍能咬斷骨骼嗎？」、「恐龍是什麼顏色的？」這些問題時，所有的回應基本上都是猜測，再博學的人也無法給一個確切的答案。但現在，這些問題已經可以用證據來檢驗，這就是科學。從猜測到

科學，這是一大進展。

起點

　　和許多人一樣，我小時候對恐龍十分著迷。七歲時，我得到了一本由法蘭克・羅德斯（Frank Rhodes）、赫伯特・齊姆（Herbert Zim）和保羅・謝弗（Paul Shaffer）合著的經典小書《史前時代的化石指南》（*Fossils, a Guide to Prehistoric Life*）。我覺得這本書最棒的地方是所有的插圖都是彩色的——這在一九六〇年代可是相當罕見——而且當中不僅附有化石的圖片，還繪製出重建的恐龍圖。書中的文字則反映出當時的知識——根據美國自然史博物館亨利・奧斯本（Henry Osborn）教授的經典研究，推測出暴龍的樣貌；根據芝加哥大學雷伊・范・瓦倫（Leigh Van Valen）教授的觀點，推估恐龍是以相當緩慢的步調走上滅絕一途，也許是因為氣候長期冷化（或者可能僅是因為牠們過於駑鈍，無法適應不斷變化的世界）。

　　他們對此言之鑿鑿，講得煞有介事，儘管希望我們接受或拒絕這些解釋的理由只有一個，那就是這些觀點都是來自知名機構的傑出教授（而且有的還留著一臉鬍鬚）。

　　儘管如此，對七歲我來說，這樣就足夠了。那時的我從來沒有想過要去質疑一本書的內容以及其權威性，尤其是因為羅德斯、齊姆和謝弗所提出的大部分要點早就廣為傳誦。畢竟，奧斯本教授和范瓦倫教授怎麼可能去測試他們對暴龍樣貌或恐龍滅絕方式的理論呢？恐龍早已死去多時，現在僅能以骨架和分散的骨骼為代表。而且恐龍的滅絕發生在六千六百萬年前，現在的科學家怎麼可能指望對牠進行多嚴謹的科學研究呢？

什麼是科學？

　　這就是歐內斯特・拉塞福爵士（Sir Ernest Rutherford）的想法，這位出生在紐西蘭的物理學家，因為在劍橋大學發現放射性元素的半衰期

而成名，他在一九二〇年前後曾說：「所有的科學不是在做物理研究，就是在集郵。」即使在今天，許多死硬派的物理學家可能也會同意他的觀點。總之，他當時就裁定大半的化學、生物學、地質學以及醫學和農業等應用科學都不是科學的。

我確信在拉塞福眼中，科學研究猶如一譜系，從「強」到「弱」，由左到右。最強的是數學和物理學——也就是他從事的這種科學，可以設計實驗並且無止境地重複相同的結果。在這些科學中，理論中的方程式可以證明為普世定律，例如萬有引力或光的電磁理論。而在這譜系的另一端，則是所謂的「軟科學」，例如社會學、經濟學和心理學。

身兼諾貝爾獎得主的物理學家歐內斯特·拉塞福爵士對於什麼是（和不是）真正的科學有強烈的看法。

我猜想拉塞福也有想到對大自然十分著迷的維多利亞時代，那時有許多業餘的植物學家、海池撿拾者和化石獵人，他們會在週末時出外採集。確實，若前去蒐集標本的原因只是因為大自然造物的美好外觀，或是想要把自己的藏品湊齊成套（我之前曾看過列出所有鳥類的手冊），這並不是科學。但，若是他們記錄下新資訊，好比說一個稀有種蝴蝶的新紀錄，那算科學嗎？這幾乎還是沒有碰觸到科學的邊界，不是嗎？那地質學和古生物學這類探究過去的歷史科學呢？

他們專研的是很久以前的事件，例如地球的起源、化石紀錄中突然出現大量生物的「寒武紀大爆發」、恐龍的起源或人類的起源。這些都是無法重複的單一事件。我們也不可能搭乘時光機回到過去，看看到底發生了什麼。

其他的歷史科學，當然一定有考古學和自然地理學（氣候和景觀的歷史），但也包含探討宇宙起源和功能的天文學和探討這些問題的宇宙學，以及大半的生物學——這是在探討動植物群的演化和功能、牠們的生態和行為，以及獨特的適應性和遺傳。

一九三四年，偉大的科學哲學家卡爾‧波普（Karl Popper）在他的重要著作《科學發現的邏輯》（*The Logic of Scientific Discovery*）中提供了一個答案。在這本書中，他認為假設或假說（hypothesis）是沒有限制的，但必須透過他所謂的「假設演繹法」（hypothetico-deductive method）隨時接受反駁。假設只能是可否證的，但永遠無法被證明。所以，如果史密斯教授宣稱，「我的假設是暴龍是紫色的，帶有黃色的斑點，」這樣的主張並不是一個真正的假設，因為他沒有提供任何證據，因此既無法證明也無法予以反駁；這只是一種信念。（不過這裡請注意一點，這和我們說中華龍鳥是赤黃色，尾巴還帶有黃白相間的條紋是不同的，我們的做法是科學的，因為這可能會被另一位科學家反駁，他們可能無法找到我們所聲稱的證據，也就是黑素體。）

波普之後解釋道，證據的積累會證實一假設。然而，即使得到充分支持，一個假設還是有可能會被新發現的事實所推翻。他以天鵝為例來說明，過去曾認為，或假設，天鵝之所以是白色的，是一種基本的生物適應，這樣牠們就可以在冬天的雪地中好好地偽裝。但是，黑天鵝的發現推翻了這一假設——十七世紀歐洲博物學家首次在澳洲看到黑天鵝——或者至少增加了一個但書：「並非所有的天鵝都是白色的，澳洲黑天鵝就不能以偽裝說來解釋。」波普的重點在於，任何可以提出一系列可檢驗的假設（即他的假設演繹法）就有資格成為科學，因此如果架構得宜，社會學、經濟學、心理學，甚至古生物學，這些全都可算是科學。

在這裡我對拉塞福有點不公平，我想他應當會接受波普大部分的說法。他只是對一般性的定律提出較為限制的主張。地質學家和生物學家一直在努力建構他們學科的普遍定律。

比方說，演化是一個普遍的原則或一套過程，是整個生命史以及現代現象的基礎，比方說病媒和害蟲對藥物和殺蟲劑演化出抗藥性。因此，演化具有普遍性，而且可以解釋，它提供了一個大型的整體框架，成千上萬的科學家就在其中發展他們的專業生涯。但演化不像是萬有引力或光的電磁理論那樣，可以提供一個普世皆然的定律，也無法做出準確的預測。

重力和光不論是在哪種情況下，都是可以預測的，但演化取決於生物和環境等各種難以預測的因素。

古生物學家使用哪些方法和證據？

一九七六年我還在亞伯丁大學讀生物系，完全不會為上述這些科學爭議煩心。我只是想成為古生物學家，能夠做我喜歡的事情——蒐集化石，繪製古代生物，不斷閱讀關於恐龍的文章，（最終）因此獲得報酬。我們學了生物學中的所有科目，包括動植物的運作原理以及其演化、生態和行為。

然後，我們聽了一系列不尋常的講座，是由一位老派教授講授——事實上，他可能不是教授——他名叫菲爾・奧金（Phil Orkin），長著滿臉皺紋，整個人看起來就很古老。（我查看大學紀錄後，發現菲爾出生於一九〇八年，他教我們的時候是六十八歲；他於二〇〇四年去世，享耆壽九十六歲。過世前一直在亞伯丁，領導當地的小型猶太社群。）他告訴我們一些讓人震驚不已的事——我們所學到的事實可能是錯的，將來會加以修改、糾正甚至遭到推翻。

身為學生的我們在聽他的課時感到很掙扎與困擾，因為他講課時不會在黑板上寫字，而且他也不發講義。儘管如此，奧金確實讓我們思考過去所學——他告訴我們，所有的知識都是暫時的，我們必須努力做出準確的觀察。要是我們最後真的有觀察到什麼可以推翻前人所接受的假設，最好要先確保我們的觀察正確無誤。

古生物學家可以用什麼？他們有化石，以及這些化石所在的岩石，

還有顯微鏡，可以在這些化石中尋找精細的結構——比如之前提到的黑素體。他們也有來自工程學、物理學、生物學和化學的方法，可以應用在他們的化石上。野外調查也提供很好的數據。

比方說，一九九〇年代我和俄羅斯的同行一起前去在歐亞邊界的奧倫堡（Orenburg）附近，去看那邊二疊紀和三疊紀的紅層（red bed）。這些「紅層」（之所以會有這個稱號，是因為它們是由紅色的泥岩和砂岩所組成的岩石層）綿延數百公里，保存了發生在兩億五千兩百萬年前的二疊紀－三疊紀大滅絕（Permian–Triassic mass extinction）這一漫長時期的紀錄。在蒐集化石的同時，我們也詳細記錄了沉積物的演替，每隔一公尺左右就採樣一次，以便日後進行實驗室分析。我們想找出這些樣本的地質化學特性，記錄在整個演替過程中氧和碳的濃度，找出關於當時氣候和大氣的訊息，特別是大滅絕這段時期的，當時地球上大約百分之九十五的物種都滅絕了。我們也使用磁性地層學的方法記錄下每個地層的北磁極位向——地球磁極不時會出現反轉的情況，以至於南北磁極翻轉。這一個個危機事件標誌在時間軸上，科學家因此可以根據世界統一的標準對岩石進行定年。

我們在俄羅斯蒐集的數據足以讓地質學家和古生物學家測試他們的假設，諸如滅絕事件持續了多長時間，以及它是單一事件還是多起——事實上，當時爆發了兩次滅絕，彼此相隔六萬年。這些觀察需要進行非常謹慎和複雜的分析，它們整合起來，為科學家提供了必要的框架，以此來探討造成災難性生命損失的原因，以及生命在災後如何恢復（這一點我在二〇一五年的《當生物幾近死絕之際》〔When Life Nearly Died〕一書中有寫到）。

我們在俄羅斯，沿著壯觀的烏拉河（Ural）和薩克馬拉河（Sakmara）的河岸蒐集到各種化石，這兩條河將來自從烏拉爾山脈的水往北帶去，一路上侵蝕二疊紀和三疊紀的紅層。古代沉積物有本體化石、骨骼和貝殼，以及包含足跡和糞化石（coprolite）在內的生痕化石。痕跡會顯示出軟組織的細節，例如腳底的皮膚圖案，並記錄下一隻

或多隻動物在兩億五千萬年前某一天的行為；我們甚至可以從腳印的間距來估計其行進速度。在俄羅斯，我們沒有發現任何保存特別完好的化石，例如顯示出皮膚或羽毛的化石，但這類化石，好比說我們那隻長著羽毛的中國恐龍，對於古生物學的解釋至關重要。

可進行檢驗的方法：包圍法

奧斯本教授在談論暴龍的覓食行為時，提到了獅子和獵犬這類現代的掠食動物。牠們的行為或可提供關於這些滅絕動物如何行動的線索。例如，今日多數的獵犬由於體形過小，無法像獅子或老虎那樣，一口咬住獵物的脖子。因此，在加拿大可能會出現一小群狼尾隨著駝鹿的畫面，牠們咬斷牠腿部的肌腱，嘗試將腿折斷，讓動物癱瘓。狼隨時都可能被駝鹿踢死，所以必須繞圈，並迅速衝進去咬一口。在被追趕好幾哩路之後，筋疲力盡的駝鹿可能會倒下，狼群最終可以殺死牠，享用牠的肉。這些觀察讓人對小型掠食性恐龍捕食大型獵物的方式有了一些概念。

在這類例子中，古生物學家是以今鑑古，以現代類似的生物為基礎，對化石物種提出一個可信而生動的假設。在某些情況下，對現代類似物的研究可以為古生物學家指點迷津，確定出要在化石中尋找的東西。也許無法從恐龍的骨架來確定其狩獵的模式，但可以從這些狩獵者身上的骨折和損壞骨骼的頻率來推斷，由此研判牠們是否像現代野外的大貓和野狗一樣，會願意冒著受傷的風險，撲向體形更大的獵物。

但是這裡有一個關鍵問題，要如何為古生物挑選牠們的的現代類比物種？如果想要探討暴龍的狩獵策略，選擇哺乳動物中的狼會是一個很好的類比嗎？還是要從獅子、老鷹甚至鯊魚的狩獵行為當中尋找？這個問題一直要等到一九九五年才得到解答。

在那一年，賴瑞・威特默（Larry Witmer）提出了他琢磨已久的洞見，這足以讓我們能夠對諸如暴龍這類沒有保存細節的化石進行大量討論。我們可以描述牠的眼球、舌頭、腿部肌肉，甚至是產卵和狩獵等行

為。威特默的這套見解現在稱為「現存親緣包圍法」（extant phylogenetic bracket）；親緣關係（phylogeny）或譯為種系發生，是指一個或多個生物體的演化史。他的推論是，如果類比物種選擇得當，可以從中獲得很多訊息。比方說，在演化樹上，鳥類和鱷魚是近親——牠們和恐龍都屬於主龍類，或譯古龍類（archosaurs），這個英文字的原意是主宰一切的爬行動物。若是鱷魚和鳥類共享眼球或腿部肌肉的某些細節，那麼可以推測恐龍也是如此。但我們不能僅僅因為鳥類有羽毛，就說恐龍也有羽毛，因為鱷魚沒有羽毛。所以就這項特徵而言，無法把恐龍包括進來。這就是為什麼我們可以很有信心地描述暴龍眼球的形狀和功能——不隨便拿獅子或鯊魚來比較，而是拿鱷魚和鳥，因為在演化樹上，恐龍這一支系是介於鱷魚和鳥類之間，因此會具有這兩類動物共同享有的眼睛結構和功能等大多數特徵。同樣地，我們可以說暴龍在孵化後可能會表現出一點點的親代照顧行為，因為鱷魚和鳥類也都有這種行為。

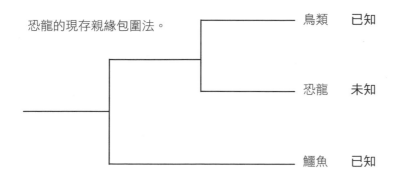

恐龍的現存親緣包圍法。

鳥類　　已知

恐龍　　未知

鱷魚　　已知

我可以舉一個具體的例子來說明，這在我們恐龍羽毛顏色的研究中至關重要。我們研究了現代鳥類的羽毛顏色是如何展現出來的，以及不同種類的黑色素，如黑褐色和赤黃色與不同的胞器間的關聯。黑褐色的黑色素是包裹在香腸狀的黑素體中，而赤黃色的黑色素則是在球狀黑素體中。我們在鳥類的羽毛上看到這一點，並且這模式總是千篇一律。就連包括人類在內的所有哺乳動物也是如此。在演化樹上，鳥類和哺乳動

物包圍著恐龍和其他大多數已滅絕的爬行類，所以這是一個普遍的特徵。因此，當我們看到中華龍鳥的球狀黑素體時，我們的想法是，既然鳥類有，哺乳動物也有，那麼介於這兩者間的恐龍也會有。因此我們推論，中華龍鳥有薑黃色的羽毛。

可驗證的方法：工程模型

古生物學中另一項可進行驗證的方法是數位模型的工程分析。數位模型是在電腦中完美的模擬出一物體的立體結構。這個模型可以旋轉和放大，分析師可以在這結構中自如來去，從數位暴龍頭骨中的左眼窩飛進去，再從嘴巴出來，然後從右鼻孔返回，在鼻腔內部探索。可驗證性的祕訣是將正確的材料屬性映射到骨骼上——換言之，根據現代骨骼計算出的骨骼的材料屬性，像是要粉碎一立方公分的骨骼需要用多少力，以及一定直徑的骨骼在折斷之前可以彎曲多大的角度。之後，就可以開始進行工程分析。

艾蜜莉・雷菲爾德（Emily Rayfield）在英國劍橋攻讀博士時，研究出異特龍（*Allosaurus*）頭骨的形狀和功能，這是種晚侏羅世的大型掠食性恐龍。她掃描了頭骨，並且將缺失和受損的骨骼補上，移走變形的部分，建立出完美的頭骨3D模型。然後她指定頭骨不同部分的材質特性——牙齒的琺瑯質硬而脆，頭骨兩側的骨骼部分則較為柔軟有韌性。

要分配頭骨的材質屬性，得將其劃分為金字塔型的「細胞」或元素，然後使用一種經典的工程學方法——有限元素分析（finite element analysis，簡稱FEA）進行研究。在建築和土木工程領域已廣泛應用有限元素分析，設計師在真正開始施工前都會以此來對設計方案進行負荷測試。所有的摩天大樓、大橋，以及我們放心乘坐的飛機，在製造前都有先經過有限元素分析的測試。

這裡的重點在於我們知道這種方法是可行的。為即將建造的摩天大樓、橋梁或飛機預先建立數位模型並進行負荷測試，是為了確定它們的

抗壓極限在哪裡，這是工程結構設計的基礎，是建造前不可缺少的步驟。我們之所以能夠放心地居住在摩天大樓裡，毫無顧慮地搭乘飛機，是因為我們相信其建造所依據的計算結果是正確的。所以，如果我們用同樣的方法來研究恐龍的頭骨或腿骨，理當也要接受這些計算結果。在電腦裡就可以完美模擬出的滅絕動物模型，展現其機能。這是個很了不起的主張，等於是告訴大家古生物學是一門可驗證的科學。古生物學的某些領域已經發展成嚴謹的硬科學，我想就算連拉塞福教授也會同意這一點。

革命

我親身經歷過一次古生物學界的革命。大約是在四十年前，我剛開始攻讀這門學科時，那時的古生物學還是一門實用導向的學科，主要目標是解決油氣開採方面的問題，這一點在我的故鄉亞伯丁（Aberdeen）尤其重要。當時受惠於北海油田的蓬勃發展，亞伯丁的經濟起飛。不過那時候，要是我的教授真的在課堂上講恐龍的體形、機能和演化，恐怕也很心虛，因為當時在這方面沒什麼真憑實據。

在我的科學職業生涯中，我見證了恐龍研究（以及大體上整個古生物學）從自然史轉變成可驗證科學的過程。新科技不斷揭露出封印在古老化石中的祕密，我們現在可以研判恐龍的顏色、牙齒的咬合力、奔跑速度，甚至是親代育幼的習性。我自己也積極參與了當中許多主題的辯論，包括演化樹的重建；侏羅紀公園現象；以DNA技術讓恐龍復活的可行性；電腦斷層掃描和數位成像的革新；使用新的技術模型來測試暴龍牙齒咬合力和奔跑速度以及研判恐龍顏色等。

媒體對當代古生物學研究的報導主要都放在化石的重大發現上，像是在阿根廷巴塔哥尼亞（Patagonia）地區發現的巨型蜥臀目的恐龍骨架，在中國發現帶有羽毛的恐龍化石，以及在緬甸琥珀中發現保存有一小段恐龍尾巴等。毋庸置疑，發現新化石是當代古生物學研究的基礎，但真正革新古生物學領域，使其產生信心的是科學技術和研究方法的進

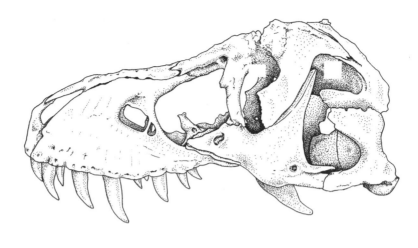

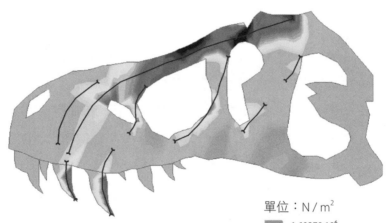

單位：N／m²

	1.60270 10⁶
	-1.1411 ×10⁵
	-1.8309 ×10⁶
	-3.5478 ×10⁶
	-5.2646 ×10⁶
	-6.9815 ×10⁶
	-8.6983 ×10⁶
	-1.0415 ×10⁷
	-1.2132 ×10⁷

暴龍的頭骨（上圖）和一個可用來進行壓力測
試的數位頭骨模型（下圖）。最下方的長條圖
以陰影的深淺來表示壓力大小，灰階愈淺表示
壓力愈大。

步。

　　本書的宗旨是向讀者展現最新的重大化石發現，帶領大家超越野外
發掘現場與博物館實驗室，進入更深層的世界。古生物學的轉型是貫穿
本書的主軸，我們將回顧古生物學如何從根植於維多利亞時期自然史中
的歷史性科學，蛻變成當代一門以高科技和複雜演算為主的扎實科學。
這當中有許多迅速變革的時刻，也有以前所未有的速度出現的驚人發
現。

第一章

恐龍的起源

恐龍起源於三疊紀，這件事是可以肯定的，也就是在252～201個百萬年前。至於其他的一切，幾乎沒有什麼是可以確定的。比方說，牠們確切出現的時間是在早三疊世還是晚三疊世？當牠們出現時，世界是什麼模樣？牠們是因為打敗其他野獸而爭奪到稱霸全球生態系的主導地位？還是純然只是運氣好？早在一九八〇年代，當我踏進古生物學這一行，展開我的職業生涯時，上面這些問題都是熱門話題。我畢生的研究都投入在解決這些問題上，但我不能說現在這一切都解決了：每當解決一個問題，就會出現更多問題。本書就是一則關於演化、新化石和新分析不斷變動的故事。

我的博士研究有部分是在嘗試確定恐龍起源時的生態模型。關於那個時代，有一個「標準」模型，是一個歷經三個步驟的過程。首先，當時主要的植食性動物和肉食性動物是哺乳動物的祖先合弓類（synapsids）。然後，牠們漸漸為植食性的喙頭龍類（rhynchosaurs）和肉食性的早期主龍類所取代。主龍類包括今天的鳥類和鱷魚還有恐龍及其祖先。最後一個步驟就是，喙頭龍類和早期的主龍類又將大位讓給恐龍。在下文，我們很快就會遇到所有這些動物，尤其是喙頭龍類和最早的恐龍。

這三個步驟可說是一場生態接力，由一群動物交棒給另一群，最後又讓位給另一群。這個解釋恐龍起源的生態接力模型（ecological-relay model）是由當時兩位美國重量級的古生物學家艾爾・羅默（Al Romer）和內德・科爾伯特（Ned Colbert）所提出的，當時所有的標準教科書都是他們寫的，因此他們的想法受到廣泛傳播和閱讀。羅默－科爾伯特接

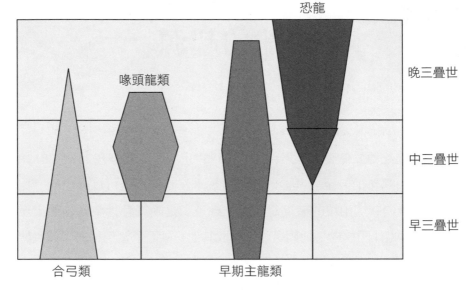

恐龍

喙頭龍類

晚三疊世

中三疊世

早三疊世

合弓類　　　　　　　早期主龍類

關於恐龍起源的古典模型：在三疊紀經過漸進式的競爭汰換。

力模型（Romer–Colbert relay model）的重點在於，他們假設所有這些
動物之間都在彼此競爭，而恐龍最終以某種方式爭奪到世界霸主的地
位。牠們是如何做到的呢？可能是因為牠們採行站立的姿態，所以可以
比身邊生存策略較不成功的鄰居跑得更快。以更廣泛的演化用語來說，
羅默－科爾伯特生態接力模型是牢牢地奠基在一個假設上，即大規模的
演化是漸進式的。

　　身為一個不知輕重的年輕研究者，我在一九八三年發表了一篇完全
與其唱反調的文章。我認為恐龍大約是在兩億三千萬年前的那場大爆發
中出現的，並沒有經過什麼長期的競爭，而是在一次滅絕事件之後。當
時氣候變遷導致環境乾燥，普遍分布於地表的植物種類出現改變，針葉
樹開始盛行起來，喙頭龍類和早期的主龍類因此滅絕。當時的喙頭龍類
只能難過地咀嚼著新的乾旱地區中的針葉樹上難嚼的針葉；這與牠們過
去所適應的食物不同，那是一種同樣堅硬但更富營養的種子蕨（seed
fern），問題是這些植物需要潮濕的氣候才能生長。也許是乾燥氣候再
加上針葉樹蔓延導致種子蕨這類植物迅速消亡，拖垮了喙頭龍類族群。

在牠們的鼎盛時期，喙頭龍類類非常豐富，占了整個動物群的百分之八十。牠們滅絕後，恐龍趁虛而入，擴展到空出來的生態空間——這便是我在一九八三年時提出的觀點，我認為恐龍浮上檯面只是機會使然，而不是漸漸勝出。

我提出的這個新想法可能惹惱了那些地位崇高的古生物學家。那時，我的確與英國研究三疊紀恐龍的前輩進行過一次有點激烈，而且完全出乎我意料的討論，這位前輩是倫敦自然史博物館恐龍組的組長艾倫·查里格（Alan Charig）博士。一九八五年在曼徹斯特的一場研討會上，他在淋浴間裡攔下我，我們就在那裡進行了一番嚴肅的討論。（在那個時代，研討會通常是在附有公共淋浴設施的大學宿舍舉行。）我試圖說服查里格我們應該採用數值化的親緣關係方法來解決宏觀演化中的大問題，但他不同意這一點；最後我們同意彼此可以抱持不同的觀點，在平和的場面下告別，只是兩人身上都弄得有點潮濕而已。

本書是一則關於大尺度演化的故事，而這也取決於對化石、岩石和大尺度演化模型的充分了解。我們將研究三疊紀動物的生態，接著去認識喙頭龍類（一群怪異但可愛的三疊紀動物群，牠們是解開許多疑團的關鍵），然後再探討第一批恐龍從何而來的問題，接著會討論如何將化石、氣候變遷和大滅絕組合起來，講述恐龍崛起，稱霸地球的故事。

生態學和恐龍的起源

那麼，何以羅默、科爾伯特和查理格會認為恐龍具有競爭優勢，勝過了牠們的對手呢？這有部分是基於演化所假定的過程——恐龍取代了競爭失敗的劣勢者（如合弓類、喙頭龍類和早期的主龍類），在稱霸一億八千萬年後，又被哺乳類所取代。這一路上的每一步都標誌著某種進步，動物變得更快、更聰明，或者至少成為更強大的競爭者。

就某方面來看，這樣的演化觀純粹是達爾文式的，是優勝劣敗，是適者生存，是生命不斷地改進。然而從一九八〇年以來，我們學習到演化並不是如此單向或殘酷。事實上，地球的物理環境不斷在變動，比方

說氣候的暖化或冷化、大陸漂移、山脈隆起以及海平面的上升和下降等。隨著外在條件的變化，生活在其中的動植物不斷地適應，完全按照達爾文演化論的方式，但永遠達不到止於至善的那一天。因為，環境變動難以預測，又帶有一些隨機的性質，所以整體上來說，物種各有所長，但可能永遠不會完美無缺。

一九八〇年代的研究著重在動物的姿態。今日的爬行類，如烏龜、蜥蜴和鱷魚等，都是匍匐爬行：也就是說，牠們會把四肢往旁側伸出一點。在前進時，若是有人從上方俯視牠們，會發現每條手臂和腿都在空中畫出一條寬闊的弧線，而脊椎則是從一側彎曲到另一側。匍匐前行的爬行類在移動時會將腹部靠近地面，而且通常只能快速爬行很短的距離。另一方面，哺乳類在移動時則以立姿為主的，這意味著牠們的胳膊和腿都收在身體內側，走路時，會擺動整條手臂和腿來跨步，四肢和身體沒有太多的橫向運動。眾所皆知，馬或狼這類哺乳類可以跑得又快又遠，而匍匐爬行的爬行類通常都不擅於長跑。

所以，最後對此提出的一項論點是，在三疊紀時，爬行類的移動姿勢出現大幅轉變。合弓類和喙頭龍類主要的運動方式是匍匐前行，恐龍則是採取立姿行走，這一點賦予牠們競爭優勢。恐龍的生活節奏要比那些較早演化出來的合弓類和喙頭龍類來得快，因此牠們在三疊紀這五千萬年的時間裡，贏得了這場生物軍備競賽。

這理論似乎講得通，也能夠解釋目前所發現的化石證據。然而，我還是覺得有點不對勁，因為我發現化石和岩石講的是不同的故事。從地層紀錄來看，恐龍接管地球的速度相當迅速，並不是採行漸進的方式，而且也沒有找到直接競爭的證據。這一點是我在讀博士時研究喙頭龍類時所發現的，這一群爬行類曾經稱霸全球生態系，就在恐龍族群大爆發之前。

喙頭龍類

一九七八年我開始在泰恩河畔紐卡索大學（University of Newcastle-

地質年代（百萬年前）

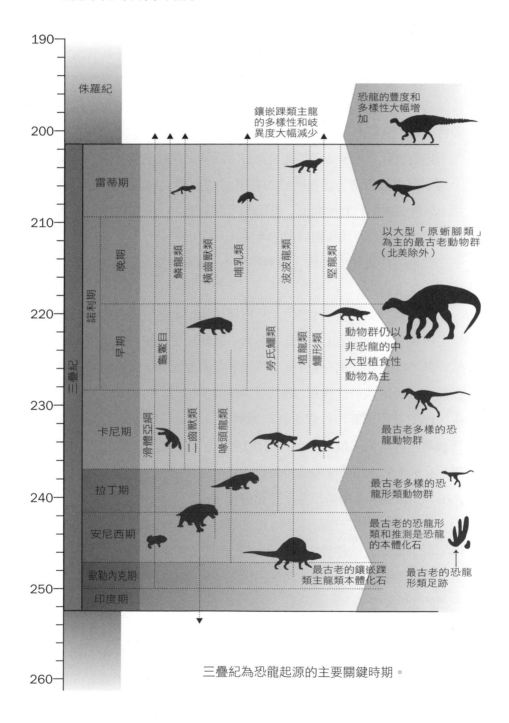

三疊紀為恐龍起源的主要關鍵時期。

upon-Tyne，又簡稱新堡大學）讀博士班，我的指導教授艾利克・沃克（Alick D. Walker）分配給我的研究主題是晚三疊世蘇格蘭的喙頭龍類中的**異平齒龍**（*Hyperodapedon*）（見隔頁）這一屬的。我的工作是去檢視這批樣貌奇怪、看似笨重的植食性四足爬行類，學校裡一共有二十幾個標本。這些標本是一八五〇年代以來陸續蒐集到的，地點是在蘇格蘭東北部的埃爾金（Elgin），那是個迷人的市集小鎮，標本是在小鎮周圍的黃色砂岩中發現的。

化石很麻煩，因為它們就是岩石中的洞。在蘇格蘭這個具有兩億三千萬年歷史的角落，那裡的岩石在某個時刻遭到掩埋、擠壓、高溫燒烤，最後又被抬升到地面上。骨頭的殘骸都還在，看起來像是怪異的油灰。在維多利亞時代，博物館的籌備人員曾經費盡心力地拿著錘子和鑿子來整理這些鬆軟的骨頭，想要移除上面的細粒砂岩，但結果不盡理想。

艾利克・沃克在一九五〇年代展開他對埃爾金附近三疊紀動物群的畢生研究，當時他就匠心獨具地想到一個好辦法，決定以這些天然地層當模具，將當中的骨頭殘骸全部移除，然後灌模製作出高擬真的鑄件。我從未弄清楚他最後選擇以聚氯乙烯（PVC）當作灌模材料的前因後果。PVC是用來製作橡膠手套的原料，最初是一種可以加入顏色的黏稠液體，將其倒入模具中，再行烘烤固化，最後把它拉出來。PVC橡膠手套的柔韌性和強度極強，正是我們所需要的——在灌注和烘烤後，PVC深入滲透岩石中的每個空腔和裂縫。

有時，我得找三四個同學一起來幫忙，才有辦法從岩石中拉出一個PVC腿骨或頭骨的鑄件。不過，這些辛苦是非常值得的，因為砂岩保留了非常精細的構造，顯示出異平齒龍頭骨的細節，像是眼睛的淚管、主要的血管和骨縫。

現在我們知道，喙頭龍類的體長可達一點五公尺，頭骨特徵容易辨認，帶有一個鉤狀的吻部，若是從側面看，有點像是在咧嘴大笑，頭骨後方則非常寬。這樣一顆寬大的頭顱在顴骨（偏小）和頜骨之間形成了

一個巨大的空間，當牠們還活著的時候，當中充滿了幾條強大的頜骨肌。可以由肌肉的直徑來推估其力量，毫無疑問，喙頭龍類的咬合力大得驚人。從牠們的齒列就可看出這一點，在每根頜骨後面都長了好幾排的牙齒，而且會隨著這隻動物的生長而擴大。靠近前面的牙齒會因為上下牙齒的緊密咬合而磨損。事實上，維多利亞時代大力支持達爾文的托馬斯‧赫胥黎（Thomas Henry Huxley）也名列第一批描述喙頭龍類的古生物學家中，他就曾將牠們的下頜動作比擬是折疊小刀的閉合——下頜是刀片的部分，能夠牢牢地與上頜的凹槽密合。這意味著牠們的下頜對食物唯一能做的動作就是精準地切割，就像一把堅固的布剪刀一樣，這個動作在技術上稱為「剪切」。牠們的下巴無法側向移動，因此無法咀嚼食物。

認識喙頭龍類的適應特性和牠們的世界很重要，因為在恐龍出現之

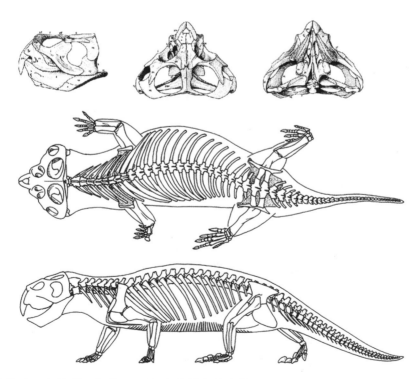

蘇格蘭埃爾金的異平齒龍——取自我博士論文的一頁。

學 名　戈氏異平齒龍（*Hyperodapedon gordoni*）

命名者	托馬斯・赫胥黎（1859）
年代	晚三疊世，237~227 百萬年前
化石地點	蘇格蘭
分類	主龍形下綱，喙頭龍目
體長	1.3公尺
重量	50公斤
鮮為人知的事實	異平齒龍曾生活在世界各地，在阿根廷、巴西、印度和坦尚尼亞都有人發現。

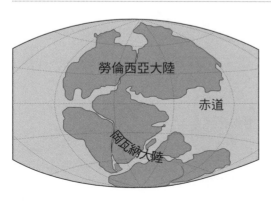

勞倫西亞大陸

赤道

岡瓦納大陸

前，喙頭龍類一直是主掌大地的植食性動物。牠們是以多快的速度遭到取代的？是否真的是因為恐龍出現而敗下陣來，走向滅絕一途？還是另有隱情？

在快完成博士論文時，我面臨到一個兩難的局面。喙頭龍類很可愛，至少在我看來是如此，牠們臉上掛著幸福的微笑，搭配著精確如剪刀的咬合動作，但牠們都是一樣的。數以百計的骨骸不僅出現在蘇格蘭三疊紀的地層中，在巴西、阿根廷、印度、坦尚尼亞、辛巴威、加拿大和美國的岩石中也有發現。起初，在不同地點發現的化石分別得到幾個不同的命名，但在我和其他人的重新研究比對後，卻發覺難以在其間找出明顯差異。在晚三疊世，異平齒龍曾與當時世界上最古老的恐龍共存在世界各地。

第一隻恐龍是何時出現的？

直到二〇〇〇年，我們所知最古老的恐龍都來自晚三疊世，大約是在兩億三千萬年前。最古老的一具恐龍標本是一九五〇年代和一九六〇年代在阿根廷的伊斯基瓜拉斯托組（Ischigualasto Formation）發現的，那時哈佛大學的羅默和當地的阿根廷地質學家開始在那裡進行挖掘。在安地斯山脈上可俯視整個伊斯基瓜拉斯托，這地方已經跟著地勢被抬起到這座大山脈的側翼。地質學家從聖胡安省（San Juan Province）的門多薩（Mendoza）市北方跋涉了兩百公里而來，最初還有路可以走，後來就進入接近恐龍遺址的泥濘小路。伊斯基瓜拉斯托的景觀是一片寬闊而荒蕪的山谷，因為遭受來自安第斯山脈東側的季節性洪水所侵蝕，整個區域早已被摧毀殆盡，裸露出一大片荒地風光，岩石中帶有被切割出來的尖銳溝壑，露出紅色和灰色的混合砂岩。含化石的地層位於伊斯基瓜拉斯托省立公園內，這座公園位於一個地名十分浪漫的地方：月亮谷（Valle de la Luna）。在這些貧瘠的土地上進行採集是非常艱鉅的，不過這的確是理想的化石獵區，因為這裡沒有土壤，也沒有植被，化石中白紫色的骨頭在岩石中相當顯眼。

羅默蒐集到的化石最後全都送回哈佛，他和他的學生發表了一系列描述化石的論文，包括**艾雷拉龍**（*Herrerasaurus*）（見隔頁）這種恐龍。這是由著名的阿根廷古生物學家奧斯瓦爾多・雷格（Osvaldo Reig）於一九六三年命名的。艾雷拉龍體形龐大，體長約六公尺，長有一副能夠切肉的大顎。牠是雙足動物，顯然能夠利用牠那雙有力且直立的後腿快速移動，每條後腿都配備了能開展廣泛的腳趾。牠還有一雙長而有力的手臂，可以用來抓獵物。牠的下顎長有一排二十五顆彎刀狀的牙齒，每顆都有鋸齒狀的邊緣，就像牛排刀一樣。這讓我很痛苦地在報告中寫道，艾雷拉龍可能大到足以吃下當時豐度最高的動物——喙頭龍類。伊斯基瓜拉斯托地層中也有體形較小的動物化石，如始盜龍（*Eoraptor*）和濫食龍（*Panphagia*）這兩種恐龍，每隻體長約一公尺，以及長有甲殼的植食性早期主龍類，例如堅蜥類（aetosaurs），以及一些小型的肉食性合弓類動物，牠們可能看起來像是有部分毛茸茸，有部分又無毛的老鼠。

一九九〇年代在省立伊斯基瓜拉斯托公園的科學探勘陸續又發現了數十具恐龍骨架，包括相當完整的艾雷拉龍和始盜龍的骨骼。伊斯基瓜拉斯托的恐龍群大約有兩億三千萬年的歷史，與在巴西、印度和北美洲同年代地層中發現的恐龍動物群類似，只是那些地方的化石數量較少。而這就是為什麼我將伊斯基瓜拉斯托恐龍群視為恐龍在一場重大環境危機後於全世界出現爆炸性多樣化的一項指標。

然後，在二〇〇〇年之後，一系列的新發現突然又將恐龍的起源日期往前推了一千五百萬年，將牠們置於一個意想不到的全新環境中。

在我們的理解中，這場革命的第一個暗示來自波蘭。二〇〇三年，華沙古生物學研究所所長耶日・傑克（Jerzy Dzik）發表了一種在波蘭南部找到的瘦小爬行類，定名為**西里龍**（*Silesaurus*）（圖見隔頁）。牠的化石非常完整，體長大約兩公尺，有一副修長的身體，細瘦的胳膊和腿，由此可以肯定牠是直立站姿，另外還有一長脖子和光滑的頭部。牠看起來好像主要是以雙足類奔跑的方式行動，也可以趴下來，用牠細長

| 學　名 | 伊斯基瓜拉斯托艾雷拉龍
（*Herrerasaurus ischigualastensis*） |

命名者	奧斯瓦爾多・雷格（1963）
年代	晚三疊世，237～227百萬年前
化石地點	阿根廷
分類	恐龍總目：蜥臀目：艾雷拉龍科
體長	6公尺
重量	270公斤
鮮為人知 的事實	艾雷拉龍這群動物，看起來像獸腳類，但應該是早期的蜥臀類動物，牠們既不是獸腳類，也不算是蜥腳形類。

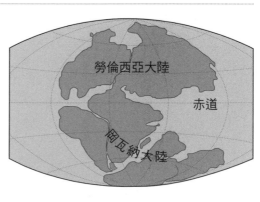

學　名　奧波萊西里龍（*Silesaurus opolensis*）

命名者	耶日・傑克，2003 年
年代	晚三疊世，227～201 百萬年前
化石地點	波蘭
分類	恐龍形下綱（Dinosauromorpha），西里龍科
體長	2.3 公尺
重量	40 公斤
鮮為人知的事實	這些化石是在一家水泥公司所用的黏土坑發現的。

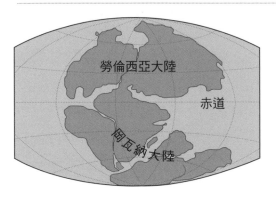

勞倫西亞大陸

赤道

岡瓦納大陸

的手臂以四肢慢慢行走。上下顎內長有釘狀牙齒，下頜前部有一個骨唇，就此看來西里龍應該是植食性的，用下頜骨的尖頂咬住葉子，再吞食到下顎中切碎食物。西里龍跟恐龍有點像，但又不完全一樣。可以由牠追溯到恐龍的祖先嗎？

二〇一一年在波蘭又有了第二項驚人的發現，當時史蒂夫·布魯薩特（Steve Brusatte）、格澤戈爾茲·尼德茲維茲基（Grzegorz Niedźwiedzki）和理查·巴特勒（Richard Butler）發表文章，指稱在當地幾處發現的細長三趾腳印絕對是恐龍的生痕化石。他們的發現引發很多爭議：我們真的能確定這些小腳印是恐龍留下的嗎？或許它們是某種類似恐龍的動物造成的，好比說西里龍科？確實有這樣的可能，但就某方面來看，這是誰的腳印並不重要。

二〇一〇年，斯特林·內斯比特（Sterling Nesbitt）報告了來自坦尚尼亞的曼達組（Manda Formation）的一隻中三疊世的西里龍科物種，命名為阿希利龍（Asilisaurus）。曼達組是由沉積在古老河流中的紅色砂岩所組成，在坦尚尼亞的烈日下，這些位於西南部馬拉威湖岸邊薄土下的岩石現在裸露出來。一百年前就有人在那裡發現過第一批化石，不過斯特林·內斯比特和他的團隊再次前去探索，又發現了許多重

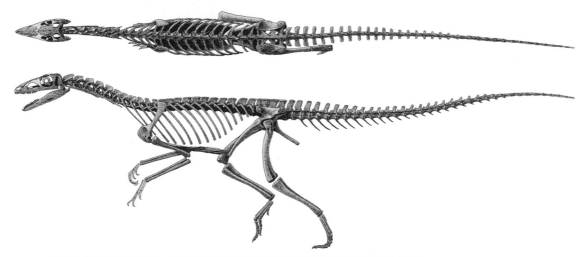

從演化的角度來說，西里龍科這群動物與恐龍的親緣關係最為接近。

要的新標本。

　　阿希利龍的發現無疑可將恐龍的起源日期再往前推230～245百萬年，甚至可能更早。這裡的關鍵是，波蘭這隻和恐龍很像的細長的西里龍並不是只有一隻。事實上，這隻西里龍科物種是一個全新類群的其中一個例子，這個新類群在二〇一〇年被命名為西里龍科（Silesauridae）。在南美洲和北美洲的三疊紀中晚期地層中所發現的六隻小型動物也被分配到這個群體……然後加入了西里龍科中最古老的阿希利龍。所有這些小動物看起來都與恐龍有點雷同，事後發現，西里龍科是與恐龍總目（Dinosauria）親緣關係最近的一群（恐龍的正式名稱是在一八四二年提出，這點將在第二章提到），這意味著牠們有一個直接的共同祖先。

　　如果西里龍科起源於兩億四千五百年前，那麼牠們的直系親屬恐龍也一定是如此。在曼達組中甚至發現一種可能是恐龍的尼亞薩龍（Nyasasaurus），但這只是根據幾根分散的骨骼所做的推測。

恐龍起源的宏觀生態學

　　如果恐龍起源於早三疊世而不是晚三疊世，那麼牠們起源的時間就會回到生命史上最動盪的一段時期。那時生命正從幾乎完全毀滅中恢復，地球環境因酸雨、全球暖化和海底氧氣流失等可怕事件反覆受創。這一切都始於兩億五千兩百萬年前發生的那場有史以來規模最大的大滅絕：二疊紀—三疊紀大滅絕。

　　這場滅絕是由位於今日西伯利亞的大型火山爆發所引起的，這造成一場嚴重的環境破壞，酸雨和極端暖化氣候摧毀了陸地上的森林，植物和土壤都被沖入大海，徒留一片枯槁大地，上面布滿岩石，又得遭受到高熱曝曬。淺海區塞滿了殘渣，酸度和溫度也都提高，這擾亂了正常的海洋循環。陸地和海洋中的生命飽受肆虐，僅有百分之五的物種倖存下來。

　　通常，在一場大滅絕事件後，生命可以在一個算是良性的世界中恢

復。然而，早三疊世的世界離良性還很遠。危機發生後的六百萬年間，火山爆發和環境破壞反覆發生。生命在恢復五十萬年後又再次退回原點。就是在這樣動盪不安的世界中，出現了第一批恐龍，牠們在大滅絕後這樣百無聊賴的荒蕪環境中冒險一搏，與其他類群一較高下。

　　我在一九八三年發表的那篇論文中，挑戰過去假定恐龍成功競爭的模型，並於其中提出另一種滅絕模型。為了驗證這個假設，我做了化石紀錄、鑑種，並盡可能找出牠們的地質年代。這至少讓我可以測試變化的模式。我的數據顯示在三疊紀期間，爬行類的動物組成發生了相當劇烈的變化。羅默、科爾伯特和查里格一直都是對的，從三疊紀開始就出現了合弓類動物群，之後進入以喙頭龍為主的動物群，而在三疊紀結束時，到處都是恐龍。但這變化發生得很快，在一次事件中，時間大約在兩億三千年前。

　　我的模型是以生態為主。這意味著我得記錄不同物種的存在與消失，但我也還想記錄牠們在生態上的重要性。要做到這一點，需要了解牠們的體形大小和可能的飲食方式，同時還需要了解牠們的豐度。換句話說，我要回答的問題是，在任何一個特定位置，每一百個樣本中，會有多少隻屬於任何一個類群？我很驚訝地發現，凡是有喙頭龍類出現的地方，牠們的比例通常在整個動物群中占了五成以上。事實上，在埃爾金和其他一些地方，牠們可能占所有標本的百分之八十以上。

　　以相對豐度來代表牠們的生態重要性，這項嘗試顯示出喙頭龍類是當時世界上主要的植食性動物，然後在兩億三千萬年前的某個特定時間點，牠們全部消失了。這就是重點所在。在地層中，牠們並不是從八成減少到四成，再到兩成。前一秒牠們還在，然後再往上幾公尺高的地層中，就全都不見蹤影。當然可以簡單地記下一筆，說這時全世界突然消失了一兩個物種，但在生態上，這少數幾種喙頭龍類在當時位居其生態系的主宰，在消失後勢必留下一個很大的裂口。（稍後將再回頭討論喙頭龍突然消失的可能原因。）

　　這就是我在一九八三年提出的論點的核心。從生態學的角度來看，

稱霸原本生態系的動物突然死盡，隨後就出現恐龍崛起。正如我們在伊斯基瓜拉斯托組中所看到的，恐龍早已存在，牠們的種類繁多，而且很重要，但僅占動物群的百分之五～十。在喙頭龍類消失後，世界各地有許多處的恐龍在所屬動物群的比例上升，從百分之五～十變為超過一半。

新方法和新模型

古生物學的進展並不完全來自於新化石的發現。電腦演算法也有長足的進步，只是這些動用不到越野車，也沒有揮汗如雨的野外工作以及充滿異國情調的沙漠挖掘，看起來少了一點興奮感，不過它們會是解決問題的關鍵。

早期展開對三疊紀生態系的研究時，我能夠使用的數值工具非常有限，只能用簡單的統計數據來描述過去的發生，比方說計算標本的比

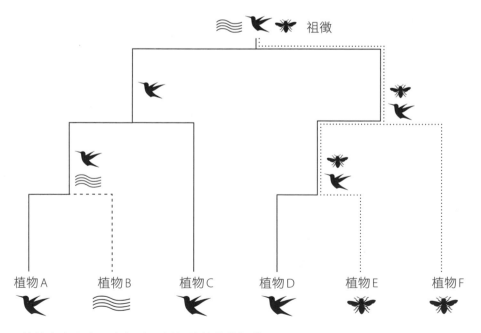

計算出由昆蟲、鳥類或風授粉的植物的祖徵。

例。但現在我們能夠用一套新的數值方法，這不僅能夠讓生物學家在現代物種之間進行比較，還能推估牠們之間的演化關係。這些模型讓生物學家計算出任一性狀或特徵的「祖徵」（ancestral state），這可以是生理特徵，例如體形或腿長，也可以是行為特徵，例如窩蛋數量或覓食行為。從已知數據來繪製演化樹，可以回推在這棵樹上的祖先樣貌，再使用這些計算出的祖先型資訊來檢視在一地質時代中變化的速率和類型。

這些新數值方法的應用很廣，一個例子是可以用來探討在科爾伯特－羅默模型所主張的三疊紀生態接力，即從合弓類過渡到主龍類（包括恐龍）之間的過程。二〇一二年，羅蘭·蘇基亞斯（Roland Sookias）在他的博士論文中真的嘗試做了這樣的比較。他記錄了數百種合弓類動物和主龍形類動物（archosauromorphs，主龍類、喙頭龍類及其近親）的體形，追蹤牠們長時間下來體形的變化。他發現主龍類的動物在三疊紀期間變得更大了，這些主要是以恐龍為代表，而合弓類則逐漸縮小，到三疊紀末期，牠們已經小到類似鼩鼱這類小型哺乳動物。但這究竟是一股趨勢，還是只是被動的變化？

蘇基亞斯的數據能夠與不同的演化模型擬合，而且在大多數情況下，演化似乎只是以一種隨機的方式在進行。也就是說，肯定是有發生體形的變化，但是從各地的變異程度和緩慢速度來看，這足以說明體形的變化不可能是由某種強大的演化力量所驅動的。如果三疊紀的體形大小變化是一種受到驅動的趨勢，那就有可能證明天擇在發揮作用，而且選汰壓力偏好體形較大的。

但從他的分析結果來看，蘇基亞斯只能說，整體來看，合弓類變小了，而主龍類變大了，但牠們體形大小的改變可能多少是隨機造成的。因此，這既沒有推翻羅默－科爾伯特模型中假設恐龍超越其祖先的假設，也沒有為這個論點提供任何支持。

在一項較早的研究中，當時還在布里斯托碩士班就讀的史蒂夫·布魯薩特研究了同樣的問題，但更仔細地研究了第一批恐龍以及牠們所取代的早期主龍類。他決定不僅從一種特徵（例如體形）來衡量演化速

度，而是從解剖結構的各個方面來衡量。他為每隻動物製作了一個包含五百個特徵的巨大表格，並使用標準的統計方法將大量數據化簡成易於操作和運算的數據。

　　要將這個龐大而複雜的數據集視覺化，一種方法是從中找出一些主要的變化方向，將這些資料挑出來製圖，繪製出所謂的「形態空間」（morphospace）。形態空間是以圖形來顯示生物體的形態或外觀和物理特徵的變化，能夠有效總結大量訊息，將其匯整為讓人更容易理解的形式。在形態空間圖中，最相似的物種會聚在一起，而那些差異最大的物種則相距得很遠。

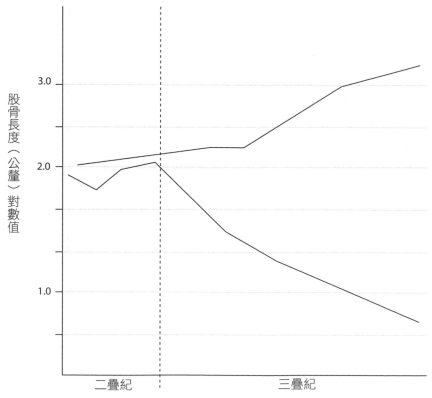

在三疊紀時，主龍類（上方線）變大，而合弓類（下方線）變小。

　　就恐龍和早期主龍的形態空間來看，每個群體占據不同的形態區域，兩群並沒有重疊──這是有可能的，但尚未有定論──這意味著牠

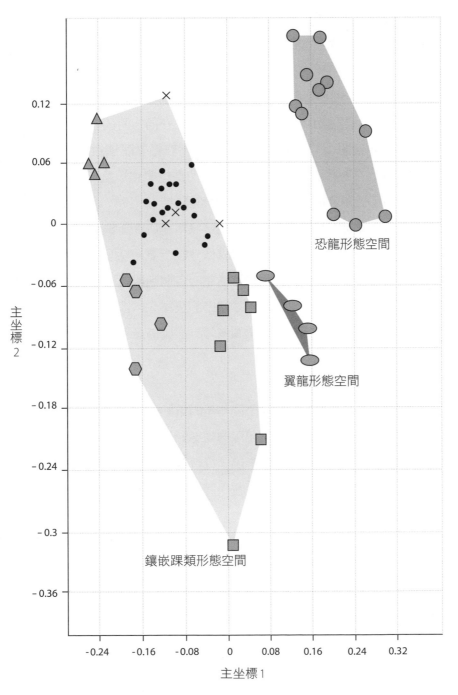

代表恐龍和其他三疊紀爬行類動物的形態空間圖，對應於牠們的適應區間。

們之間沒有直接競爭。當布魯薩特在計算這些個別的變化率時，他發現在晚三疊世，恐龍形類的變異度隨著這類群的物種多樣化而擴大，但牠們所謂的競爭對手也在擴大，不論是類似鱷魚的主龍類或是鑲嵌踝類（crurotarsans）皆是如此。沒有跡象顯示恐龍的大爆發有打擊到其他主龍類，迫使牠們退出。事實上，牠們似乎都在同一時間一起多樣化，占據新的形態空間；其他的主龍類完全沒有被新恐龍摧毀，反而蓬勃發展。在牠們的生態系中，新的恐龍，如艾雷拉龍和板龍（*Plateosaurus*）這兩個屬，仍然會被一些鑲嵌踝類的表親所捕食。

　　這些數值研究是巨觀演化中搭上這股電腦研究新浪潮的一部分。這套方法學起來很辛苦，但我的學生就像呼吸空氣一樣吸收它們。這些方法打開了一道門，讓人得以對恐龍演化的各個階段以及不同群體的興起和消亡進行新探索，提供一條新途徑來解決重大的演化問題，這些問題在一九八〇年代我開始踏入這個領域時，都認為是無法回答的。

恐龍起源的三步驟模型

　　那麼，這些新發現的古老恐龍和新的電腦研究到底能夠帶給我們什麼新知？是否會讓我們對恐龍起源的動態關係有較為正確的理解？能夠由此確定恐龍真的是在競爭後勝出，符合羅默－科爾伯特－查里格生態接力模型所預測的嗎？還是說我在一九八三年提出的大滅絕－機會主義模型才是對的？

　　事實上，我們都弄錯了，只是各自錯在不一樣的地方。過去我主張恐龍是在晚三疊世出現並且在這時發生種類大爆發是錯的，因為我們現在知道牠們早在兩億四千五百萬年前的中三疊世和早三疊世就現身了。羅默和科爾伯特是對的，他們推測恐龍的起源和最初的崛起在三疊紀，大約持續了四千萬年，儘管這一推斷並不是因為有發現年代更為古老的恐龍標本。

　　而且正如羅默和科爾伯特所說的，恐龍的直立姿勢顯然是牠們成功的關鍵，不過成功的原因與他們原先的論點有些差異。換句話說，如果

第一批恐龍在三疊紀出現的時間比在一九七〇年代和一九八〇年代所假定的要早得多，那就表示牠們的競爭優勢並沒有勝過合弓類、早期的主龍類、喙頭龍類或任何其他動物群體。在演化過程中，生物體大多是以改變生態區位來避免競爭，也就是說，牠們會選擇不同的食物來源或棲息地點。謹慎是勇氣中的最佳特質；只有成功的生命才能多存活一天，繼續奮戰。正如阿爾弗烈德・丁尼生男爵（Alfred Lord Tennyson）所點出的，演化可能並不總是「張牙舞爪地非要見血不可」，這過程實際上要來得溫和許多。

那麼到底是什麼引發了第二階段的大爆發？若沒有發生這場爆發，恐龍可能還是相當稀少的動物，或許在牠們所屬的動物群中僅占百分之十。我在一九八三年可能就猜對了這一點。然而，新的證據顯示恐龍大爆發與所謂的卡尼期洪積事件（Carnian Pluvial Episode）密切相關。早在一九八九年，麥克・席姆斯（Mike Simms）和亞立史泰爾・盧菲爾（Alistair Ruffell）就注意到這一洪水事件，並且特別將其命名。他們在英國和歐洲其他地區的晚三疊世岩石中觀察到一些不尋常的跡象。當時多半乾燥的氣候為雨季所中斷，降雨量大增，然後大地再度恢復乾燥。這時期氣候變遷的證據可從岩石本身和植物的殘骸看出來，大致可為潮濕型（苔蘚、地錢和木賊）和乾燥型（針葉樹）。

之後，關於這事件就沒有特別的討論，一直沉寂到二〇一二年。我、席姆斯和盧菲爾都不時強調恐龍大爆發和卡尼期洪積事件之間的關聯，但並沒有引來多少關注。然後，義大利地質學家傑科伯・達爾・科索（Jacopo Dal Corso）於二〇一二年發表了一篇獨立研究的文章，扭轉了整個局面。達爾・科索發現那些記錄卡尼期洪積事件的地層其實反映的是在北美洲西部出現大型火山爆發所造成的結果。大約在兩億三千兩百萬年前，那裡的火山爆發，噴出大量的火山熔岩，形成今日在溫哥華一帶和英屬哥倫比亞省的北向海岸可見到的蘭格利亞玄武岩（Wrangellia basalts）。

達爾・科索認為，當時火山噴發的規模非常大，突然間就引發了全

諾利期中期—瑞替期
225~202 百萬年前

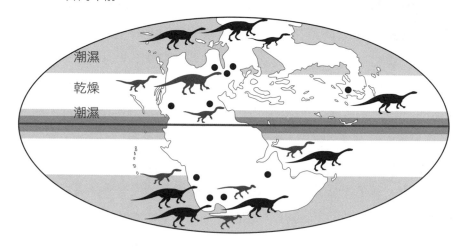

卡尼期晚期—諾利期早期
232~223 百萬年前

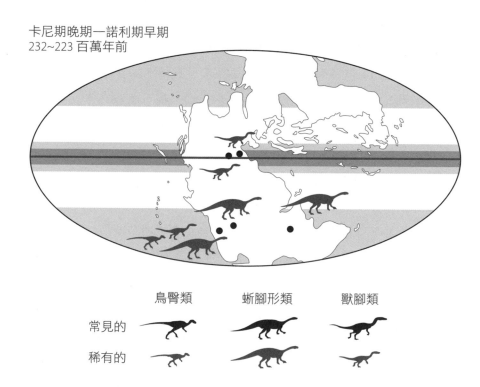

晚三疊世氣候帶的變化，導致恐龍在之後的時期，從南方大陸向全世界遷移。

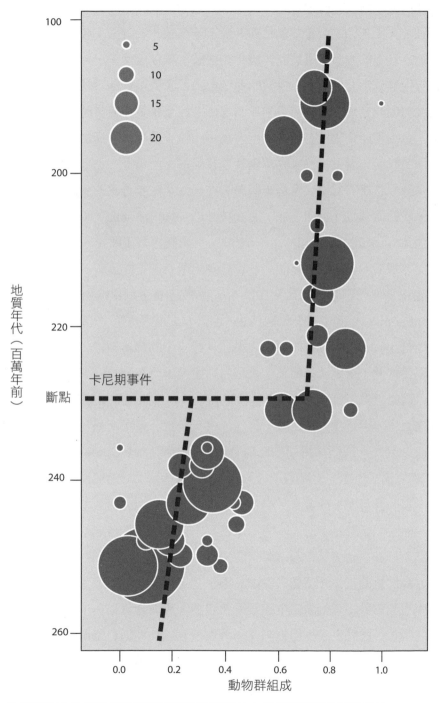

生態系演化的斷點是兩億三千兩百萬年前的卡尼期洪積事件所引發的。

球性的氣候變遷。就像是在約莫兩億五千兩百萬年前二疊紀末期的那場噴發，火山噴出的大量二氧化碳導致了全球暖化和酸雨。暖化和酸雨摧毀了陸地上的生命，導致海洋酸化和底層水域氧氣流失，達爾·科索注意到從歐洲到北美，世界各地的海洋都出現廣泛滅絕的證據。氣候暖化也在寬闊的赤道帶形成超級季風的條件，影響區域涵蓋當時包括南北美洲、歐洲和印度的所有恐龍棲地。在火山停止噴發後，天氣又回到炎熱乾燥的狀態，而這樣的氣候轉變就是殺手。

這些新研究促使我重新審視過去在一九八三年蒐集的生態數據。這次，我的兩個學生柯爾麥克·金賽拉（Cormac Kinsella）和馬西莫·伯納迪（Massimo Bernardi）也一起協助。我們核對了所有數據，將標本的樣本提高到七千七百多個，並且計算出所有關鍵群體——喙頭龍類、恐龍和其他動物類群的比例。然後，我將這些生態比例繪製為氣泡圖（bubble plot），其中每個氣泡代表一個不同的動物群，中間標註有相應的地質年代。每個氣泡的大小代表在一樣本中的標本數量，我將此與一比率值作圖，這個比率簡單來說是用以衡量恐龍在動物群中的比例。

這數值似乎確實出現了一大步的躍進，大約是從百之二十上升到百分之七十，但這樣的推測還不夠好。會有人批評這可能只是我們自己的想像。因此，我們採用了一種稱為「斷點分析」（breakpoint analysis）的數值方法來處理這些數據。這方法會嘗試計算出最能解釋所有數據的線，但允許一次（或多次）的中斷。我們會在模型的程式中設定一個斷點，然後開始計算。過了一會兒，答案出現了——最合適的那條線，其斷點正好就在兩億三千兩百萬年前。

我們將此當作一項獨立證據，顯示在這個時間點上發生的事件，在根本上為三疊紀爬行動物生態系重新定調。恐龍確實是在卡尼期洪積事件之前很久就問世了，但牠們在那時並沒有成功地稱霸整個動物群——事實上，牠們繼續過著從前的生活，不管是站在哪個角度來看，牠們似乎都顯得無足輕重。在兩億三千兩百萬年前，恐龍族群出現關鍵性的跳躍，而這項新研究提供了一個標的，將恐龍大爆發的這場生態革命與卡

尼期中期發生的環境動盪串聯起來。

　　將蘭格利亞火山噴發與卡尼期洪積事件聯結起來是個強而有力的想法，並且證實環境劇變的衝擊可能導致喙頭龍和其他占優勢的物種滅絕，因此為恐龍提供了多樣化的機會，趁機進入空出來的生態空間。話雖如此，我們還是需要有正確的定年，所幸近年來定年法正逐步改進，這一點相當有用。

恐龍多樣化的定年

　　到目前為止，我一直提到某些地質年代（參見本書開頭的時間軸），像是230、232和245Mya（百萬年前）這幾個數字。這是地質學家慣用的方式。但我們是怎麼知道這些年代的？這可能是要解開所有關於恐龍起源及其最終消失的種種假設的關鍵。我們必須要能夠建構出以百萬年為單位的古代事件時間軸，還得將大陸之間的地層進行比對，找出其中的關聯性，才能檢驗這些假設，好比說在阿根廷發生的一場大變動事件是否能夠與出現類似事件的義大利的地層相匹配。

　　為岩石進行年代測定是地質學家的主要研究計畫。岩石定年科學的根基稱為地層學（stratigraphy），這是一門非常實用的學科。在一七九〇年代，為人謙遜的英國測量員威廉・史密斯（William Smith）展開這方面的研究時，基本上完全是靠自學。他是第一批的經濟地質學家，是按他所發現的結果來收費的。在當時，並沒有證據顯示我們腳下的岩石有一定的機理可循，大家都認為地底下是亂七八糟毫無次序可言。以地質圖來顯示不同地層的順序，或是將它們按照一時間尺度來排列，然後拿去不同的地點使用，這樣的想法完全是前所未見。而史密斯一生都在努力建立上述這兩項原則。

　　史密斯在英國工業革命的早期執業，當時每個地主都在挖煤——通常是完全任意的隨機猜測。他們一般的想法是：我的鄰居雅克萊特在他的田地下方二十碼處發現了煤，所以我應該也可以在差不多的深度找到。這種推理有時奏效，有時則沒用。

要是兩個地點被斷層隔開，那地層的序列可能完全不同。史密斯利用他在製圖和地層學方面的技能，創造出奇蹟：他可以告訴人要去哪裡挖掘，以及——更重要的是——不該去哪裡挖。如果這些地層定年在侏羅紀，下面可能有煤，因為侏羅紀比石炭紀更年輕，石炭紀的森林和沼澤會成為未來的煤層。然而，要是你鄰居的地層的年代是志留紀，那就不會有煤；志留紀比石炭紀更為古老。侏羅紀和志留紀的地層可能在外觀上很類似，都是深灰色的石灰岩，但史密斯可以從當中所含的化石來推斷年代，然後他可以將這些知識轉化為現金。

從史密斯的時代開始，世界各地都開始投入在這上頭，因此地質年代的尺度及其時間軸的主要劃分、包括代和紀的劃分，多少都在一八四〇年之前就完成。地質年代表適用於世界各地，並且透過區域間的普查和製圖以及國際間的化石比對，建立起一套相對關係。史密斯的菊石和雙殼類等侏羅紀動物群可以在世界各地找到相對應的地層。這意味著地底下存在有一條從英國、法國到俄羅斯再到阿根廷的等時線。在今日，以化石組合來為地層定年的工作就跟史密斯的時代一樣具有商業價值，尤其是在石油業，因為鑽油井會耗費這些公司數十億美元，他們當然會想要提前知道鑽探的地層是什麼，以及他們是要鑽五十公尺，還是五公里，才能到達石油所在的位置。

使用化石的地層學無法給出確切的地質年代，要靠之後的放射性同位素定年法才能得知。在一八九〇年代發現放射性不久後，諾貝爾物理獎得主歐內斯特‧拉塞福於一九〇五年提出一個想法，他認為可以將放射性衰變當作一個精準的計時器，以此來為岩石定年，這樣就能估計地球起源的年代，最後則是探討宇宙起源的時間點。充滿熱情的年輕地質學家亞瑟‧福爾摩斯（Arthur Holmes）對這個想法深深著迷，二十一歲的他，在一九一一年就編制出一份關鍵日期清單。自一九一一年以來，放射性同位素定年已成為地質學實驗室中的重要工具，還配備有愈來愈強大的質譜儀。這種研究方向之所以具有強大實力，是因為可以用不同的方法，在不同的實驗室針對同一塊岩石進行定年，這樣就能交叉檢查

所推算出來年代的估計值。

因為國際間廣泛的努力，地層年代的精確度（這是以估計值的嚴謹度和誤差線的大小來評斷）和準確性（是否正確）日益提高，並且隨著年代調整得愈來愈精準，更容易進行相互比較，每隔幾個月就會詳細修訂標準地質時間尺度。當我在一九七〇年代開始地質學研究時，那時學到要預設所有的放射性同位素定年會產生正負百分之五的誤差。現在，在某些地方，定年的準確度可以提高一百倍，誤差可達到正負百分之零點零五。因此，卡尼期洪積事件的年代可能已經從232 ±11.6百萬年前（Mya）提高到232 ± 0.116Mya。十一萬六千年的誤差，這聽來可能仍然長得不可思議——但對於地質學家來說，這已經是個奇蹟！

蘭格利亞玄武岩可以直接定年，因為這是火成岩。它們在熔化後凝固，因此可以從當中的結晶來確定凝固的時間。然而記錄這一事件的沉積岩則難以直接用這種方式來定年。不過，在義大利北部的多洛米蒂山脈（Dolomites），有一系列奇妙的海洋沉積物，這些沉積物的年代都可做出更小尺度的定年，可區分出一百萬年內的分區。在這些海洋沉積層之間交錯著帶有腳印的陸地沉積物，這些紀錄顯示出恐龍在卡尼期洪積事件前並不存在，但是在事件之後大量出現。在二〇一八年發表的一篇文章中，我們以這些驚人的化石遺址當作論證，指出卡尼期洪積事件引發了恐龍起源的第二階段，即兩億三千兩百萬年前的大爆發，這項研究計畫是由我之前指導的博士生馬西莫・伯納迪所領導，他現在是義大利北部特倫托科學博物館的地質學組研究員。

之後又以磁性地層學（magnetostratigraphy）這種截然不同的強大方法來證實義大利北部的海相和非海相沉積層之間的關係，並為它們進行年代對比。這種方法是根據地球磁極方向在地球歷史上從北到南翻轉了幾十次的現象。沒有人能完全解釋為什麼北極會轉為南極，以及翻轉過程中發生了什麼。然而，岩石中的磁性礦物卻會將這樣的翻轉記錄下來，而磁極正反條紋的排列可以用來確定各種岩石的相對年齡。

在上文，我曾提出恐龍物種的多樣化一共歷經了三個階段。我們已

經探討過前兩個——牠們大約起源於兩億四千五百萬年前，從二疊紀－三疊紀大滅絕的漩渦中恢復，接著在兩億三千兩百萬年前的卡尼期洪積事件後出現爆炸性的多樣化。第三階段則是發生在兩億一百萬年前的三疊紀末期的大滅絕之後，我們將在下一章中對此進行更多探討。

如何確定古代氣候？

在描述恐龍的起源時，我暢所欲言地提起乾旱和季風氣候。學界是如何對這些重要結論達成共識的？這方面的基礎知識可以一路追溯到地質學的起源。沉積學（sedimentology）是認識沉積物和重建古代環境的科學。地質學一年級的學生要學習區分海相和非海相岩石。比方說，海相岩石的獨特之處是當中含有微小的浮游生物化石，以及僅生活在海中的腕足類、海膽或海百合這些較大的動物化石。另一方面，沉積在湖泊或河流中的岩石可能含有樹葉、昆蟲或恐龍。當然，樹葉、昆蟲和恐龍也可能順流而下，被沖進入海裡，但重要的是岩石中的主要化石，而不是稀有的化石。例如，伊斯基瓜拉斯托組的岩石中就有針葉樹和其他植物的樹幹和葉子，這證實這些沉積岩是在陸域。沉積岩是紅色泥岩和砂岩。在一些地方，還有古老河流形成的大通道，以及沉積在臨時性湖泊中的泥漿。還有一些較小的爬行類所建造的洞穴，這一點可以成為化學性質的佐證，證實該地區有時會出現非常炎熱的天氣，讓小型動物躲到地下。

在岩石中還會發現各種其他線索。例如，某些類型的沙丘代表曾經有過沙漠。渠道和堆積的沉積物則可用來確定出曾經有河流蜿蜒而過。鹽層顯示出在烈日下乾涸的沿海水池。

還有古代環境條件的化學指標。比方說可以測量整個地層截面的氧同位素，就能以此來追蹤過去溫度的升降變化。氧同位素的比率會隨溫度變化，因為池塘表面的蒸發或降雨時會對之產生不同的影響，此外，同位素的訊號還可以反映鹽度和封存在冰層中的水量。

在局部區域可以辨識出當時的沉積環境，但這可已擴展到全世界

嗎？

三疊紀的世界與今日世界有何不同？

地球是由不斷運動的許多板塊（tectonic plate）所組成。一些板塊
位於大陸之下，另一些則形成海床。板塊運動的推動力來自於固態板塊
下方熔融態的地函。巨大的對流在岩漿內旋轉，它們的橫向運動會帶動
固態的地殼。在某些地方，地函中的熔融物質會到達地表，例如整條中
洋脊。在北大西洋和南大西洋的中心下方有一連續的裂縫系統，不時會
從裂縫中冒出玄武岩熔岩。大西洋中部的海脊浮出水面，形成了冰島。
在大西洋海底的中心，不斷有新的地殼湧現，使得海床以每年約一公分
的速度分開，在太平洋和印度洋中也有這樣類似的洋脊系統。在板塊相
互移動的地方，可能會產生很大的斷層，例如穿過加州的聖安德烈斯斷
層（San Andreas Fault），會週期性地撼動其上的生命。這是地殼不斷運
動的真實證據。在其他地方，海洋板塊會潛入大陸板塊下方，例如在南
美洲的太平洋沿岸。

在三疊紀期間，所有的大陸都融合在一起，形成一超級大陸，稱之
為盤古大陸（Pangaea）。此外，在兩極區都沒有土地覆蓋，所以大地上
沒有冰帽。這意味著從赤道到極地的溫度變化比現在要小，而且一般認
為各地氣候通常沒有太大的差異。單一陸塊再加上類似的氣候條件，這
意味著早期恐龍和其他陸地動植物的分布範圍可能比現在還要廣泛。

如之前所提，在晚三疊世，加拿大西海岸發生了一連串劇烈的火山
噴發，噴出的岩漿最後固化為蘭格利亞玄武岩。一千萬年後，在盤古大
陸的中間又有另一群火山爆發，規模也與之前類似，一片新的海洋沿著
斷斷續續湧現的裂谷線成形。這些火山噴發還產生了厚厚的玄武岩，最
著名的一區是帕利塞茲（Palisades），位於今天紐約和紐澤西之間哈德
遜河的沿岸。

沿著北美東部的沿海地帶形成了一片裂谷，從北邊的加拿大新斯科
細亞省新斯科舍省（Nova Scotia），往東延伸到美國的北卡羅來納州南

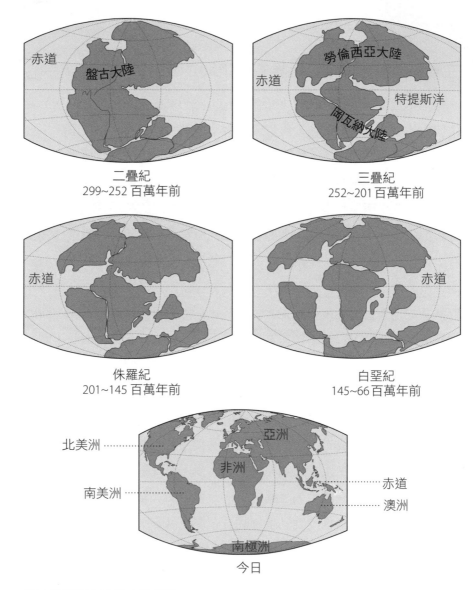

二疊紀
299~252 百萬年前

三疊紀
252~201 百萬年前

侏羅紀
201~145 百萬年前

白堊紀
145~66百萬年前

今日

從二疊紀到今日的大陸漂移。

部。當時的地殼被地函中的大對流撕裂，向東拉往今日的歐洲和北非，向西拉往現在的北美，最後就形成了這些裂谷。儘管移動速率僅為每年一公分，幾千年來累積的龐大張力足以將地殼撕裂——就像今天在東非大裂谷所看到的那樣。

後來，北美洲東部的晚三疊世裂谷形成了湖泊，累積出厚厚的湖泊沉積物，當中通常含有魚類、昆蟲和植物化石，不時還有恐龍匆匆穿過湖邊濕地沉積物時留下的一條足跡。

在晚三疊世，亞洲、歐洲和北美都位於北半球，但都比它們現在所在的位置更往南一點。倫敦和紐約的緯度相當於是今日的地中海和加勒比海，因此那時候這些地方比現在溫暖得多。沒有冰蓋，等於確保不會有寒冬降臨。南美洲、非洲、印度、南極洲和澳洲全都還在南半球，相連在一起，橫跨赤道與北方的大陸相連。恐龍可以走上數千公里，從南非移動到亞利桑納州，或是從加拿大跋涉到北非。在一些地方會形成區域性的動物群，多半可由當地山脈和氣候帶來界定，不過在三疊紀時，大多數陸域動植物的全球分布範圍比今天來得廣泛許多。

這些環境條件一直延續到侏羅紀。儘管當時北大西洋已經開始浮現，但動物仍然可以從非洲橫越過去，進入南美洲，而從北美洲經過格陵蘭島到歐洲之間也還有一些聯繫。這樣的陸域連結一直持續到一億五千萬年前的晚侏羅世，當時的恐龍類群，如腕龍（*Brachiosaurus*）這種巨大的蜥腳類就出沒在東非的坦尚尼亞和美國中部的懷俄明州。恐怖且巨大的掠食性異特龍也出現在懷俄明州，甚至是在坦尚尼亞還有葡萄牙。南北大陸在赤道這邊有廣闊的海洋相隔，但恐龍的遷徙路徑似乎分別向北和向南匯集，可以從南部的摩洛哥和北部的西班牙那裡相連的小塊土地交通。

在白堊紀，各個大陸繼續旋轉和移動。但是大西洋南端已成一片汪洋，最終切斷了南美洲和非洲之間的陸地生物交通。南方大陸相互分離，非洲向北移動，有些地方與歐洲相連，但南美洲的南端與東邊的南極洲和澳洲相連。在晚白堊世，印度脫離了南方大陸，開始緩慢地北上，最終在大約五千萬年前碰觸到亞洲大陸。印度繼續向北推進，迫使喜馬拉雅山日益攀高。

在晚白堊世，不僅各個大陸紛紛向它們今日的位置靠攏，而且隨著中洋脊的地函活動和隆起增強，海平面也大幅上升，有些地方上升了一

百公尺，甚至更高。隨著海平面上升，海水淹進所有大陸的海岸線，並且將非洲和北美洲分開，在那裡形成了兩塊大陸間的海道。這意味著晚白堊世的恐龍已經沒有什麼遷徙機會。好比說，那時代著名的暴龍只有在北美發現，而不像牠的許多前輩，會出沒在世界各地。在北美洲也出現史上第一次的天然屏障，東岸的恐龍無法穿越北美大陸與西海岸的表親相遇。

....

　　氣候和世界都不斷變化著的。幾年前，恐龍古生物學家認為恐龍起源的主要輪廓已經大致底定。然而，一切又再度翻盤。新的化石將恐龍起源的年代再往回推一千五百萬年，來到早三疊世。但若是能夠搭乘時光機回到過去，恐怕不會注意到史上第一批恐龍。在數量眾多、體形龐大且嘈雜的喙頭龍類、合弓類和鑲嵌踝類動物中，恐龍這一類顯得勢單力薄，出沒在灌木叢中，這些雙足站立的小型動物在這個時期看上去像是在一旁打雜的。

　　要到一千五百萬年後，在卡尼期洪積事件造成災難性的全球破壞後，牠們才出現戲劇性的爆發。從地質學的角度來看，恐龍可說是在一夜之間取代了喙頭龍類和其他動物。我們之所以知道這一切的發生，不僅要靠一些重大的新化石發現，也是靠著現今我們對岩石定年法的進一步了解以及重建古代氣候和古代世界能力的進展，另外還要具備運用現代電腦方法來處理數據的能力，才有辦法測試大規模演化的模型。

　　這一章在十年後肯定需要重寫。我預測之後還會有人在某個地方找到更為古老的恐龍——目前對此仍舊難下定論。這個領域的新研究將會更準確地描述卡尼期洪積事件的性質，新的分析也會幫助我們正確理解在三疊紀期間撕裂地球和生命的重大演化和生態變化。

第二章

演化樹的建構

分類總是會造成爭議。在我整個古生物學的研究生涯中，古生物學家一直在為他們研究的生物分類系統爭論不休，無論是恐龍、三葉蟲還是植物化石。這些爭論看起來可能無關緊要，但在本質上，這是在衡量要如何記錄壯觀的生物多樣性的基礎，也是在解決物種起源的問題。

記錄生物多樣性和起源現在成了一門大科學——事實上，它是現代科技中令人望之生畏的一部分，也就是所謂的系統基因體學（phylogenomics）和生物資訊學（bioinformatics）。系統基因體學是以分子數據來建立演化樹的新學科，而生物資訊學則是管理生命科學中的大型數據庫並加以運算，從而得到關於疾病、適應性和細胞功能的遺傳基礎資訊，並且將其應用在醫學和農業上。採用這些方法的人會占用大學的超級電腦好幾週，進行數十億次的重複計算，來獲得他們的答案。美國國家科學基金會（American National Science Foundation）投資了數百萬美元的經費在「生命樹」（Tree of Life）的倡議計畫上，資助科學社群來建造特定動植物群體的完整演化樹，例如所有一萬一千種鳥類，或所有三十萬種的開花植物。

要規畫實際的保育措施，需要一份準確的物種清單。要尋求瘧疾的治療方法，關鍵在於了解眾多蚊子物種中，哪一種會傳播瘧疾寄生蟲。生物醫學家會去研究愛滋病和流感這類快速演化病毒的演化樹。以病毒來說，演化樹的時間單位是數月或數年，而恐龍古生物學家構建的演化樹則會跨越數百萬年。要是沒有建立演化樹——這有時也稱為親緣關係（phylogenies）——就無法探討演化中的大模式。因此，雖然在某些方

面，生命的分類看起來可能微不足道，或者僅是圖書館學的一個神祕分類，但在其他方面卻至關重要。

在本章，你將跟著我與一些當代人士共同探尋，試著建構出恐龍的家譜。這則故事要從一九八四年講起，地點是在德國南部杜賓根（Tübingen）舉行的一場研討會上。我們四個新手，都對自己獨立後的第一次研究成果感到有點緊張。那時我們都還沒找到終身職的工作，在一兩年前才剛完成博士論文，分別在美國──賈克·高提耶（Jacques Gauthier）和保羅·塞雷諾（Paul Sereno）──和英國──戴夫·諾曼（Dave Norman）和我──過著慘淡的研究生活。我們的研究是否在正確的軌道上？我們每個人都解決了恐龍親緣關係的某些問題，在會前全都不知道其他三人的研究，卻不約而同地認為，恐龍是從單一祖先演化而來的，而且我們都對主要的恐龍類群間的確切關係有清晰的認識。這是第一次出現這樣的狀況，但這些反傳統的想法會被接受嗎？

自一九八四年以來，我們一直繼續在尋求對恐龍家譜的全面認識。在二〇〇二年和二〇〇八年，我實驗室的團隊建構出第一批恐龍超級樹──每一根分支結果都經過費力的運算──企圖要展現出數百個物種間的完整關係。而且，出乎意料地，這整棵樹在二〇一七年再次爆發，因為當時有一項激進的新觀點被提出，打破了過去對於恐龍關係的共識。在這故事中，有持續給人帶來的驚喜，分別來自新發現的化石標本、方法學的創新想法、不斷升級的電腦運算運用以及恐龍生命樹的建立。而且這則引人入勝的故事還沒結束。

先回到一九八四年的那場研討會，當時由於我們都採用了一套稱為支序分類學（cladistics）的革命性新技術，這增加了我們第一次嘗試建構出的恐龍家譜遭到學界拒絕的風險。我們將數據編碼在原始穿孔卡上，將它們送到大學的大型電腦中心，然後等待費時幾天的電腦運算出來的結果。這種做法在一九八〇年代引起了巨大爭議，此後我們的方法又經過數十年的改進。現在我們需要先回顧一下這場「分支革命」（cladistic revolution）的開端，並衡量我們當年承擔的風險是否得到了

回報。不過,首先得回到為什麼這一切充滿爭議?

什麼是分支革命?

分支革命是關於方法的。在我接受分類學訓練時,使用的是恩斯特·梅爾(Ernst Mayr)和辛普森(G. G. Simpson)等大佬在一九六〇年代寫的教科書。他們一致認為,要為物種——無論是現存的還是滅絕的——進行分類最好的方法,是以大量的經驗來驗證。正如梅爾所言,身為鳥類生物多樣性研究人員,他花了幾十年的時間才了解,羽毛顏色的特徵對鑑別鳥類的深層親緣關係沒有多大幫助,但是更為基本的特徵,例如喙的形狀或翅膀的某些特定肌肉,在這方面則更有用。正如辛普森所說,「物種分類與其說是一門科學,倒不如說是一門藝術」。

不過在梅爾和辛普森寫這些文章的同時,分支革命已經悄然展開,只不過他們和其他人都沒有注意到。一九五〇年,柏林一位性格陰沉的昆蟲學教授威利·亨尼希(Willi Hennig)出版了他在一九四〇年代於因為戰爭而入獄時寫的一本書。在書中他並沒有使用「分支學」一詞,這個術語大約是在一九六〇年由其他演化生物學家提出的,取自於希臘文中的 klados,意思是一根分支,指的是演化樹上的「分支」。事實上,亨尼希將他的新學科稱為「親緣系統學」(phylogenetic systematics),意思是他想解釋重建生命樹的過程應該要更科學而不是藝術——他希望生物學家和古生物學家深入研究他們的數據,區分他們希望用於分類基礎的特徵或性狀的真正價值。

亨尼希的書是以德文寫的,很少有生物學家注意到,不管他們會不會讀德文。直到一九六六年它被翻譯成英文時,學界才接收到他傳來的訊息。

起初,紐約的美國自然史博物館和倫敦的自然史博物館的研究人員成了這套新方法的傳播者,他們對此非常興奮,雄辯滔滔地寫了關於這個主題的文章。他們還將這套新方法應用在兩間博物館都感興趣的研究,即魚類的演化上。然而,其他人卻裹足不前,因為亨尼希的行文風

格非常枯燥，而且為了表示新想法，他還自創了許多新術語，通常是複合詞，這讓德文和英文文本的讀者讀來都很辛苦。儘管如此，恩斯特・梅爾和辛普森都對這門新興的分支學派展開高度批判，梅爾甚至發明了「分支學家」（cladist）一詞，讓他和其他人來指稱（和詆毀）這一新信條的擁護者。

英國和美國的博物館傳道者推動了這些想法，並試圖通過出版物和會議來解釋它們。到一九八三年，當我在寫博士論文時，還不清楚亨尼希的分支學派是否會占上風。大多數生物學家和古生物學家不是對這個新想法漠不關心，不然就是懷有敵意。我還記得，一九八四年在倫敦參加過亨尼希學會（Willi Hennig Society）的一次會議，就在那場杜賓根研討會之前，當時與會者互相大聲叫罵，其中一個講者拿起連接麥克風的電線，旋轉起麥克風，試圖威脅請他閉嘴的主席。還有其他很火爆的場面出現，甚至到了事後不得不要求公開道歉的地步。

為什麼爭議這麼多，理解這麼少？亨尼希的見解其實相當直接了當：我們需要一種可驗證的方法來構建親緣關係樹，這應該基於生物的親緣特徵訊息。古生物學家可以停止尋找祖先，因為永遠無法檢驗這是否真為一生物祖先的假設，而是要改去尋找姐妹群，即與其關係最近的親屬。

正如在第一章看提到的，西里龍科是恐龍總目的姐妹群。這是一個很大膽的主張，等於是在假設這兩個群體是最為接近的親戚，並且擁有一個相近的共同祖先。以現代的方法來表示，可以用一棵分枝明確的樹，或稱分支圖（cladogram）（參見隔頁）來展現恐龍與西里龍以及牠們和其他主龍類中所有近親的關係。根據一個或多個親緣關係特徵訊息來不斷細分群體，每一群都有一個單一的祖先。這些具有單點祖先的獨特群體被稱為分支、演化支或支序群（clade）：因此才會陸續有所謂的支序學、分支圖和支序學家等詞彙應運而生。以西里龍和恐龍為例，假設牠們是近親的證據是這兩群動物共同享有六七個在其他動物身上都沒有的生理特徵，例如髖骨的比例、坐骨和恥骨間的開口落在臀部區域，

後肢股骨和脛骨的變化，以及腳踝處的距骨前方的隆起。我們沒有將一般特徵，例如瘦長的四肢、尖牙或其他早期爬行類常見的特徵納入考量，因為這些就像梅爾的羽毛顏色，在構建演化分支圖時並不會提供什麼訊息。

尋找親緣關係的訊息特徵是一項艱鉅任務，但這提供了驗證的重點。任何想爭論西里龍這一科不是恐龍姐妹群的人，必須提出一替代假設，提出一個有包含其他生理特徵的更好證據所支持的另一張演化分支圖。一般來說，蒐集到生理特徵的訊息量愈高，假設正確的機率就愈高。

這一點正是許多批評者所不喜歡的。他們被迫走得更遠，超出了他們的舒適圈。躲在虛線和一堆問號的日子已經要告終了。我大學讀的教科書中，煞有介事地展現出侏羅紀和白堊紀時期主要恐龍群體間的譜系關係，但是當我們想要探尋其源頭時，這些線條逐漸變成了一團不確定的雲。應該要往回多長的時間？

發現恐龍的演化支序

多年來，對恐龍分類的理解一直在反覆變動。理查・歐文（Richard Owen）於一八四二年首次將一動物群命名為恐龍總目，他將獸腳類的巨龍（*Megalosaurus*）、蜥腳形類的鯨龍（*Cetiosaurus*）和鳥臀類的禽龍（*Iguanodon*）全都包括進去，也就是每個基本亞群中的一群。然而到了一八八七年，劍橋大學的教授哈利・希利（Harry Seeley）投下了一顆重磅炸彈。他研究了所有歐文認識的恐龍，以及自一八四二年以來所發現的更多其他的，確定牠們並沒有形成一個自然群體。相反地，他主張應該要將牠們分成兩群，一群是包含獸腳類和蜥腳形類的蜥臀目（Saurischia），一群是鳥臀類。他指出，蜥臀目這一群都有所謂的「爬行動物的臀部」，而鳥臀目動物都擁有他所謂的「鳥臀」。

希利對此的見解有部分是正確的，也有部分錯的，但主導這主題近百年的，都是錯誤的那部分。在大半的回顧文獻和教科書中，都表示恐

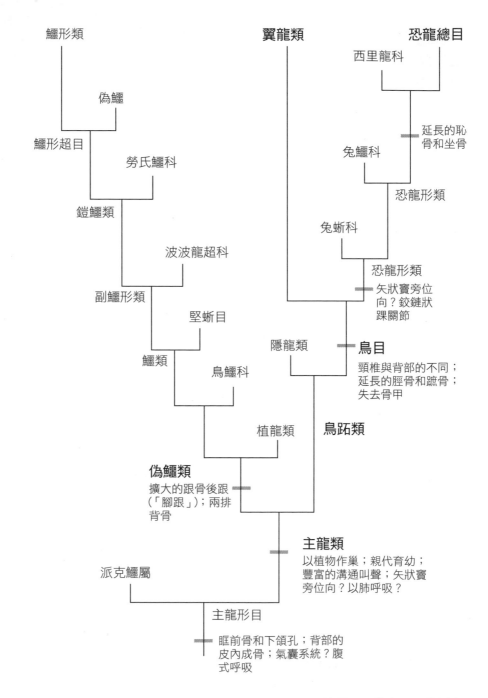

演化分支圖顯示主龍類的演化，附有關鍵的親緣關係特徵。恐龍和西里龍科之間的密切關係是顯而易見的。

龍有於兩個、三個甚至更多不同的祖先。這顯示缺乏清晰的思維。在這兩種恐龍臀部的樣式中，只有鳥臀目是獨一無二的。在鱷魚和蜥蜴身上也看得到蜥臀的骨骼排列方式，而且，也許最令人困惑的是，連鳥類也是如此。用支序學的話來說，這無法證明蜥臀排列不是從祖先那裡直接獲得的，而且沒有經過修改。順帶一提，希利所謂的「鳥臀」其實是用詞不當——雖然這是鳥臀目獨特的特徵複合體，但它是獨立演化而來的，和鳥類的臀部無關——後面將提到鳥類的臀部實際上是演化自獸腳類中的恐龍。

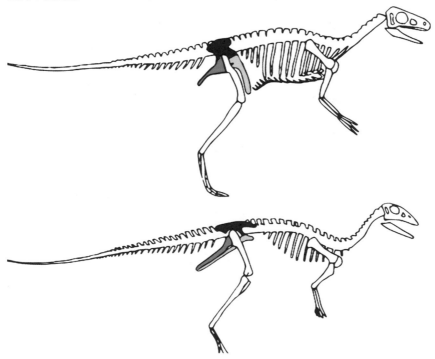

蜥臀目恐龍（帶有「爬行動物臀部」）和鳥臀目恐龍（帶有「鳥臀部」）的骨盆排列比較。

一九七四年，美國古生物學家鮑伯・巴克（Bob Bakker）和英國古生物學家彼得・高爾頓（Peter Galton）就歐文的恐龍群在分類上的有效性進行了辯論，也解決了這當中部分的困惑。他們一開場就點出：

　　傳統上，恐龍在主龍亞綱（Subclass Archosauria）中被分類為兩三個獨立的爬行類群體。但是就骨骼組織學、運動力學和捕食者／獵物比率等證據來看，全都強烈暗示恐龍是具有高有氧運動代謝的恆溫動物（＝溫血動物），在生理上更像是鳥類和會奔跑的哺乳動物，而不是任何現生的爬行類。

　　然而，他們的結論是以動物間生物學和生態學共享的層面來表達，這不足以說服懷疑者。畢竟，鯊魚和海豚在游泳方式和覓食方式上有很多共同點，但這並不會改變一個是魚，另一個是哺乳動物的事實。

　　這就是我們四個人在一九八四年於杜賓根研討會前所處的學界脈絡：八十年來，所有專家都拒絕承認恐龍是一個自然群體，而巴克和高爾頓提出了這樣冒犯權威的反對觀點。我們確信巴克和高爾頓是對的，但我們需要的是一個正確的分支假設，而且在這棵演化樹上的每個分支都有一個或多個扎實的解剖特徵在支撐。在我的論文中，我確定出恐龍特有的十四個特徵，包括後肢的一系列特徵，如內翻的股骨前端；股骨上承載肌肉的突起；腳踝處呈滾輪狀的距骨帶有一突起一路延伸到脛骨前；腳踝處的跟骨大幅退化；腳趾骨靠攏在一起；以及踩在腳趾上的立姿。這些都與恐龍在其起源時已經完全直立的事實有關。在一九八四年時，我們的想法是，蜥臀目和鳥臀目的動物都擁有上述這些詳細的生理特徵，這就是所有恐龍源自單一祖先的令人信服的證據，牠們屬於一個自然群體，即恐龍總目。

　　在杜賓根的研討會上，我們每人都提出了一份關於恐龍的獨特特徵的類似清單。我停在恐龍的起源上，但諾曼和塞雷諾走得更遠，建構出鳥臀目的演化樹輪廓，而高蒂爾則是在蜥臀目這邊做了同樣的事情。儘管我們的心情忐忑──而且我們確實在會議上受到一些批評──但似乎時機已機成熟。巴克和高爾頓在一九七四年飽受抨擊，所以在十年後，當我們四人不約而同地提出這樣的反證時，這世界也許已經準備好傾聽。後來我們都發表了更詳細的論文，記錄了所有的證據，而這成了教

科書上的範例。

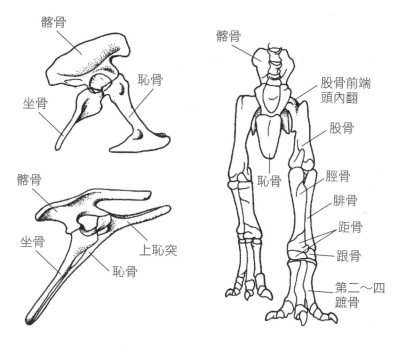

髂骨

恥骨

坐骨

髂骨

坐骨 上恥突

恥骨

髂骨

股骨前端
頭內翻

股骨

恥骨

脛骨

腓骨

距骨

跟骨

第二～四
蹠骨

恐龍後肢的主要特徵。

　　具體說來，事後證明我對許多所謂的恐龍獨特特徵的判斷是錯誤的——事實上，其中許多特徵也出現在西里龍科和其他恐龍的近親中。我唯一的藉口是，在一九八四年還沒有人發現這當中的多數化石，而在後來發現這些化石時，的確得重新調整分支圖上這些特徵的位置；但這並不影響整體假設。

　　在建立恐龍的演化樹（見隔頁）後，我們應該介紹一些關鍵成員，並且按照地質時間來敘述。

三疊紀大爆發

　　在第一章提到，恐龍起源於早三疊世（在252～201個百萬年前），然後經過兩三步的大爆發。到晚三疊世，許多的關鍵形體都出現了。這在德國南部的特羅辛根組（Trossingen Formation）中得到清楚的印證，

誰讓恐龍有了羽毛？

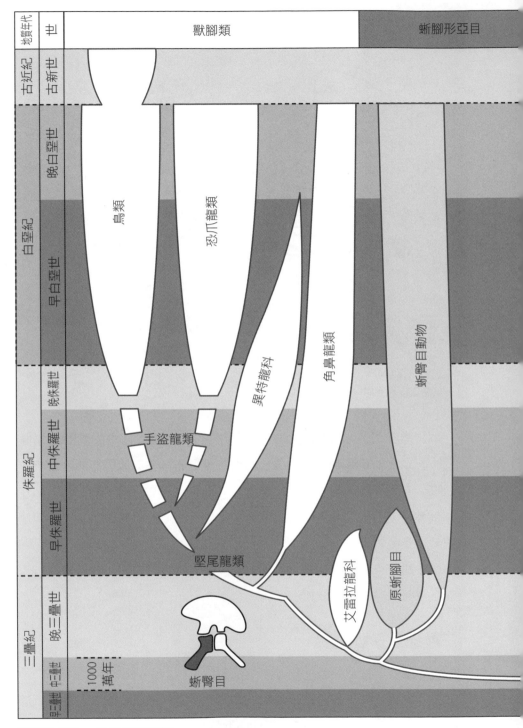

恐龍的演化，從起源到滅絕。

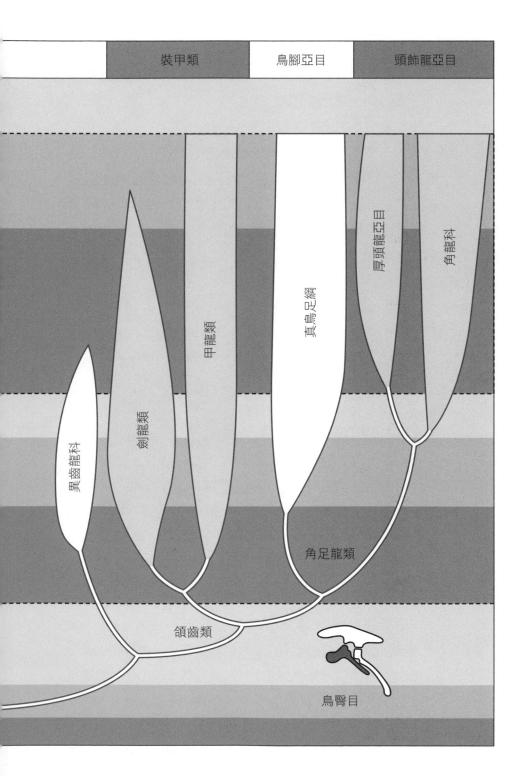

装甲類　鳥腳亞目　頭飾龍亞目

厚頭龍亞目

角龍科

甲龍類

真鳥足綱

劍龍類

異齒龍科

角足龍類

頜齒類

鳥臀目

此處的地質年代大約是在215百萬年前。從這層四十公尺厚的黃色砂岩中蒐集到很多化石的，當中最著名的是一九二〇年代在斯圖加特（Stuttgart）附近進行的一些大型挖掘計畫。

想像一下晚三疊世的德國南部。那裡的地勢相當平坦，河流和湖泊周圍生長著馬尾草、蕨類植物、種子蕨等濕潤氣候植物，丘陵周圍則是長著乾旱氣候區的針葉樹。一隻獸腳類中雙足行走的理理恩龍（*Liliensternus*）飛奔而過，追逐一隻小蜥蜴。理理恩龍身長五公尺，體形修長，頂著一顆細長的頭骨。向蜥蜴猛撲奔而去，但牠的獵物卻飛奔而逃。這時，又聽到震天巨響，一群更壯碩的恐龍突然出現。理理恩龍只能蜷縮在植物中，尋找牠可以吃的嫩葉。

新登場的恐龍是一群板龍，大約有二十隻，大小不等，從體長不到一公尺的嬰兒到長五公尺的幼兒，以及長十公尺的成體都有。板龍主要用後腿站立，但在河岸邊吃馬尾草時，也是會四肢著地。長有四根張得很開的腳趾以支撐體重。手掌上也有四根指頭，拇指爪大而扁平。靠著牠一身的大曲線，板龍在彎腰之前，會先挖起地面上的植物性食物，將其送入嘴中。牠們的頭骨很長，幾乎像馬一樣，前面有一個鼻孔，鼻子很長，上下顎排列著二十五顆堅固的葉狀牙齒。牠們用門牙切砍葉子，然後將頭後傾，把葉子順勢推入喉嚨，然後吞下切碎的植物碎片。當牠們站起來環顧四周時，會將頭和脖子後轉，把尾巴垂向地面，將沉重的前軀抬離地面。

一棵樹倒下，一群二十條龍飛速逃去。牠們多半是雙手抬離地面，脖子向前伸，尾巴向後伸，拉長整個脊骨，使身體變得水平，然後往前衝去，其中一隻差點踢到一旁的獸腳類。

這是晚三疊世的世界，但這樣的場景沒有持續很久。儘管在世界上的某些地區，板龍這類蜥臀目動物數量眾多，成群結隊地出沒，數量相當龐大，但牠們和其他動物都在約兩億年前的三疊紀末期滅絕了。當時火山開始大量噴發，一邊是沿著在今日的歐洲和非洲的裂谷，另一邊是在北美。在三疊紀，正如之前所提，所有大陸都還融合在一起，但在三

學　名　恩氏板龍（*Plateosaurus engelhardti*）

命名者	赫爾曼・馮・邁耶（1837）
年代	晚三疊世，227~210百萬年前
化石地點	德國
分類	恐龍總目：蜥臀目：蜥腳形亞目：板龍科
體長	最長10公尺
重量	1噸
鮮為人知的事實	成堆的板龍骨骼讓人曾經以為牠們死在乾旱的沙漠中，但實際上是被困在軟泥中。

疊紀末期，盤古大陸開始裂開，大西洋逐漸浮現。這個過程是沿著直線型裂谷大噴發出來的玄武岩熔岩所驅動的，這個裂谷是今日的中洋脊的前身，因為它穿過冰島，我們可以在陸地上觀察的到。

　　玄武岩熔岩不斷噴出，持續了數千年，伴隨而來的二氧化硫和二氧化碳等氣體，會與大氣中的水混合，產生酸雨。這殺死了陸地上的植物，讓大地失去有森林和土壤。海洋的酸化導致外殼中具有碳酸鹽成分的動物死亡。火山還會噴出其他氣體，包括甲烷和水蒸氣，這些氣體與二氧化碳又加劇溫室效應的暖化狀況，這又將生命從熱帶區驅趕出來，同時也除了海底的氧氣。上述描寫的是「三疊紀末事件」（end-Triassic event）的大滅絕模型，它見證了許多恐龍類群的終結，也同時見證了大地上許多其他的四足動物（有四肢的動物）的滅絕，如我們在第一章中所描述的。然後，生命再度復甦，滅絕事件成了兩個地質年代的的主要交界，標誌著三疊紀的結束和侏羅紀的開始。

侏羅紀世界

　　侏羅紀（201～145百萬年前）發生了很多事情。在三疊紀，如之前所提，恐龍的三個主要譜系已演化出來：獸腳亞目、蜥腳形亞目和鳥臀目。這三群動物都在侏羅紀大幅地分支演化。肉食性的獸腳類是活躍的掠食者，大多數在下顎中都長著鋒利的牙齒，牠們分支出一些小體形的種類，進入樹叢中，有的演化出有羽毛的翅膀，在天際飛行，其中一些就是我們今日的鳥類。其他的獸腳類則演化得愈來愈大，以適應大型植食性動物帶來的狩獵機會。

　　在這些植食性動物中，有長頸的蜥腳形類，其中包括一些重達五十噸的晚侏羅世巨型動物，並且顯然大到牠們可能不會被任何其他恐龍捕食。第三群的鳥臀目是植食性的，當中有些是雙足動物，另一些是四足行走的裝甲類，牠們在侏羅紀期間的多樣性並不高，但在此期間確實出現了兩個裝甲類群：一群是背上長有板甲和刺的劍龍，另一群是全身都包裹在相當厚重的胸甲中的甲龍。

第一塊繪製出的恐龍骨骼，取自羅伯特·普洛特的《牛津郡自然史》。

　　我第一次接觸到侏羅紀恐龍是在牛津大學當初級研究員的時候。菲爾·鮑威爾（Phil Powell）是當時學校的自然史博物館的地質組組長，相當有才華，他帶我們去當地的中侏羅世地層進行野外實察。菲爾是一個多才多藝的人，特別是以其在風笛方面的專業知識而聞名。他會在午餐時間在博物館裡練習他的詠嘆調（風笛的管狀部分，帶有指孔）。身為蘇格蘭人，我很欣賞風笛，但這確實是一種戶外樂器，最好在離觀眾有一定距離的地方演奏。

　　菲爾·鮑威爾帶我們去牛津附近的石灰石採石場，大學裡有許多人都是在那裡找到恐龍骨骼。事實上，第一個有紀錄的恐龍化石就是來自牛津北部克倫威爾（Cromwell）教區的一個小採石場，但起初並沒有立即認出來這屬於什麼動物。這個標本是獸腳亞目中的**巨龍**（見下頁）的股骨的下端，插圖顯示出兩個球狀面，並以斷面來繪製內部結構。這是由當時的阿什莫林博物館（Ashmolean Museum）館長，也是牛津大學化學系的教授羅伯特·普洛特（Robert Plot）所繪製，並且在他出版於一六七七年經典著作《牛津郡的自然史》（*The Natural History of Oxford-shire 1677*）中對此進行了說明。他在書中描繪了許多真正的化石，以及形狀奇特的石頭，有些像馬頭，或人的腎臟和腳。他當時將這塊恐龍骼鑑定為一個非常巨大的人的腿骨。[1]

1　這塊第一個發現的恐龍骨骼後來的學名被命名為 *Scrotum humanum*（意思是「人類陰囊」），這是恐龍的第一個正式拉丁名稱，是由理查·布魯克斯（Richard Brookes）在一七六三年命名的。可悲的是，這將成為一個「被遺忘的名字」（nomen obtum），後來在一八二四年這隻恐龍又獲得巴氏巨龍（*Megalosaurus bucklandii*）的名號。由於 *Scrotum humanum* 這個學名沒有受到廣泛使用，因此被遺忘，不然包含巴克蘭巨龍在內的巨龍科（Megalosauridae）可能得改名為陰囊科（Scrotidae）。

學　名　巴氏巨龍（*Megalosaurus bucklandii*）

命名者	威廉・巴克蘭（1824）；吉迪恩・曼特爾（1827）
年代	中侏羅世，174~164百萬年前
化石地點	英國
分類	恐龍總目：蜥臀目：獸腳亞目：巨龍科
體長	9公尺
重量	1.4噸
鮮為人知的事實	第一塊的巨龍化石是在1676年發表的，並且在1763年曾命名為「人類陰囊」（*Scrotum humanum*）

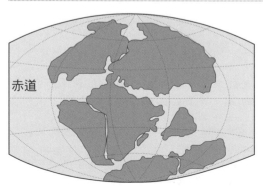

赤道

　　我們一直未能蒐集到完整的巨龍標本，但從發現的各種骨骼來看，足以判斷牠的體長約九公尺，重達一點四噸。這是獸腳類中第一批真正的大型掠食性恐龍，能夠捕食當時幾乎所有的其他恐龍。牠習慣用肌肉發達的後腿來跑步，巨大的三趾足在移動時會張開，留下寬闊的足跡，至今仍然可以在牛津周圍的採石場泥土中看到。牠們的手臂很有力，大概是用來對付獵物的。

　　英格蘭中部的中侏羅世動物群相當多樣，有包括獸腳亞目的巨龍、腳亞目的鯨龍和長有盔甲的植食性勒蘇維斯龍（Lexovisaurus）。牠們周遭有豐富的小型動物群，包括蠑螈、蜥蜴、鱷魚、翼龍（當時會飛的爬行類）和早期哺乳動物，這些動物都是在牛津西北二十四公里處的史東斯菲爾德（Stonesfield）村附近的古老礦井中發現，並且有完善的紀錄。幾個世紀以來，礦工一直在史東斯菲爾德礦山地下深處，挖掘打造屋頂的板岩。他們拖出粗糙的石灰石板，加以凍結，使其分裂，然後將它們當作屋頂材料出售，這種材料比茅草更安全，也更為厚實。自一八二〇年代以來，有大量化石在史東斯菲爾德出土，包括恐龍牙齒，以及存活在恐龍時代的小動物骨骼和牙齒，這些在古生物形成的早期就引起了專家的關注。

中國侏羅紀恐龍新發現

　　恐龍族群在整個侏羅紀都很興盛，在北美、南美和南非都有發現早侏羅世恐龍豐富的形態。中侏羅世則比較零星──主要來自英格蘭──我自己則對中國的中侏羅世恐龍很感興趣，自一九九〇年代以來，那裡已經有了驚人的發現。

　　二〇一六年，我的機會來了，當時我獲得南京大學姜寶玉教授的邀請，陪同他到中國北方的內蒙古進行野外實察。我們將前去參觀橫跨了內蒙古南部以及鄰近的河北省和遼寧省大部分地區的髻髻山層（Tiaojishan Formation）的各個站點。我們對這個地層組中的道虎溝化石小層（Daohugou biota）特別感興趣，那裡有許多驚人的動植物組

合。我對這趟行程感到興奮不已，期待會在那裡發現恐龍和翼龍，但實際上我們花了幾週時間在那邊劈岩石，結果只發現了昆蟲。這些也是相當令人印象深刻的，當中有手掌大小的蟑螂、甲蟲、蒼蠅和水椿象。姜教授聘請了好幾組的當地農民來協助，我們就蹲在熾熱的油布遮陽篷下劈岩石。我不斷地剷著，卻沒有多少收穫，倒是一位當地的蒙古農民蒐集到一大堆很棒的標本。南京地質古生物研究所的古昆蟲學家王博教授對此興奮不已，他看到了新的研究機會。我則是在旁邊為沒有恐龍而煩惱。

截至二〇一六年，在道虎溝化石小層已發現十一種恐龍，以及翼龍、蜥蜴和其他爬行類，並且發表出來。這些恐龍化石相當驚人，牠們主要是小型的樹棲動物，大多數都長著羽毛，還具有不同的滑翔構造。其中一隻獲得有史以來最短的恐龍名字：奇異龍（*Yi qi*），這真的是個小怪物，擁有小恐龍的正常四肢和羽毛，沿著手臂還有特殊的支撐構造，強烈暗示著牠也長有類似於蝙蝠的薄膜，有助於滑翔和捕捉昆蟲。

道虎溝化石小層中最著名的恐龍是**近鳥龍**（*Anchiornis*）（見背頁），現在已找到數十具骨骼，也是最早確定出其顏色的一種恐龍（第四章），在牠的重建圖中，看起來像是隻雄赳赳的火雞，長著黑色的長尾巴，腿後面排著一團羽毛，像是一條狂野的牛仔褲，翅膀上有長長的黑白條紋羽毛，頭上則有一簇薑黃色的羽毛。我也想找一隻。

我失敗了。

每天，我都蒐集到為數可觀的昆蟲標本，但遠不及當地農民和學生所挖掘的數量。姜博士很想要拿到恐龍和翼龍的標本，因此我們安排與各種經銷商會面。有幾次，他們只是帶我去評論或估價（但我其實做不來），我們會去見商人，通常是當地的化石專家，並充當農民的仲介。有時會看到從車子後車廂裡拿出來的板坯，有時則是去參觀無名的高樓區裡的倉庫。這就是古生物學在中國運作的方式，因為科學家和他們的學生能夠待在野外的時間有限，而當地農民則有時間和有眼光去找到驚人的發現。

　　我們看到一些很棒的近鳥龍標本，但姜博士想要一些特別的東西，一些新的東西。最後，在鄰近河北省一個工業城鎮中一間沒有燈光的房間裡，我們看到了一個漂亮的翼龍標本，它已經清理過，但沒有塗上膠水或防腐劑。這一點很重要，這樣之後才能在掃描式電子顯微鏡下觀察樣本，辨識微小結構或進行化學分析。事實證明，這個標本在確定羽毛在恐龍及其近親的演化的某些層面上確實很重要，接下來我們會討論到。

　　進入晚侏羅世，恐龍世界變得更加繁忙，也更為我們所熟悉，在美國中西部發現的經典的莫里森層恐龍就是在這時期演化出來的，包括廣受喜愛的蜥腳類恐龍，如梁龍、雷龍和腕龍，還有獸腳類恐龍，如異特龍、角鼻龍以及背上有板甲的劍龍等（參見彩頁ii）。莫里森層的恐龍是在一八七〇年代首次出土，當時鐵路工作人員正在開挖從懷俄明州、科羅拉多州到猶他州的山脈和平原。一箱箱裝滿這些恐龍骨骼的大木箱被送回東海岸，至今仍可在費城、紐黑文、紐約和華盛頓的博物館中見到。在一些地方發現有許多化石，這意味著這些恐龍的豐度曾經很高。要去推想像晚侏羅世這個充滿巨獸的世界幾乎是不可能的。蜥腳類恐龍中最大的是腕龍，為了要伸到樹頂周圍吃綠葉，牠的腹部離地面有二點五公尺，高度高達九公尺，你還來不及察覺，牠就一腳把你踩扁了。莫里森層的其他蜥腳類恐龍，例如長有一條能夠水平延伸的長脖子和鞭狀尾巴的梁龍，還有雷龍和圓頂龍，也幾乎擁有一樣大的身形，而且噸位更重。

　　當一群蜥腳類的巨獸在移動時，勢必會產生震耳欲聾的噪音，揚起令人難以置信的塵土。肉食性的獸腳類恐龍，如異特龍和角鼻龍都非常高大，約有八點五公尺長，因此體形較小的恐龍會在牠們到達之前先逃跑。這些巨型的蜥腳類恐龍只有在年幼時才會受到傷害，一旦長到五歲以上，基本上就可能沒有掠食者了。在坦尚尼亞、葡萄牙和中國也發現類似的晚侏羅世動物群，這代表蜥腳類恐龍曾經一度分布到世界各地，而且達到牠們最大的尺寸。然而，這時期並沒有持續多久。

學　名　赫氏近鳥龍（*Anchiornis huxleyi*）

命名者	徐星等人（2009）
年代	中侏羅世，166~164 百萬年前
化石地點	中國
分類	恐龍總目：蜥臀目：獸腳亞目：手盜龍科：近鳥龍屬
體長	40公分
重量	500.7公斤
鮮為人知的事實	近鳥龍的後腿上長有小翅膀，走起路時來像是穿著西部牛仔的流蘇褲。

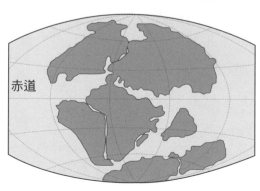

赤道

食物網和在白堊紀達到鼎盛的恐龍

　　大約在一億四千五百萬年前，地球發生了重大變化，世界某些地區的岩石序列顯示出大陸板塊漂移和氣候變遷的證據。一度稱霸晚侏羅世的蜥腳類恐龍在動物群中的多樣性開始下降，而鳥腳類恐龍成為主要的植食性動物，這包括在英格蘭南部的蘇塞克斯發現的那隻經典的鳥腳類**禽龍**（見背頁），它於一八二五年命名──是史上第二隻被命名的恐龍。

　　禽龍是受到最多研究的恐龍之一──當然，可能還是比不上暴龍！儘管如此，也發現了數十個標本，主要集中在歐洲，而且已經對此發表過多篇論文。最值得注意的是，戴夫・諾曼，也就是在一九八四年掙扎著提出第一份恐龍演化分支圖的我們四人的其中一位，後來終生都在研究禽龍。這些標本很漂亮，大多的骨架都很完整。禽龍通常有十公尺長，約三噸重。牠的生理結構是雙足動物，但進食時通常會四肢著地。牠們長有五隻用來抓握的強壯手指，但僅有小小的蹄──這是牠有時會用手行走的完美證據。尖尖的拇指可能用於防守。一雙巨大的後腿讓禽龍成為強大的雙足跑者，尾巴筆直地向後伸展。尾巴的平衡功能因為脊椎兩側向下延伸的細骨桿而增強了，這能阻止尾巴在移動時大幅擺動。

　　禽龍的頭骨細長，吻部很長，牠會用下顎前端沒有牙齒的骨板來咬樹葉，將碎片傳到下顎兩側的長直齒排之間，粗略地切碎。正是因為禽龍及其相近的物種具有能夠消化這些植物性食物的強大能力，才讓牠們成功地稱霸一方。這是史上第一隻能夠咀嚼食物的恐龍，其他恐龍只是簡單地咬住就吞下，但禽龍會咀嚼食物，因此可以從每一口中攝取更多營養。牠並不像我們咀嚼食物的方式那樣，是以後方為樞軸來旋轉下顎，牠們的方式比較類似小刀的刀片開合，下顎深入上顎的機制就像刀片與手柄密合。當下顎向上切時，牙齒會磨過上顎的那組牙齒，在密合時，這兩組牙齒彼此磨得更銳利。此外，臉頰會向外擴張一點，提供一些橫向磨牙的空間。

學　名　貝尼薩爾禽龍（*Iguanodon bernissartensis*）

命名者	吉迪恩‧曼特爾（1825）；路易斯‧多洛（1881）
年代	早白堊世，140~125 百萬年前
化石地點	英格蘭、比利時
分類	恐龍總目：鳥臀目：鳥腳亞目：禽龍科
體長	10 公尺
重量	3 噸
鮮為人知的事實	最完整的禽龍標本來自於比利時一處煤礦的屋頂。

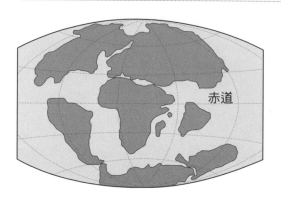

赤道

　　自一八二〇年代，在英格蘭東南部威爾德（Weald）地區發現第一隻禽龍以來，又在這地區的許多地方陸續發現，因此這個區域的早白堊世地層很快就得到「威爾德式的地層」（Wealden）這個名號，而且在整個歐洲也都有鑑定出這類恐龍。威爾德式的地層是在溫暖潮濕的氣候下形成的，岩石中記錄著低海拔地區的生命形式，充滿豐富的遺骸，包括茂密的植物、昆蟲、兩棲動物、蜥蜴、鱷魚、恐龍，甚至還有一些鳥類和哺乳動物。

　　威爾德的沉積物積累有七百公尺厚，那裡的沉積物是從今日倫敦和比利時周圍的高地沖刷下來的。隨著威爾德盆地的下沉，沉積物日益堆積起來，橫跨早白堊世的一千五百萬年，從140～125百萬年前。這些沉積物記錄下某些古代河流還有三角洲和淺海的入侵。雷丁大學（Reading University）的波西・艾倫（Percy Allen）在經過多年的詳細研究後，得以重建威爾德地區以前詳盡的古環境，重建圖中勾勒出湖泊、河流、展開的裂縫、卡住的原木，還繪製出沉積物和化石如何積累下來的圖表。

　　威爾德地區的化石讓我們對早白堊世的生命有了更清楚的認識。威爾德地區的化石採集活動已有兩百多年的歷史，其中包括在某些地層中發現的原木和樹幹、四散各處的禽龍和其他恐龍的完整骨骼，以及小型脊椎動物的骨床。小型脊椎動物──顧名思義骨骼和牙齒都很微小──可能看起來沒有巨大骨骼的壯觀氣勢，但它們提供了當時豐富的多樣性紀錄。如果你真的想了解古代動植物群，必須要認識一切。

　　對威爾德小型脊椎動物化石採樣的一位研究人員史蒂夫・史威特曼（Steve Sweetman）發現了一系列非凡的生物，包括鯊魚和硬骨魚、蠑螈、青蛙、迄今為止最多樣化的早白堊世蜥蜴動物群、海龜、鱷魚、翼龍、鳥臀類和蜥臀類恐龍，鳥類和哺乳動物。這些微小的牙齒，即使散發著驚人的美感，乍看之下可能還是令人眼花撩亂，不過它們都具有可供鑑種的特徵，在一段時間後，古生物學家都學會區分辨識，而且從中得知那時候有多少物種以及牠們的角色等細節。

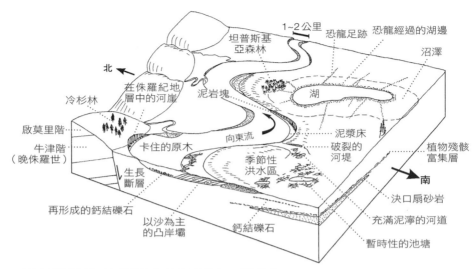

北

1~2公里　恐龍足跡　恐龍經過的湖邊

坦普斯基亞森林

沼澤

在侏羅紀地層中的河岸

泥岩塊

湖

冷杉林

啟莫里階

牛津階（晚侏羅世）

向東流

泥漿床

破裂的河堤

植物殘骸富集層

卡住的原木

季節性洪水區

南

生長斷層

再形成的鈣結礫石

以沙為主的凸岸壩

鈣結礫石

決口扇砂岩

充滿泥濘的河道

暫時性的池塘

以立體框圖呈現威爾德在早白堊世的不同環境。

如何把這一切統合起來？最經典的方式是食物網，這可以代表一個集合中所有物種，尤其是當中的食性關係。史蒂夫·史威特曼很慷慨地提供了他畢生研究威爾德生態系所得到的知識，他以這張食物網的圖（下頁）來展現。這類型的圖表能夠重現過去的生態，而威爾德生態系在某些方面與今天的生態系相似，但在其他方面則截然不同。當然，主要的差別在於那時候有龐雜的恐龍群產生的效應，但是尚未出現鳥類和大型哺乳動物。

威爾德地區展現出恐龍時代非常典型的生命場景，但時不時會出現變動的跡象。在蕨類植物、種子蕨類植物、針葉樹和其他植物中，開始出現一些不尋常的植物——世界上最早的開花植物。

繪製恐龍超級樹

現在是時候回頭談演化樹了。我們已經回顧了恐龍歷史的一些早期階段，以及學界為建立恐龍演化的大架構所做的努力。到兩千年時，幾乎世界上所有國家的三疊紀、侏羅紀和白堊紀的恐龍都已經完成命名，約有五百種。牠們可以很容易地劃分為三類：獸腳類、蜥臀類和鳥臀

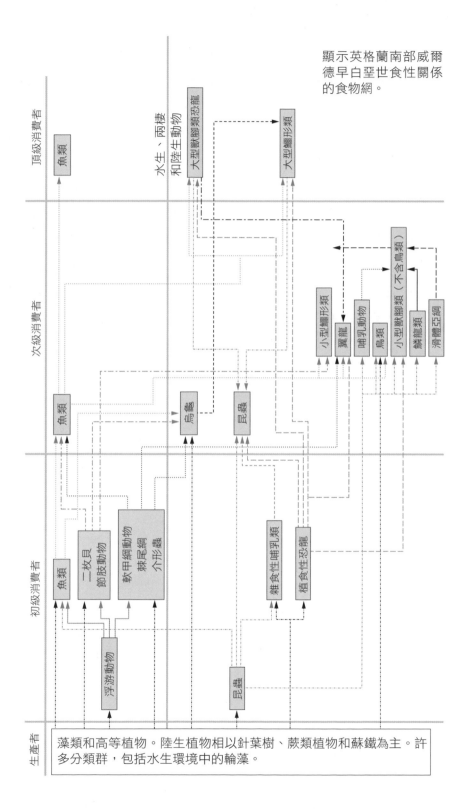

顯示英格蘭南部威爾
德早白堊世食性關係
的食物網。

類，那牠們之的演化關係呢？是否還可以再分出更細緻的模式？當我們在二〇〇〇年左右思考這個問題時，生物學家繪製詳細動物群體演化樹的能力已經有了大幅進展。

我們認為盡可能以所知的訊息來構建一棵涵蓋所有恐龍物種的樹非常重要，過去從未有人做過這樣的嘗試。而在建構這棵恐龍演化樹時，我們打算嘗試一組新的演算程序，構建所謂的超級樹（supertree），而不再只是查看所有恐龍標本，對其骨骼和頭骨的特徵進行編碼。顧名思義，超級樹是由許多一般樹構建而成的。我當時指導的博士生大衛・比薩尼（Davide Pisani）——現在是布里斯托的教授——決定身先士卒。我們掃描了在一九八〇～二〇〇〇年間發表的所有關於恐龍親緣關係的論文，蒐集到一百五十棵這樣的樹。

構建超級樹的理論非常簡單，儘管在實務操作上，要達道大家都認可的結果會遇到許多令人頭痛的問題。如果你有兩棵演化樹，每棵樹上有十種恐龍，而且兩棵樹上有兩個物種是相同的，那就可以利用這些相同物種將這兩棵樹合起來，製作出一棵包含十八個物種的樹。當然，在這一百五十棵樹中，有很多演化關係的假設並未得到一致認同，因此大衛設定的電腦程式必須先處理這些分歧，嘗試找出最可能的解決方案。在經過數週的電腦演算後，我們得到一棵包含兩百七十七種恐龍的樹。我們無法納入已知的五百種恐龍，因為在那個時候，還有許多物種尚未進行過任何的支序分析。

這棵樹的分支大致底定，這意味著大多數恐龍都已經歸類在特定的位置上，但也有不少地方，會有五六個物種都從一個分支冒出來。這些是還有分歧的點，我們無法讓電腦程式給一個更準確的答案。這很令人沮喪，但這就是現實——常常我們就是沒有足夠的訊息來明確決定這期間的演化關係，而這些懸而未決的地方就是有用的指標，能夠指引研究人員去尋找更多訊息。

六年後，我們又做了一次這樣的分析。這一次，該計畫由另一位布里斯托博士生葛萊姆・洛伊德（Graeme Lloyd）來領導，他如今在里茲

大學（University of Leeds）任教。葛萊姆找出五百五十篇關恐龍樹的論文，其中涵蓋了四百二十種恐龍。這次的運算更為殘酷，但我們對這次大幅改進的恐龍超級樹感到非常自豪，現在是以全彩呈現，繪製成一個圓圈（見彩頁 viii）。在投稿這份研究論文時，期刊拒絕印出我們可愛的圖表──他們說它太大，就算用兩個頁面也不夠，我們對此感到有點沮喪。儘管如此，它包含了四百二十種，是那時最大的一棵超級樹。[2] 現在，繪製一大棵演化樹早已司空見慣──最大的一棵，可能是包括所有鳥類，納入一萬一千個物種的演化樹。

這就像是孩子在玩遊戲嗎？比誰的超級樹比較大？嗯，就某方面來說，確實如此。這一方面要靠技術，一方面是想要把它做好的心，將運算的軟體和硬體都推向極限。不過重要的是，我們可以使用超級樹來研究巨觀演化。特別是回答我們所問的一個簡單問題，那就是恐龍在什麼時候演化得很快？洛伊德逐一檢視了整棵樹上四百二十三個分支點，並根據在已知時間內從分支分出來的物種數量來計算，看看是否有展現出異常的演化速度。

他發現在四百二十三個分支點中，只有十一個顯示出演化速度在統計上比預期的要快。有七次發生在晚三疊世，兩次發生在中侏羅世，最後兩次發生在晚白堊世。恐龍演化樹有這樣虎頭蛇尾的狀況，完全出乎意料──這意味著，從廣義上來講，恐龍在其歷史的前半部完成了大部分演化，之後就沒有多大的變動。

我們更進一步比較了白堊紀恐龍與其他陸生動植物群的演化。結果發現白堊紀恐龍的演化速率緩慢得不尋常──當時正發生一些重大事件，我們稱此為「白堊紀陸地革命」（Cretaceous Terrestrial Revolution）。出乎意料的是，恐龍並不是這一戲劇性演化步驟的一部分。

---

2 我們將這棵樹上傳到網路上，您可以在 http://zoom.it/JJLR 上看到這棵壯觀的樹，網站可以讓您在樹上四處移動，並且加以放大來查看每個物種的詳細訊息。

白堊紀陸地革命：現代生命的導火線

　　大約在一億兩千五百萬年前，開花植物徹底改變了地球；事實上，就是它們引發了後來的白堊紀陸地革命，當時的陸域生態系，如威爾德的生態系，發生了根本的改造。這裡的關鍵問題是，要如何確定這場生態革命的尺度和衝擊，以及判定這場動植物的巨大變化對恐龍的演化是否有影響，以及影響程度有多大。

　　白堊紀陸地革命是整部生命史上的重要時刻，就是從這時起，陸地生命開始變得極度多樣化。研究顯示，在早白堊世，陸地和海洋中的物種數量大致相等，但目前陸域的生物多樣性是海洋生物的五到十倍。現代生命的龐大多樣性主要是來自於昆蟲，但其他群體也非常豐富，包括蜘蛛、蜥蜴、鳥類和開花植物本身。

　　地球上可能有多達一百萬種甲蟲。有人曾問二十世紀偉大的英國生物學家哈丁（J. B. S. Haldane），在他從對自然的長期研究中，關於創造，他學到了什麼。他回答道，顯然「上帝特別鍾情甲蟲」。的確，時至今日我們還是不知道甲蟲到底有多少個物種——已命名的約有四十萬種，不過甲蟲專家隨隨便便進入一片新的叢林時，一天就可能找到五十個新種。要將這些新種描述發表，並加以命名需要投入大量心力和時間，但人的工作速度有限……因此，要完成這堆未完成的鑑種工作可能還需要幾個世紀的時間。

　　總之，地球上可能總共有一千五百萬個物種，而其中有八九成都在陸地上，只有一兩成在海洋中。

　　當生物學家在為現代生物繪製演化樹時，物種豐度高的群體（如開花植物、甲蟲、蝴蝶、蜂類、臭蟲、蜘蛛、蜥蜴、哺乳動物）似乎大多數都是在中白堊世，也就是大約一億年爆發出來的。那時發生了什麼事？

　　驅動因子就是開花植物的數量激增，或者可以用較為正確的名詞「被子植物」來稱呼。被子植物幾乎包括所有我們熟悉的植物，從水果

到蔬菜，從橡樹到棕櫚樹，以及各式各樣的草。它們對人類有重大的經濟價值，因為我們吃的穀物和豆類幾乎都是被子植物。被子植物的受精系統具有花，而且種子位於營養豐富的果實中，據信正是這樣的獨特性，讓它們在白堊紀大放異彩，出現物種多樣化。這套受精系統讓它們比其他植物具有直接的優勢，比針葉樹或蕨類植物更能適應新環境，在危機中生存下來。

　　從一開始，被子植物就與鳥類和蜂類……還有蝴蝶、飛蛾和黃蜂等傳粉媒介建立起互利關係。蟲子和其他昆蟲能夠對此產生適應，改以多汁的嫩葉、花和莖為食。因此，今天約有三十萬種被子植物支撐著超過兩百萬種昆蟲的生命，牠們都特化得很厲害，並且被子植物會形成茂密繁複的森林，當中的物種要比以針葉樹為主的森林豐富得多，在今日世界，針葉林主要都在較冷的氣候區。

　　那麼，白堊紀陸地革命有影響到恐龍嗎？新的食物來源本來可以為牠們提供適應和多樣化的機會。然而，目前對此的共識是，牠們並沒有因此而受到太大影響。恐龍依舊像往常一樣邁著大步前行，可能對開花植物不屑一顧，甚至會踩踏散發出香味的花朵，前去咬一大嘴鬆脆的蕨類植物，或尖尖的針葉樹葉子。

　　當時出現了新的恐龍群，但牠們似乎並不依賴開花植物或任何新的昆蟲群。從早白堊世到晚白堊世，威爾德的禽龍和其他恐龍逐漸被大量巨型的鴨嘴龍科（hadrosaur）的恐龍取代，這當中，有的像**副櫛龍**（*Parasaurolophus*）（見隔頁）長有明顯的頭冠。學界對這些頭冠的功能一直有爭議。它們是中空的，是從鼻子的骨骼延伸而來，因此不可能用於戰鬥或防禦。最好的解釋是用來識別物種——在任何時候，鴨嘴龍群中可能混有五六個物種，每個物種都有自己的頭冠——這意味著任何個體都想在群中與自己物種的成員聯繫。就像今天的鳥類一樣，恐龍可能是視覺動物，因此與人使用相同的線索來識別物種。

　　在某些地方，同樣常見的是角龍類（ceratopsians），即有角的恐龍，就像巨大的犀牛一樣。其他植食性動物包括身披裝甲，宛如一臺坦

學　名　沃氏副櫛龍（*Parasaurolophus walkeri*）

命名者	威廉・帕克斯（1922）
年代	晚白堊世，76~73 百萬年前
化石地點	美國、加拿大
分類	恐龍總目：鳥臀目：鳥腳亞目：鴨嘴龍科
體長	9.5公尺
重量	5.1噸
鮮為人知的事實	過去曾誤以為牠的頭冠是呼吸管，但其頂端是密封的。

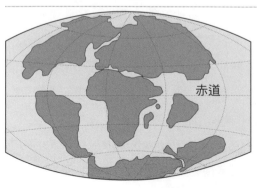

赤道

克的甲龍類（ankylosaurs），有些個體的尾巴上還長有巨大的鎚頭，另外還有一些長頸的蜥腳類恐龍，尤其是在南方大陸上。掠食性的獸腳類也很多，從微小長有羽毛，且以捕昆蟲維生的，到肢體很長，像是鴕鳥的似鳥龍，再到擁有最大下顎的暴龍，牠是北美洲晚白堊世的頂級殺手。

經過這次對恐龍的調查之後，似乎多少解決了關於恐龍的一切問題。古生物學家相信牠們已經將大部分恐龍放置在生命樹上正確的位置。然而，在二〇一七年三月，又有人投出一顆重磅炸彈──關於恐龍基本關係的共識似乎完全錯誤。

恐龍樹和演化革命

劍橋大學的馬特・巴隆（Matt Baron）和戴夫・諾曼以及倫敦自然史博物館的保羅・巴雷特（Paul Barrett）共同撰寫的一篇論文，他們在文中將獸腳類與鳥類並列，引發了軒然大波。在這篇論文中，作者群聲稱古生物學家對恐龍的基本分類是錯的，並提出了一棵全新的恐龍樹。幾個月後，有一連串的論文重新測試了他們的新假設，有些完全支持，而另一些（包括我合著的一篇）提出了一些疑問。巴隆的這篇文章引起了極大的關注，成為當期《自然》（*Nature*）的封面故事，世界各地的媒體也爭相報導；《大西洋月刊》（*Atlantic*）的標題是「一百三十年後，恐龍譜系出現戲劇性重組」，而《紐約時報》（*The New York Times*）則是「搖晃的恐龍演化樹」。《衛報》（*The Guardian*）繼續以經典的衛報風格報導，說這是「一場討論，而不是一場戰爭：兩方對峙的專家談論起恐龍演化樹」。話題還在繼續，尚未解決。

至少自一九八四年以來，標準觀點是恐龍總目是由兩類動物所組成，一是包括有獸腳類和蜥腳形類的蜥臀類，另一類則是鳥臀類。在他們這篇新發表的論文中，巴隆和他的同僚認為，這三個主要恐龍群的排列方式應該是將獸腳類的分支轉個方向，加入鳥臀類這一分支，而蜥臀類恐龍獨自一支。這支新的演化枝是獸腳類＋鳥臀類（Ornithischia），

所以合稱為鳥腿類，而蜥臀類的恐龍則獨自留在這一分支的外側。在我們的反擊文中，由聖保羅大學的馬克思・藍傑（Max Langer）為首，我們檢查了巴隆及其同僚彙整的龐大數據矩陣，並在當中尋找漏洞，然後重新進行分析，得到的結果又恢復了鳥臀類和蜥臀類的傳統排列方式——但也有些微的差距。

傳統觀點　　　蜥臀類　　　新假說　　　鳥腿類　　　早已被遺忘的假說　　　植食龍類

恐龍主要演化枝的三種可能排列。

這裡要先談一下支序分類的做法。在這類研究中，付出的努力不容小覷。巴隆在他的分析中用了七十四個物種——當然，不是所有已被命名的恐龍，但足以涵蓋所有的演化分支，以及一些西里龍科和其他相近的種類親屬。他們對這七十四個物種的四百五十七個解剖特徵加以編碼，這意味著馬特（或其他人）得前去世界各地的許多博物館，拉出化石櫃的抽屜，檢查每個特徵，通常僅會得到是／否的答案，即是否有該項特徵。這些通常編碼為「1」，表示有此特徵的存在，「0」表示不存在。因此，巴隆最終會得到一個巨大的數據表，有七十四行和四百五十七列，也就是一共檢查了 33,818 個格子。我們在檢視時，仔細研究了其中的一些，專注在我們可以輕鬆前去查看的樣本，因此能夠更正一些編碼。

彙整這樣龐大的數據集有什麼意義？它們會是計算最佳擬合樹的基礎。有很多方法可以針對這樣的大數據集進行運算，尋找最有效，或最可能的一組樹形，能夠符合絕大多數的資訊。有這麼多數據，不太可能會得到單一一棵親緣關係樹，也不太可能能夠完美地擬合所有

的數據。更常見的結果是，可能會產生一百多棵具有同樣可能性的樹形，然後必須對這些進行彙整。

因此，在二〇一七和之後的二〇一八年這些對巴隆文章中這項激進提案的諸多往復來回的評論文章中，最後並沒有得出明確的答案。當時唯一的共識是應該要做更多的研究——需要對所有這四百五十七個生理特徵仔細檢查，以保它們都是獨立且有提供親緣關係的訊息，然後成群的專家團隊需要回到博物館的抽屜櫃，詳細檢查化石。

即便如此，還是有可能無法得到明確的結果。這聽起來可能令人相當震驚，甚或是對分支學派方法的控訴。不過，這當然不是對分支學的批評，因為沒有除了分支學或等效統計方法以外的替代方案。我們得回到斷言和猜測——「我認為是腳踝能告訴我們牠們的故事」，「不，我認為頭骨特徵更重要」。

我們在這裡可能看到的情況是所謂的星形親緣關係（star phylogeny），是在親緣關係樹中的一系列分支點，有可能是這些分支點發生得非常快，也有可能是我們缺乏關鍵的化石。星形親緣關係是多樣性的爆發，是一個新的演化分支快速演化的證據，在某些情況下——也許包括上述的爭議——是因為沒有時間演化出任何獨特的生理特徵；或是可能被後來的演化所覆蓋。也許永遠都很難確定出關鍵特徵，能夠決定性地證明與獸腳類關係最親近的是蜥臀類還是鳥臀類。

....

演化樹或親緣關係是理解演化的關鍵。演化樹的建造細節可能看起來很神祕，事實上，在過去的五十年來，數學家和電腦科學家對改進這些方法的功能和速度做出了巨大貢獻。然而，從手工繪製演化樹這樣單純根據已知所進行的猜測，到電腦生成演化樹，這之間的轉變最能深刻說明恐龍學如何從推測轉向科學的。

讀者可能會發現這些演化樹的往來爭議，無論是演化分支還是超級樹，都很繁重，但其產生的後果是很深遠的。這些樹是我們之後要描述

恐龍在三疊紀、侏羅紀和白堊紀演化的重要基礎，而且同樣重要的是，這關乎我們如何計算相對變化率。能夠確定恐龍在地球上的前半段時間完成了大部分演化，然後漸漸放慢演化速度，這一事的意義重大。當然，這可能是錯誤的，但若是要反駁這一點，只能回去原始分析，從中挑出錯誤，並使用更好的方法和更好的數據來提供更好的假設才行。

在我們一九八四年的初步努力以及之後長達數十年的改造和穩定恐龍樹後，它再度搖搖欲墜，這是非常了不起的。肯定需要眾多專家共同努力來檢查數據，探索在蜥臀類模型和鳥腿類模型對基本的恐龍關係預測的可能解決方案。

第三章

挖掘恐龍

就跟大多數孩子一樣，我也是在七八歲時開始對恐龍著迷。而這股熱情從未消退，甚至變得更為強烈，尤其是當我前往某個炎熱而充滿異國情調的角落，爬上一臺四輪傳動的越野車，顛簸前行朝著野外出發時。規畫、閱讀、打開地圖決定要去哪裡探勘，這些過程所帶來的悸動，是無與倫比的。這也是一種榮幸，不僅能和來自許多國家的專業同事一起工作，還能與當地人共同生活，且不是以遊客的身分前去，而是肩負著一個使命。當然，最令人興奮的是猜想可能會找到什麼。

野外實察是任何大學地質學或生物學的標準課程，我花了很多時間

來自蘇格蘭東北部克拉沙赫的早期爬行類的腳印。

在蘇格蘭周圍的泥地中探尋，緊跟著前方輕鬆走跳的教授，看著埋在潮濕樹葉下的灰色岩石。若去距離我的故鄉亞伯丁西北方一百零五公里處的埃爾金，似乎比較有機會找到什麼。在那裡，岩石至少是黃色的，在充滿濕氣的陽光下幾乎呈現蜂蜜的色調。更重要的是，那裡保留有遠古爬行類的骨骼，在克拉沙赫（Clashach）海岸的砂岩採石場，仍然可以在岩石上看到一些腳印。在那裡，大大小小的爬行類踏上了古老沙丘的背風坡，也許是在尋找水和植物來吃喝，牠們的腳印已經存在超過兩億五千萬年，但當中的每一個細節卻像踩下的那一天一樣清楚鮮明。然而，蘇格蘭東北部畢竟不是蒙古、澳洲或加拿大。

當我在亞伯丁大學就讀時，我的機會來了。我相當厚臉皮地去參加了一九七六年在倫敦大學學院舉行的古脊椎動物學和比較解剖學學會的會議。我只是一個大學生，但想想，為什麼不去呢？參加會議的教授和藹可親，也願意和在場幾個像我一樣笨拙的學生說話。在一次的茶點休息期間，我遇到了一位安靜的美國教授傑‧艾倫‧霍爾曼（J. Alan Holman）──「傑」只是一個縮寫──而且，讓我感到不可思議的是，他竟然邀請我前去他所在的密西根州立大學，然後和他一起到野外去。這是我第一次出國旅行，當時二十一歲的我就在密西根州和內布拉斯加州度過一九七七年夏天的七月到九月。霍爾曼當時是北美洲蛇類和蜥蜴化石方面的專家，他每年會進行為期兩個月的野外實察，研究瓦倫丁層（Valentine Formation）的化石。他僱用我當他的野外助理，甚至付錢給我，讓我去挖上噸的沉積物，把它們倒進用木箱建造的大篩子中，我們會在河裡攪動這些木篩，讓河水沖去泥沙，留下岩石、樹枝和化石。我們將沖洗過的蒐集物裝箱，帶回東邊，進行揀拾和分類。對我這樣蒼白的蘇格蘭人來說，內布拉斯加州的濕熱著實讓人震驚，這些微小的化石也不能和恐龍相比，但這些是活生生的場景。

回到英國後，我寫信給蒙特婁大學（University of Montreal）的一位年輕研究員菲爾‧居禮（Phil Currie），他剛剛在艾德蒙頓（Edmonton）的艾伯塔大學（University of Alberta）找到他的第一份工

作。他當時就是個恐龍人，現在可以說是北美最傑出的恐龍專家，或者至少是前兩三名。居禮給我的回應也很類似，給了我一份有薪的野外助理工作，在一九七八年夏天為他工作，那時我們在艾伯塔省南部的壯姆海勒（Drumheller）附近的偏遠沙漠地區住了兩個月。那裡是在一九五五年成立的省立恐龍公園，早在皇家泰瑞爾古生物學博物館（Royal Tyrrell Museum of Palaeontology）成立前（於一九八五年開放）就已存在。從那以後，我還前往德國、羅馬尼亞、俄羅斯、突尼西亞和中國進行過野外工作，不過尋找和挖掘恐龍的原則在任何地方都是一樣的。

古生物學家如何尋找恐龍？

尋找恐龍的關鍵是選擇對的岩石──它們必須是對的年代，若是過去在那裡曾發現過恐龍，機會就更高。艾伯塔省的省立恐龍公園是一個不錯的選擇，因為上個世紀已經在那裡挖掘出許多骨骼。一旦身處對的地域，勘探的技巧就是祕訣所在。

我們開著野外卡車從艾德蒙頓一路行駛兩百八十公里到達壯姆海勒，這輛白色卡車，前排可容納三人，後面平放時可以裝幾噸的骨骼。在車隊中還有一輛臥鋪拖車，裡面有六人床，還有一個基本的廚房，其中一名工作人員會為我們準備超鹹的食物和湯。要是我們抱怨，他會說我們需要鹽分來補充在陽光下流失的電解質；總之，千萬不要和廚師爭論。

我學到的第一個任務是勘探，在峽谷中爬上爬下。這些深溝是大雨所沖刷出來的，艾伯塔省這一區偶爾會下大雨，切割過土壤層和砂岩，而這就是我的目標。這些岩石屬於恐龍公園層（Dinosaur Park Formation）──不然還能有更好的名稱嗎？地層（通常）是沉積岩的單位，從地層學的角度來看，它們具有明確的底部和頂部，可以將其繪圖出來。

恐龍公園層是一個厚約七十公尺的單元，由陸域環境中的綠灰色砂岩和泥岩所組成，大約是在七千五百萬年前沉積，也就是最晚近的白堊

紀時代。這片沉積層中有樹葉和樹幹、河棲的軟體動物和魚類，當然還有恐龍 —— 約有四十種，包括臉上長角的角龍科的開角龍（*Chasmosaurus*）、**尖角龍**（*Centrosaurus*，見下頁）和戟龍（*Styracosaurus*），鴨嘴龍科的鉤鼻龍（*Gryposaurus*）、賴氏龍（*Lambeosaurus*）和副櫛龍，甲龍科中帶有尾槌的**包頭龍**（*Euoplocephalus*，見背面）以及體形小、快速移動的掠食者**似鳥龍**（*Ornithomimus*，見背面）和馳龍（*Dromaeosaurus*），以及九公尺長的魔龍（*Gorgosaurus*），這隻巨獸是暴龍的近親。

在荒地裡找恐龍的祕訣就是先找骨骼碎片，然後跟著它們尋找源頭。河道被反覆侵蝕多次，因此溪流底部的任何碎骨痕跡都可以追溯到其源頭。然後，這趟行程的負責人會決定探勘的這個位點是否值得挖掘。我們會找到一個完整的骨架，還是只有一個片段？當時的發現有可能只是這副骨架的最後碎片，之後就沒有留下任何東西，又或者這可能是尾巴的尖端或腳趾骨而其餘的骨架就在那裡等著你，躺在七千五百萬年來不見天日的原始地層中。

一八六〇年左右，在美國西部發現第一批恐龍骨骼時，挖掘者並不是受過訓練的科學家。他們是開闢鐵路的導航工程師，在開闊的平原和山脈間鋪設鐵路，他們的薪資是根據一週內鐵軌增長的長度來計算。他們擅長快速地移動岩石。遇到化石時，或用大錘重擊，或用長柄鐵鍬敲擊，骨骼就會從中彈出。之後就成堆地扔進平板馬車，拖到最近的鐵路，然後向東送到紐哈芬、費城和紐約的博物館。當然，現在這樣高效且果斷的採集方法是不會被接受的。

在如烤箱般的地方汗流浹背地勘查幾個小時後，我們都確定了可能的探勘點。這時居禮會過來查看。我找到的一個點獲選為我們的第一個挖掘點。那裡突出的骨骼可能是鴨嘴龍的，這是一種在晚白堊世極為常見的植食性動物，但仍值得開挖，因為這骨骼看起來很完整，適合用於展示。

這些骨骼沿著相當陡峭的斜坡一字排開列，所以第一件事就是從含

學　名　腔盾尖角龍（*Centrosaurus apertus*）

命名者	勞倫斯・蘭貝（1904）
年代	晚白堊世，77~75百萬年前
化石地點	加拿大
分類	恐龍總目：鳥臀目：角龍科：角龍屬
體長	6公尺
重量	2.5噸
鮮為人知的事實	在艾伯塔省希爾達（Hilda）附近的一個地點有大量的尖角龍，這可能是世界上最豐富的恐龍骨床。

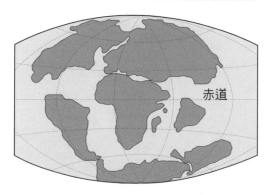

赤道

學　名　　圖塔斯包頭龍（*Euoplocephalus tutus*）

命名者	勞倫斯・蘭貝（1902 年種名，1910 年屬名）
年代	晚白堊世，77~67 百萬年前
化石地點	美國、加拿大
分類	恐龍總目：鳥臀目：裝甲總科：甲龍屬
體長	5.5 m
重量	2.3 噸
鮮為人知的事實	這種恐龍的板甲非常厚重，甚至還有骨質的眼瞼來保護眼睛。

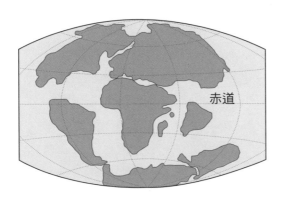

赤道

學　名　急速似鳥龍（*Ornithomimus velox*）

命名者	奧斯尼爾·馬許（1890）
年代	晚白堊世，75~70 百萬年前
化石地點	美國、加拿大
分類	恐龍總目：蜥臀目：獸腳類：似鳥科
體長	3.8 公尺
重量	170 公斤
鮮為人知的事實	似鳥龍沒有牙齒，所以，雖然牠們是獸腳類，但食物可能混合有小動物和植物。

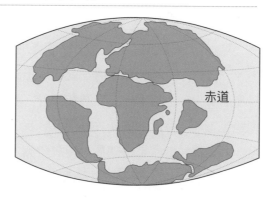

赤道

有骨骼的地層上方撬開岩石，在岩石中建造一個平臺。可以使用任何手邊的工具——我們甚至有一臺配備有引擎的巨大但難以控制的氣鑽。花了一整個禮拜的時間，我們才將覆蓋物粉碎，在骨架上方創造出一個工作平臺，讓我們可以使用更精細的工具繼續挖掘。我們使用錘子和鑿子以及電鑽從骨骼上方去除細砂岩。等到快要碰到化石時，我們就得放慢速度，小心謹慎地動作，但失誤在所難免，有時會不小心從骨架上鑿下一大塊骨骼——啊！

使用電動工具移除恐龍標本上方的岩石。

如何記錄挖掘？

挖掘的首要任務是清理出整個場地，這樣才能擺放骨架，以供查看。一旦移除足夠的覆蓋層，就可以正確評估這個站點。我們可以看到恐龍的骨架，包括尾巴、四肢和肋骨。然而，頭骨並不在那裡，而脖子則是筆直地往懸崖方向過去。因此，我們不得不用防水油布蓋住這個站點，並繼續往懸崖那邊開挖，延長整個工作平臺。要得到一英尺長的空間，我們得移除一碼高的陡峭懸崖。最終，我們清理出足夠大的站點

（或是說，至少我們已經在清理另外二十噸覆蓋物以再取回一根骨骼和拿不到任何埋在懸崖下的其他部位的風險間做出妥協）。在三十度的高溫下結束一天漫長的挖掘工作後，我們很高興能夠有機會衝下山坡，跳進桑迪河，浸泡在涼爽的水中。

鴨嘴龍的特寫，顯示尾巴沿著脊椎翻轉。

　　接下來是為骨骼製圖（mapping）。在那時候，我們是以實地的素描和照相來做這件事。我們會用繩子在整個場地上拉出網格，以這些為基準，進行近距離拍攝，並且在方格紙上繪圖。我們可以辨認出大部分骨骼——這副骨架的確相當完整，僅有一些骨骼被河水旋轉或移動了一小段距離。

　　當然，古生物學家今日還是會繪製和拍攝化石遺址，但他們現在普遍採用數位攝影技術來記錄遺址，得到完美的二維或三維模型，這通常稱為攝影測量（photogrammetry）。攝影測量最簡單的方式是拍攝大量重疊的照片，然後使用標準軟體將這些圖像混合成一張覆蓋整個位點的大圖像。這套軟體就像許多數位相機中的風景功能一樣，可以讓人依序

在鴨嘴龍骨架上架設網格，加以定位。

將所拍攝得幾張照片合併起來。

　　3D 攝影測量更有用，這組合起來的照片能夠還原整個景觀，顯示在不同水平面上的骨骼，而且具有足夠的真實度，能夠進行準確的測量。若同時使用測量裝置，會有最好的效果。將相機放在固定位置的三腳架上，有不同角度的照片便能顯示所有的維度。現在，攝影測量通常用於記錄發現恐龍足跡的地點，例如，其中每個腳印的深度和細節的複雜程度，這可以揭示恐龍在行走或奔跑時如何分配其重量（我們將在第八章中討論）。

　　繪製完骨骼位置圖後，我們就開始將它們從岩石中移出來。這需要事先規畫，而且有一些風險。我們不可能直接抬起整個骨架，因為它可能太寬，裝不進卡車裡，而若是連岩石一起的話，肯定會超過二十噸。而且我們身處在陡峭的峽谷中，沒有一臺重型起重機械開得進來。骨架塊之間有一些間隙，所以我們可以在這之間挖出很深的切口，然後我們在地層中鑿出一個深溝系統，讓每一群骨骼彼此分隔在一個個直立的島上。

　　下一步就是早期的獵骨者很快就學到的。要是將恐龍的骨骼從岩石

中撬出來，它們會斷裂；塗上一層石膏可以保護它們，直到它們可以被運送回去。我們在洗碗盆中混合濕石膏，將粗麻布（麻袋布）條浸泡在石膏中，在用廚房紙巾鋪在骨骼表面後，再以縱橫交錯的方式將石膏布條鋪在骨骼上。這樣做是想要打造一個六七層厚的實心繭，並且在表面上以石膏來強化。在為恐龍上石膏一天後，我們的手掌會乾燥得裂開。

使用電動工具去除骨骼上方的岩石。

　　這整個石膏繭需要好幾個小時才能凝固，而且必須要包住骨骼下面的岩石。一旦準備好，我們就在骨骼下方插入鑿子和撬棒，試圖加以翻轉。要是整個石塊不超過一個人的大小，這做起來很容易，但要挖出最大的石塊，必須要將其架起來，在其上方鏟土，然後在其下方將挖掘細小的隧道，讓幾條鍊子穿過去。最終，我們成功地將這石塊翻轉到一側，沒有造成碎裂。然後，我們盡可能清除掉骨骼下面的岩石，並在下面塗上石膏，做成了一個完整而堅固的包裹。

　　較小的骨骼包裹是徒手搬到卡車上的。中型的則是安裝在一個奇特

使用麻布條和石膏加強含有骨骼的石塊。

翻轉包含有恐龍骨骼的一噸重石塊，清除下方鬆散的岩石。

一九八〇年的挖掘工作，我們下到卡車的每一步都被拍攝下來。

的裝置上，這個裝置是在一個自行車輪上裝置一木製框架，可由兩個人來推，一人在前，一人在後。這不太穩，有時會滑走，但沒有造成任何損壞。最後一塊重達一噸多，位於挖掘現場的廢墟中，距離最近的道路有好幾公里，而且距離卡車可以接近的河岸最近點有一百公尺高。因此我們得挖出一條直通卡車的直路，與挖掘點對齊，然後使用車輛的前置絞車和一些長鏈條將石塊拖下斜坡。我們用岩石建造了一個裝載平臺，設法將大石塊弄到平臺上。要是我們有一馬隊在那些陡峭的斜坡上單運這些石塊就好了！

如何從岩石中取出骨骼？

回到實驗室，將一包包的骨骼放在實驗桌上，準備將它們挖出來。先以小圓鋸去除石膏外殼，然後將露出來的骨骼加以固定，這通常是使用可滲透到空腔深處的可溶性膠水，之後可以用丙酮這類溶液來去除。一間完善的恐龍處理實驗室會放有許多光線充足的工作站，每個技術人

員一個。各站配備有氣動筆等機械工具來清除岩石，工作檯上方應有抽風系統，這樣在清除灰塵時才能維護人身安全。

物理性地去除方式是以氣動筆掃過平行於骨表面的岩石過——而不是直接對準它——希望這樣做能讓大塊的岩石自行落下，就能避免鑽頭劃傷骨骼表面。技術人員會用可溶性膠水不斷清潔和強化表面。你可能認為化石骨骼很硬——嗯，確實如此，但它們又硬又脆，需要不斷地加以固化，才能保護骨骼。

每塊骨骼可能需要一天或更長時間才能從岩石中取出，而且必須要謹慎地編號、追蹤並且與現場地圖比對，這樣日後若有需要重新組裝，可以準確地回復。我們蒐集到的那顆最大的石塊，花了好幾週的時間才

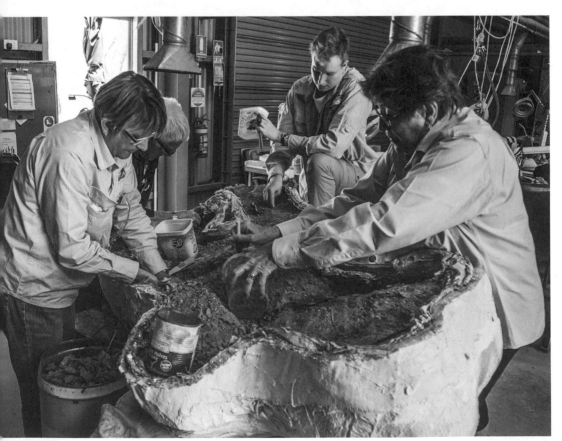

回到實驗室後，清理石膏層中的更多岩石。

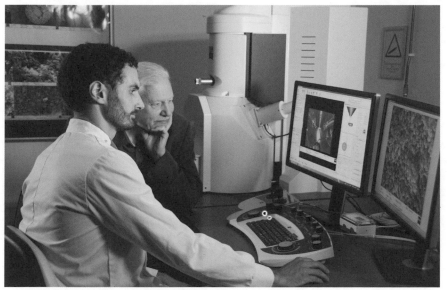

在布里斯托掃描式電子顯微鏡實驗室典型的一天：二〇一七年，大衛・艾登堡（David Attenborough）前來看菲安・史密斯維克（Fiann Smithwick）工作。

清理乾淨，但因為當中有許多骨骼相互重疊在一起，必須要取出每一根肋骨和脊椎骨，才能接觸到下面的骨骼。有時，若是骨骼纏繞得太緊，就會將它們留在岩石中。

這些方法都行之有年，因為這過程需要手眼協調，無法加以自動化。然而，科技現在提供一些驚人的新機會。就拿顱骨或小骨骼這類精細結構來說，可以對整個標本進行X光掃描。這是一種電腦斷層掃描，通常縮寫為「CT掃描」，掃描儀會存取骨骼或岩石內部結構的X光圖像，可以將這些圖像視為一堆連續的切片，間隔可能相距一公釐。有了這項技術，博物館的化石製備人員就不用冒著損壞精細標本的風險，比如恐龍蛋內的胚胎，而捕捉到完美的3D圖像。

要到二十一世紀，以電腦斷層來掃描化石的做法才變得普遍起來，這項技術最初是為醫療用途而開發的，後來價格變得便宜，因此每間大學或博物館都買得起。我們通常掃描的化石約是一大瓶香檳的大小；要是超過這個尺寸，就得去用工業用或獸醫的掃描儀，這些是設計來掃描飛機引擎或馬匹的。

圖像堆疊能夠提供訊息給 3D 數位模型。通常，由於岩石中的化石都已經扭曲，因此會讓圖片的處理變得很複雜，學生有時需要花費數週的時間來編輯那些掃描的影像，以數位方式來去除不規則的岩石顆粒、化石碎片和其他殘渣。他們還可以對化石的不同元件進行顏色編碼，然後使用 3D 模型進行下一步的實驗，測試其在進食或運動方面的生物力學特性。

還有其他先進的技術可以應用在恐龍的研究上。例如，在我們嘗試鑑定恐龍羽毛顏色的過程中，有用到掃描式電子顯微鏡，這種顯微鏡讓科學家能夠看到比一般光學顯微鏡所能觀察到的更小結構。光學顯微鏡可以讓科學家看到小至千分之一公釐的物體，而掃描式電子顯微鏡則可以看到百萬分之一公釐的物體。我們還可以用掃描式電子顯微鏡來繪製化石骨骼或羽毛中存在的化學物質，可以看出它們是以磷酸鈣或黏土礦物的形式保存，還是富含其他種的化學物質，如鐵或銅，這些資料可能會提供線索，讓人推敲化石受到保存的方式。現在，古生物學家還可使用最新的質譜儀區分出當中的無機物和有機物，即使很微量，這對於研究顏色和恐龍化石中殘存的任何有機物質都非常關鍵。

我們如何得到整隻動物的形象？

在蒐集到骨骼並將其運回實驗室後，還有兩個後續步驟。首先，可以將骨架擺在博物館中展示；其次，可以透過修復肌肉、感覺器官和皮膚等軟組織來重建它的生命形態。

骨骼送到博物館後，會使用稱為雕塑支架（armature）的金屬框，根據其現有的配置來拼回骨架，這種支架的強度足以撐起骨骼，還能調整形狀，使整套骨骼能夠正確排列，擺出合理的姿勢。過去有一些完美主義會想要將雕塑支架隱藏在化石骨骼中，因此必須在脊椎骨上鑽出大洞，才能將它們穿進去，就像棉線捲軸一樣。現在，則是以不損壞骨骼為前提，因此有時確實可以在展場看到這種雕塑支架。

要如何正確組合出整套骨架？我們都在兒童電影和卡通片中看過隨

便亂串起來的骨骼，也許頭會接在尾巴的末端。不過，在恐龍的例子中，很多時候就像我在省立恐龍公園挖掘到的恐龍一樣，牠們的骨架都沒受到多少擾動，而且所有的骨骼都在正確的位置。再者，古生物學家就像外科醫師——他們可以立即認出每一根骨骼——左股骨、右肱骨、背椎骨等。這是他們在求學階段所受的訓練。倘若真的缺少了什麼，博物館的技術人員可以從鄰近的骨骼那裡複製出一些肋骨或椎骨的模型，或是可以翻轉右股骨來製作左股骨。骨架具有左右對稱的特性，又有重複的單位，因此可以非常清楚地看出排列是否正確。

　　巡迴展覽的恐龍骨架通常是鑄件，一般是由玻璃纖維等人造材料製成，這種材質既輕便又堅固，方便從一個展場運到另一處。博物館技術人員首先會用橡膠化合物塗抹在原始骨骼上，製作模具，在其周圍搭建堅固的支架，然後將兩塊或多塊模具從骨骼上移出。然後就可以用這些模具生產所需數量的鑄件，而且這些鑄件會顯示出原始骨骼上的每一個細節。

　　怎麼重建博物館化石上原來的肌肉？通常，這是古生物學家和藝術家討論後所達成的。骨骼上有許多關於軟組織位置和性質的線索。例如，肌肉通常附著在骨骼的端點上，就像是健美選手喜歡炫耀的二頭肌附著在肩胛骨和尺骨——前臂的主要骨骼上。這種肌肉以及手臂和腿部的大部分其他主要肌肉，在哺乳類、鳥類和鱷魚中幾乎相同，因此可以由此來推斷恐龍的肌肉。在骨骼上，肌肉附著的部位通常會留下清晰的粗糙斑塊，可以利用這些斑塊來重建恐龍肌肉的位向和大小。

　　可以使用骨骼上存在的任何線索來決定肌肉、皮膚、眼睛和舌頭的位置，不然就是參考現代動物的。後面的章節將會顯示現代古生物學研究如何告訴我們許多關於恐龍繁殖、生長、進食和活動的方式，所有這些新知都成為藝術家用來重建恐龍生命形象的基礎，無論是透過繪畫、3D模型還是動畫。現在，在某些情況下，我們甚至可以重建恐龍的羽毛和顏色。

恐龍在教育上的運用

在教育方面，博物館扮演著重要角色。前去挖掘恐龍，將它們運回博物館的所有努力和花費，有部分是為了科學研究，另一部分則是要將科學知識呈現給公眾，這是博物館的一項重要任務，實際上也是大學教授的重要職責。下面提供一個例子，說明當實務工作、科學和教育重疊時，要如何協調。

過去二十年來，布里斯托大學展開了「布里斯托恐龍計畫」（Bristol Dinosaur Project）。自二〇〇〇年以來，這個團隊訪問了數百所學校，對數萬名學童講演，並且參加在布里斯托和其他地方的科學博覽會。布里斯托恐龍是**槽齒龍**（*Thecodontosaurus*）（見隔頁），這是是在一八三六年命名的。牠的外觀看起來並不特別令人興奮，因為僅是從幾根骨骼鑑定出來的，而且植食性的牠，體形在恐龍中相對小，不比八歲孩子大多少。儘管如此，孩子們還是喜歡聽到牠的故事，想要知道在晚三疊世，約是兩億年前（208～201 Mya），有恐龍在他們的城市踱步而行。

學童在教育展上看布里斯托恐龍：槽齒龍。

我們以恐龍當教材，讓各年齡層的學童思考重要的科學主題，如地質時間、大陸漂移、氣候變遷、演化和生物學。我們以可檢驗的想法來談論科學——就跟本書所做的一樣——這非常有幫助。然後學童可以看一些估算，比如說恐龍的奔跑速度，這樣他們才知道這樣的數字是合理的。

在最初幾年，我們有一位全職的恐龍教育官，我們每年訪問兩百所學校，與一萬名兒童談話。後來，布里斯托恐龍計畫獲得「英國自然遺產基金」（UK Heritage Lottery Fund）的大筆資金，能夠擴大我們的野心，以更大的尺度運作；在資金用罄後，我們不得不縮減規模，但繼續保持相同的熱情。我們的學生喜歡這些練習教學技能的機會，並與年輕的愛好者談論他們喜歡做的事情。

我們與兩個年齡層的孩童談話，一批是七到九歲，另一批是十四到十五歲，談話的風格很不一樣。對於年幼的孩子，要激發他們的熱情總是很容易——光是傳閱恐龍骨骼或牙齒，他們就會因為碰觸到真的物件而感到興奮不已。而在對青少年講話時，更重要的是讓他們看到從事科學相關領域的樂趣。我們採用的方法類似法醫——面對一個看似無解的謎（「暴龍能跑多快？」或「消滅恐龍的小行星是在哪個月份撞擊地球的？」），然後引導學生爬梳他們需要的證據和基本理論。我們試著讓他們參與科學，向他們展現科學研究可以很有趣，以及如果他們想要進入這一行，何以需要學習數學、生物學、化學和物理學的原因。

布里斯托恐龍計畫除了去各級學校參訪，也做了許多其他事情，包括二度參與布里斯托動物園的電子恐龍戶外展覽，這些活動吸引了數以萬計的遊客。我們也與布里斯托市立博物館和其他博物館合作，讓對恐龍充滿熱情的人員與參觀者交流；我們的學生可以用他們自己的方式來回答，用自身的經驗給出最實際的答案。

布里斯托恐龍計畫也為大學生提供第一次體驗研究的絕佳機會。我們無法提供他們恐龍骨骼進行研究，但有相關的計畫，特別是關於小型脊椎動物的研究，如鯊魚的牙齒或其他魚類和爬行類的細骨。布里斯托

學　名　古槽齒龍（*Thecodontosaurus antiquus*）

命名者	亨利・瑞利和山繆・史塔齊伯里（1836） 約翰・莫里斯（1843）
年代	晚三疊世，208~201 百萬年前
化石地點	英國
分類	恐龍總目：蜥臀目：蜥腳形亞目
體長	1.2 公尺
重量	40公斤
鮮為人知的事實	這是來第一隻被命名的三疊紀恐龍。

周圍有許多懸崖和古老的採石場，那裡有很多富含化石的岩石，我們對海底骨床和洞穴中的骨骼都很感興趣。學生喜歡有機會進行野外實察，他們必須訓練自己的眼睛，挑選出岩石中細小的骨骼以及骨床的區塊。

　　學生面臨的最大挑戰是將他們的工作正確地組織起來，編輯成專業科學論文的風格。這是一個陡峭的學習曲線，但到目前為止，已經有二十五名學生完成了計畫——而他們發表的文章也有助於他們日後的生涯發展。有五六位成功的古生物學家都是這樣走過來的，他們的職業生涯能夠一路回溯到這類的早期經歷。行筆至此，這似乎是我們在本章中探尋的過程的自然終點，一路從挖掘骨骼到從中學習新知。

....

　　古生物學家夢寐以求的就是挖掘出恐龍。一百五十多年來，田野方法並沒有太大變化——沒有什麼比一雙好眼睛和強壯的肩膀更有用的了！不過，現場工作確實在三方面有所改進。首先，前往世界各地的旅程變得更快更容易，因此古生物學家現在可以前去許多地方工作；而這帶來一個美妙的副作用，帶動了不同國家的年輕科學家的合作，其尺度超過以往任何時代。其次，我們觀察得更多，尤其是關於骨骼的時空脈絡。這提供了關鍵的沉積學資料來解釋保留骨骼的古代環境。第三，與第二點也有相關，現在我們更擅長繪製站點地圖，和記錄所發現的化石，能夠確保不會有所丟失，特別是生活在恐龍腳下的魚、青蛙或蜥蜴的微小化石。

　　在實驗室裡，將骨骼從岩石中取出的許多製備技術也早已成為經典，一個世紀以來一直沒有變動。今天，我們確實有更好的電動工具、更好的化學製品，或許還有對化石的更多尊重，因此會盡量不要破壞它。電腦斷層掃描和掃描式電子顯微鏡等新設備徹底革新了化石標本的研究，帶來我們在十年前做夢都不敢想的可能性。

　　挖掘和清理恐龍骨骼或許非常有趣，但是只有當我們可以用這些骨骼來認識恐龍的生活方式時，這一切努力才有其真正的價值。在下一

章，我們將探討恐龍是否為恆溫動物，牠們如何呼吸，以及牠們是否真如人們所想像的那樣愚蠢。

誰讓恐龍有了羽毛？

第四章

呼吸、大腦和行為

讓恐龍復活似乎是件白費工夫的不可能任務，但這正是古生物學家試圖追求的。一九七五年，當我還在讀大學時，就聽聞一項關於恐龍的大爭議——牠們是否為溫血動物？這問題吸引來許多聰明的科學家，當然還有公眾的關切。媒體上的報導通常集中在學界對此激烈的爭論上——以及科學家稱呼彼此的種種不雅稱號，但那時每個人都喜歡有點粗魯狂妄的作風。科學社群提出一個關於恐龍的大哉問，但事實證明，這超越當時學界能夠回答的能力。

整個故事可以追溯到一九七五年之前好長一段時間。大約在一八四○年，當理查·歐文爵士開始他的恐龍研究時——如我們在第二章所提到的——尤其是他在一八四二年準備要為這個群體命名時，他也有考量牠們的古生物學。他提出的核心問題是：「在整篇生命故事中，恐龍是在哪裡登場的？」當時的英國普遍認為演化論的推論是危險或不恰當的，這也許提供了法國哲學家思考度量的框架……但英國的菁英階層則意識到這種想法導致了一七八九年的法國大革命，而他們可不希望在英吉利海峽那一側的空泛言論傳到英國本土！

儘管如此，熟悉解剖學的歐文不會看不到明擺在眼前的證據。動植物之間會出現相似的構造，但通常具有不同的功能，即歐文和我們所謂的同源性（homology）。同源性是一種解剖特徵，不同的生物享有一基本結構，但會因應需求產生不同的適應，例如脊椎動物的前肢。我們知道，在鳥身上，這修改成翅膀，在鯨魚身上改成了鰭，馬的前臂是單指單蹄，人的手臂則長出五根手指。但這些構造全都是同源的，因為基本結構相同，是由一根上臂骨（肱骨）和兩根前臂骨（尺骨和橈骨）所組

成，而且在鳥的翅膀或鯨魚的鰭的構造中，還是可以辨認出五根手指的基本結構。

歐文勢必很難避免以演化論的角度來解釋，也就是這些前肢之所以同源，是因為皆來自一個共同祖先的推論。要是它們是直接被創造出來的，就沒有必要在深層的內部結構中展現出相同的骨骼排列；而如果牠們都來自同一祖先，這一切就都說得通。一八五九年查爾斯‧達爾文（Charles Darwin）的《物種源始》（*On the Origin of Species*）出版後，歐文就被塑造成演化論的反對者。

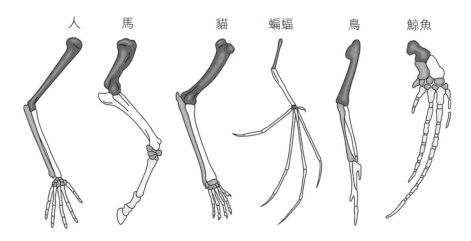

人　　馬　　　貓　蝙蝠　　鳥　鯨魚

六種不同脊椎動物的肢體同源性。

對歐文來說，恐龍既迷人又棘手。他尋找牠們與現代爬行類的相似處，也找到了一些。儘管如此，他仍然認為牠們並不如前人所言，是長得太大的鱷魚或蜥蜴，而且他有足夠的洞察力和勇氣，將牠們鑑定為一個全新的群體：恐龍，也就是後來分類上用的恐龍總目。此外，令人驚訝的是，他認為牠們的許多特徵與哺乳類相似，其中一點是牠們可能是溫血動物。倫敦在一八五一年要舉辦萬國博覽會時，他受命提供建議，當時的他──可能就像我們現在看來那樣固執武斷──輕率地想像出恐龍的外型，隨即展開有史以來第一次嚴謹的恐龍重建工程，即那批著名的一八五三年水晶宮恐龍模型，在當中他將禽龍和巨龍展示成好比犀牛

一樣的動物。

歐文這麼做自有他的道理。他想要證明古代爬行類比現代爬行類更先進，藉此來反駁演化論，爬行類在某種程度上隨著時間過去而退化。儘管如此，我們還是要感謝這位老頑固給我們創造出「恐龍」一詞，而且敢於越界，大膽地為公眾重建恐龍的全身模型，訴諸民粹主義——他引發了第一波的「恐龍熱」（dinomania），這個詞是後來發明的，用來描述對於恐龍的一切照單全收的公眾胃口。

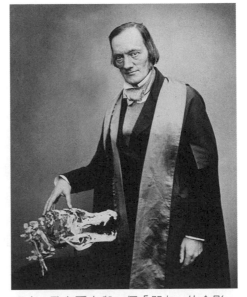

理查・歐文爵士與一個「朋友」的合影。

一八五三年在倫敦水晶宮公園展出理查・歐文所想像的巨龍（前方）和禽龍。

最重要的是，由於歐文為人嚴肅，又深具威望，他的地位讓這些對恐龍的猜測受到認可，為世人接受。從一八四二年開始，古生物學家和其他人一直在探尋研究恐龍生理學的方法，試圖回答許多問題，諸如：牠們的食量有多大，如何為自己的身體提供動力，以及是否為溫血動物等。這些探索涉及多個領域的專家，藉助於研究骨骼的精細結構等新技術，以及在中國發現的帶羽毛恐龍等重要的新化石。

恐龍是溫血動物嗎？

那麼，恐龍到底是不是溫血動物呢？答案和以往一樣，是也不是。當我在大學加入這場辯論時，曾在一九七九年不知輕重地寫了一篇文章，發表在美國這個領域的傑出期刊《演化》（*Evolution*）上，古生物學家對這事的看法很兩極。恐龍要不就是像鳥類或哺乳類一樣，是溫血動物，要不就像爬行類一樣，是冷血的。「溫血」（warm-blooded）這個詞其實用得不是很恰當，因為鳥類和哺乳類演化出完美的技巧來保持體溫恆定，但血液不一定就是溫的；只是碰巧大多數生物學家都在溫帶氣候地區工作，所以當他們抓起一隻狗、一隻小動物或一隻雞時，會感覺很溫熱。

然而，維持體溫恆定是要付出代價的——通常，體重與鱷魚相同的人或狗必須吃下比牠多十倍的食物，因為我們吃下的食物，有十分之九是用來調節我們的核心溫度。這解釋了為何鱷魚大多時候都懶洋洋的，並且不懷好意地朝著我們笑——牠有一個很大的祕密。既然保持熱血要付出高昂代價，為什麼還要有動物要這樣做？原因是鳥類和哺乳類可以晝夜活動（蜥蜴和鱷魚在寒冷的環境中，如夜晚，就不會活動），牠們可以占據地球寒冷的部分。

我在一九七九年的那篇文章中提出了兩個相關的觀點。首先，溫血並不總是比冷血好，其次，現生動物展現出在這兩種狀態之間的漸變。一些在一九七〇年代做的新的生理研究顯示，昆蟲和爬行類可能會在體內產熱，試想大黃蜂在寒冷的天氣中要飛行，起飛前牠會像瘋了似的

顫抖，這是為了熱身，溫暖飛行肌肉。此外，小型鳥類和哺乳類經常在晚上進入休眠狀態，因為牠們不能一直吃到足夠的食物來保持溫暖；其他動物則會冬眠，也是基於同樣的道理。

這場辯論是由特立獨行的古生物學家鮑伯・巴克在一九六〇年代拉開序幕的，那時他還在耶魯大學讀研究所，他先是證明了許多恐龍的行動迅速，然後基於這一點下了一個合乎邏輯的結論。多才多藝的他能寫能畫，憑空想像出暴龍（*T. rex*）在灌木叢中疾馳而過，以及龐大的蜥臀類恐龍站立在後腿上，搶奪高處樹葉的畫面。也許大多數人會認為這些圖像過於科幻，但巴克確實激發出現代人對恐龍古生物學的想像。世人必須接受恐龍的生理構造和現代鱷魚很不一樣。首先，許多恐龍可能長有羽毛，尤其是那些和鳥類位於同一演化分支上的恐龍。至於那些巨大的蜥腳類恐龍呢？牠們又具有怎樣的樣貌？一隻重達五十公噸的蜥腳類恐龍，若是和現代蜥蜴或鱷魚具有相同的生理構造，又該如何運作呢？我們必須先探討這兩個問題，再進入恐龍骨骼內部結構的研究，去看看這如何幫助我們解決類難題。

鳥類是恐龍嗎？

一九八四年，鮑伯・巴克和在美國立足的英國古生物學家彼得・高爾頓在《自然》雜誌上發表了一篇頗具爭議的論文，題為「恐龍單系群和一類新的脊椎動物」（Dinosaur monophyly and a new class of vertebrates），他們在文中不僅指出恐龍是自成一格的演化支（見第二章），而且還把現代鳥類納入在恐龍總目內：「最近，奧斯特羅姆提出有力的論證，指出鳥類是恐龍的直系後代，繼承了恐龍的高運動代謝力。」他們無疑是對的，不過這篇文章的目的主要是在激怒守舊派。

約翰・奧斯特羅姆（John Ostrom）是真正的革命分子，他是巴克在耶魯大學攻讀博士的指導教授。與當時耶魯大學所有的教授一樣，奧斯特羅姆個性內向、彬彬有禮，穿著總是無可挑剔，還以他那些色彩鮮豔的格子夾克而聞名。在一九六〇年代大部分的時間裡，奧斯特羅姆都

在挖掘和描述懷俄明州早白堊世的一種驚人的新恐龍：**恐爪龍**（*Deinonychus*）（見隔頁）。奧斯特羅姆無法迴避明擺在眼前的事實，首先，這樣的骨架種結構就是為了恐龍的速度和獵捕的機動性而打造的，這點可以從牠的大爪子位於第二根腳趾上看出來；其次是，恐爪龍的骨架與**始祖鳥**（*Archaeopteryx*）（見隔頁），也就是史上第一隻鳥[1]（見彩圖 iv）的骨架極為相似，難以區分。

當奧斯特羅姆於 一九六九年出版他關於恐爪龍的專文時，這作品可說是一炮而紅——那是一篇非常仔細的解剖學描述，並附有美麗的恐龍插圖。封面畫著一隻奔跑中的恐爪龍，這張細膩的鉛筆畫確切地反映出約翰・奧斯特羅姆對恐龍的看法，革命性地描繪出恐龍的速度感和活躍性。此圖是出處自哪位藝術家的手筆？鮑伯・貝克。

約翰・奧斯特羅姆，一如既往的和藹可親，可惜沒有穿上他深具個人風格的格子夾克。

---

1 同祖先的今鳥類（Neornithes）才稱為鳥類，則始祖鳥就不屬於鳥類。目前，研究恐龍的古生物學家多使用後者定義，將始祖鳥視為小型的獸腳類恐龍，而非鳥類。本書作者定義則為前者，即鳥翼類（Avialae）＝鳥類（Birds）。

鮑伯‧巴克在學生時代繪製的恐爪龍，相當令人驚嘆。

　　有什麼證據可以說鳥類是恐龍的後代？第一位注意到這項證據的是托馬斯‧亨利‧赫胥黎，他早在一八七〇年，就針對當時新發現的始祖鳥化石寫過文章。這具骨架是於 一八六一年在德國南部索倫霍芬（Solnhofen）的一個石灰岩採石場發現的，當時引發一場歐洲博物館間的競標戰。最後由倫敦的大英博物館得標，這得感謝理查‧歐文，他當時是自然史部門的主任，斥資七百英鎊（相當於今天的八萬英鎊）買下。歐文之所以想要買下這個標本，是因為這樣他就可以成為描述牠的第一人，而他確實也寫了一篇文章。但就很多方面來看，這都讓他陷入尷尬的處境。他注意到始祖鳥的所有骨骼都與恐龍的骨骼非常相似，甚至與現代鳥類的骨骼也非常相似。他還注意到翅膀和身體上顯然有覆蓋羽毛。

　　歐文不願稱始祖鳥是恐龍和鳥類間「失落的環節」，因為他從兩年前，也就是達爾文在一八五九年發表演化論以來，就一直很反對這個危險的新觀念。相較之下，赫胥黎毫無這方面的顧慮。就跟歐文一樣，他也嫻熟解剖學，他去看了這個標本，並用歐文的描述寫了一篇關於恐龍和鳥類的論文。他指出這兩者間所有的相似處，始祖鳥是演化的關鍵證

| 學　名 | 平衡恐爪龍
（*Deinonychus antirrhopus*） |

命名者	約翰・奧斯特羅姆（1969）
年代	早白堊世，115~108百萬年前
化石地點	美國
分類	恐龍總目：蜥臀目：獸腳亞目：手盜龍類：馳龍科
體長	3.4公尺
重量	97公斤
鮮為人知的事實	恐爪龍會捕食比牠們體形更大的腱龍（*Tenontosaurus*），會以牙齒撕裂或咬入其肉體，直至流血致死。

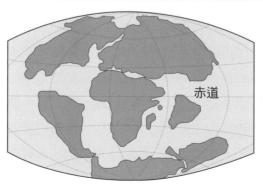

赤道

學　名　印版始祖鳥（*Archaeopteryx lithographica*）

命名者	赫曼・馮・梅耶（1861）
年代	晚侏羅世，152~148百萬年前
化石地點	德國
分類	恐龍總目：蜥臀目：獸腳亞目：手盜龍類：鳥翼類
體長	0.5公尺
重量	0.9公斤
鮮為人知的事實	最先發現的始祖鳥化石是在一八六〇年找到的一根單獨的羽毛。一年後才發現了第一副完整的骨架。

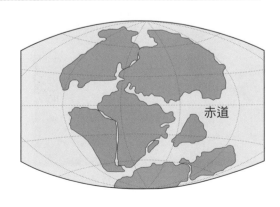

赤道

據——恐龍和鳥類之間完美的中間型，身上同時兼具原始的長骨尾巴和牙齒，以及先進的羽毛和翅膀。

　　然後就這樣過了近一個世紀，一切似乎都已塵埃落定——持續發現的始祖鳥和小型獸腳類標本繼續支持著赫胥黎的看法——但隨後的研究卻逐漸偏離正軌。基於種種原因，古生物學家不再將鳥類視為恐龍這個類群的一部分——也許他們無法相信鳥類可以在短短兩三千萬年間演化出如此驚人的飛行結構，或者他們就是不敢承認自己手中握有一些絕佳的演化證據。無論是什麼原因，古生物學家花了一個世紀才從他們否認的狀態中走出來，接受赫胥黎在一八七〇年所講的論點，以及奧斯特羅姆在一九七〇年的主張：鳥類真的就是恐龍。

　　奧斯特羅姆注意到赫胥黎所觀察到的一切，尤其是恐爪龍與其他獸腳類逆向演化的趨勢——牠的體形相對較小，手臂很長，但是其他獸腳類，例如暴龍，則是在體形變得巨大的同時，出現前臂變小的現象。奧斯特羅姆並不知道恐爪龍有羽毛，但他猜到了，而且牠的手臂確實很長，這樣牠們就會在長臂上長出特殊的飛羽，就像始祖鳥和其他鳥類的飛羽一樣。但是這一點必須要等到一九九〇年代中期才能確認，那時在中國發現了很重要的鳥類和恐龍化石，我們稍後會提到。

　　然而，奧斯特羅姆發現獸腳類恐龍與鳥類都具有中空的骨骼，以及胸部區域的融合鎖骨——通常稱為叉骨（wishbone），手腕上的半月狀

赫胥黎——他當時知道自己有多聰明嗎？

腕骨（這讓恐爪龍像鳥類一樣，能夠將前臂向後折疊，鳥類會將翅膀沿著身體的一側向後收起）──視覺能力提升，具有**3D**的立體視覺，腦部適當地擴大（從一棵樹跳到另一棵樹，或飛到另一棵樹時會需要這樣的能力）等特性。

儘管如此，自從奧斯特羅姆、巴克和高爾頓的這些早期論文以來，有一群聲量非常大的反對者不斷地表達反對意見，一直持續到二十一世紀，而且毫無疑問還會繼續下去。他們在科學紀錄片力求「平衡」報導的心態中存活下來──「這是一種觀點；那邊還有另一個。」完全無視鳥類－恐龍這樣一脈相傳的觀點早已獲得數百個獨立證據的支持，而「鳥類不是恐龍」的觀點既沒有提出替代理論，也沒拿出任何證據。這可能是因為公眾對恐龍科學進步抱持極大興趣的一個負面效應：即使科學期刊以及當中嚴謹的同儕審查系統早已不再接受拒絕恐龍－鳥類觀點者所發表的論文，但這批人還是可以直接向公眾宣傳他們的想法。

骨組織學和成為巨獸的要件

就奧斯特羅姆的證據來看，恐爪龍在演化樹上很接近鳥類起源的分支，這證實巴克（和理查‧歐文）的觀點，他們認為恐龍是溫血動物。然而，這些在一九七〇年左右的早期辯論都還不夠成熟，當時提出的許多證據都僅是暗示性的，而不是決定性的，因此這場辯論就不了了之，沒有做出明確的定論。不過事後看來，其中有一點確實開花結果。

這是骨組織學（bone histology），研究骨骼的內部微結構。自一八〇〇年代以來，生物學家一直以光學顯微鏡研究細胞和生物的微觀構造。骨骼的切片顯示，除了外面緻密的密質骨外，內部還有複雜的結構，中心附近的骨組織通常有更多孔隙。在生物活著的時候，骨骼中沒有空隙，裡面充滿了脂肪、血管和神經。骨組織學家指出，現生的冷血動物，尤其是魚類和爬行類，骨骼中有明顯的分層──這顯示骨骼在夏季時生長得很快，冬季則變得緩慢，而這些生長層跟樹的年輪有點相像。稍後（第六章）我們將會看到，古生物學家如何利用這些生長線來

判定恐龍骨骼的年齡，建立一物種的生長曲線，顯示從孵化到成年的生長速度變化。

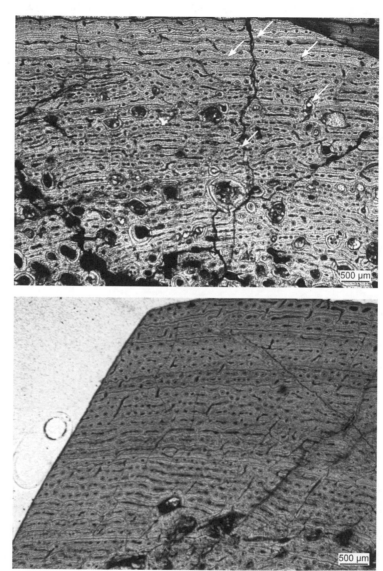

侏儒化的蜥腳類恐龍中的歐羅巴龍（*Europasaurus*）的骨組織切片，圖中顯示出生長線（白色箭頭）。

相較之下，鳥類或哺乳類等溫血動物的骨骼往往沒有明顯的分層，因為其生長速度一直很平均（體溫恆定的結果），而且骨骼經常展現出重塑的跡象。骨重塑（Bone remodelling）可由基底結構中的管狀結構看出來，這是因為鳥類和哺乳類的代謝率很高。骨骼中會沉積鈣和磷，但有時也會因應需要而重新動用這些元素，好比下蛋或度過嚴峻的冬天時。

事實證明，恐龍的骨骼結構比較接近鳥類或哺乳類，而不是爬行類。前頁的顯微切片顯示了規則性的基本結構，即一整片的纖維板層骨（fibrolamellar bone），它具有一定的分層，但這每一層並不代表每年各自的成長紀錄。當中的黑點是建造和分解骨骼的細胞所在的空腔。在視野中，散布著二次重塑的管道，當中有些會染上橙色的鐵質，這些都會穿過規則性的基本結構。恐龍骨骼的切片顯示出內部有出現廣泛的重塑跡象，而巴克相當正確地解讀這些證據，認為這表示恐龍是溫血動物。然而，正如當時許多人指出的，有很多方法可以維持溫血，大體形就是其中之一。今天的一些大型鱷魚和蛇展現出「巨溫性」（gigantothermy），這個詞很清楚地說明了一切：牠們很巨大，而且這樣巨大的身軀有助於調節內部溫度。說穿了，這只是一個簡單的物理問題，加熱一個圓柱體，若是它很小，冷卻的時間就很快，但如果它很大，則需要更長的時間來冷卻。

內德‧科爾伯特及其同事在一九四〇年代以一系列精采實驗展現出小鱷魚的核心溫度基本上是跟著氣溫起伏，但隨著鱷魚的體積變大，日夜溫差的冷熱循環並不會直接造成核心體溫的變動，身體會產生一阻力，這意味著體溫上下調整的速度放慢。實驗人員預測，在到達一定體形後，鱷魚的核心溫度會保持恆定，即使牠生活在晝夜溫差高達二三十度的地方。話說，我一直很好奇他們當時如何量測那些脾氣暴躁鱷魚的核心溫度——大概是把溫度計綁在一根很長的掃帚上吧！

鳥類和鱷魚還有第二個相關的特徵，幾乎可以肯定恐龍也是如此：牠們的呼吸是單向地讓空氣通過肺。人類和其他哺乳類呼吸，用的是一

種潮汐系統，這意味著不管我們多用力地呼氣，肺部始終都還會留有一些氣體。相較之下，鳥類和鱷魚將含氧空氣吸入肺部後，在那裡讓氧氣進入血液，空氣也進入廣泛分布在脊柱和內臟周圍的氣囊。然後，當鳥類呼氣時，所有的氣體都會從氣囊和肺中排除。恐龍，包括蜥腳類，也是如此，這讓牠得以用更有效的方法來保持高代謝率，而無須大量進食。

　　而這一點，可能就是恐龍得以長得巨大無比的兩項特性其中之一，這些我們將在第六章進一步探討。單向呼吸增加了牠們獲取氧氣的能力，因此能夠以比我們更少的能量來為高代謝率提供動力；巨溫性意味著牠們可以透過增加體形使得體溫穩定。

第一個公諸於世的中國帶羽毛恐龍的骨架：中華龍鳥。

來自中國的中生代鳥類

　　讓我們先把鳥類演化的故事留給那些堅持反對恐龍－鳥類是一脈傳承的否認者好了。事實上，若是真的需要為赫胥黎和奧斯特羅姆辯護，證據就在中國，自一九九〇年以來，在那裡發現大量有羽毛的恐龍，這驚人地證實了鳥類就是恐龍。我記得一九九四年在紐約的古脊椎動物學會（Society of Vertebrate Paleontology）年會上，看到第一批傳到西方的帶羽毛恐龍照片。兩位中國教授在那裡，穿著漂亮的西裝現身會場，引起了不小的轟動——這是在中國政治開放的早期，那時大家都還記得中國曾是個封閉的國家。兩位教授拍到的帶羽毛恐龍化石照片，相當令人

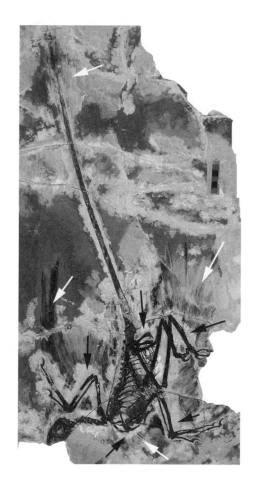

小盜龍的骨架，牠是以四翼滑翔的恐龍。

震驚——上面顯示出骨架的位置，還有胸腔內的肝臟等器官的痕跡，而且毫無疑問，牠的身體外圍有一團毛茸茸的羽毛。

這些來自中國的稀客——真的成了 rara aves，也就是拉丁文中的稀有人物——在研討會後被所有重量級人士團團圍住。不久之後，約翰‧奧斯特羅姆、菲爾‧居禮及其同事首次前去中國參訪，他們對化石的真實性深信不疑。一九九六年，季強與姬書安兩位博士為這頭野獸命名，兩年後這些圖像才公諸於世，由陳丕基（Pei-ji Chen）及其同僚在世界知名的科學期刊《自然》上發表文章，對其進行更全面的描述。這動物的學名是原始**中華龍鳥**（*Sinosauropteryx prima*）（見右頁）；當時我根本沒想到，將來有一天我得以一窺這化石的真面目。

有評論家說那只是贗品，是拿幾具骨架的零件巧妙地拼湊而成，然後再黏上羽毛。但是那些親眼看過的人，都認為那是如假包換的真品。不過，陳教授及其同僚在他們於《自然》發表的文章中則對此保持謹慎態度，稱這些羽毛為「原羽」（protofeather），並表示「需要做更多的研究來證明中華龍鳥的外皮結構與羽毛之間的關係」。如此用語謹慎是可以理解的，但很快就出現了成堆的標本，其上的羽毛也相當清楚。在中華龍鳥身上，羽毛只是剛毛，但在一九九八年命名的**尾羽龍**（*Caudipteryx*）（見背面）身上，則長有分枝的羽毛，就像現代鳥類的羽絨一樣。然後，二〇〇〇年的小盜龍（*Microraptor*），牠身上展現出所有可能想像得到的飛羽——在雙翼上排列著初級羽和次級羽。不僅如此，在後翅上也排列有羽毛。這是一頭四翼的飛禽，類似於一些探討飛行起源的專家早先假設的「四翼鳥」（tetrapteryx），他們當時認為必定存在過這樣的動物。

這隻恐龍的翼展不到一公尺，可以飛行，但並不完全像鳥——嗯，實際上一點也不像。小盜龍實際上是奧斯特羅姆的恐爪龍的近親，後者是馳龍科（Dromaeosauridae）的成員，與鳥類的起源很接近。空氣動力學專家已重建出小盜龍的模型。牠可能是像風箏一樣飛行，長有兩套翼，可能是在同一平面上，或者是像一次大戰的雙翼飛機那樣，前翼長

學　名　原始中華龍鳥（*Sinosauropteryx prima*）

命名者	季強、姬書安（1996）
年代	早白堊世，125百萬年前
化石地點	中國
分類	恐龍總目：蜥臀目：獸腳亞目：美頜龍科
體長	1公尺
重量	1公斤
鮮為人知的事實	這是第一隻確定長有羽毛的恐龍，但顏色一直要到二〇一〇年初判定出來。

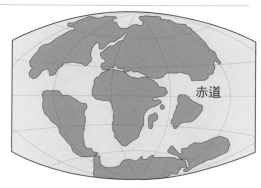

赤道

學　名　鄒氏尾羽龍（*Caudipteryx zhoui*）

命名者	紀強等人（1998）
年代	早白堊世，125 百萬年前
化石地點	中國
分類	恐龍總目：蜥臀目：獸腳亞目：竊蛋龍亞目
體長	1 公尺
重量	1 公斤
鮮為人知的事實	曾經有人認為鄒氏尾羽龍是一種不會飛的鳥，但牠顯然是獸腳類恐龍而不是鳥類。

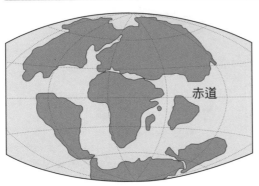

赤道

在後翼上方。無論是哪種形式，幾乎可以肯定地是使用翅膀在樹間跳躍和滑翔，而不是拍打翅膀撲翼飛行，因為牠的翅膀面積不足以支撐長時間飛行時的體重。

因此，從演化的角度來看，新的中國化石顯示，鳥類的起源遠非過去所推測的是一場突發事件，而是一段漫長而複雜的過程。早期的古生物學家可能拒絕這種鳥類－恐龍模型，因為他們認為飛鳥不可能從異特龍或暴龍這樣笨重的獸腳類恐龍快速演化而來。他們是對的。創造論者特別喜歡將始祖鳥說成是化石中重要的「失落的環節」——若是能嘲弄始祖鳥（說演化就是從鱷魚蛋中孵化出一隻毛茸茸的小鳥），那就可以聲稱你推翻了演化論。

多虧這些中國的侏羅紀和白堊紀化石，我們現在知道數十種長有羽毛的飛行恐龍，分別嘗試用不同的滑翔式和跳傘式飛行。最後由其中一支支系，也就是以始祖鳥為早期代表的那一支脈，成功破解出真正的動力飛行技巧，也就是以上下拍動翅膀來飛行。這項突破讓牠們取得成功，在白堊紀繁衍生息出數百種的鳥類，時至今日達到近一萬一千種。

我們能分辨恐龍的顏色嗎？

在導言中我提過恐龍的顏色，這個主題在最近的恐龍古生物學中，有一些令人興奮而且出乎意料的發現。之所以說是出乎意料，是因為古生物學界曾經感嘆，「我們永遠不會知道恐龍真正的顏色」。我們或許可以從牠們的骨骼合理地重建其進食和運動方式，但要知道牠們的顏色，恐怕需要一臺時光機。

然而，正如我在導言中所提，關鍵在於鳥類羽毛和哺乳類毛髮的顏色大半是來自美拉寧黑色素的幾種變異型，其中一種稱為真黑色素（eumelanin），這會讓毛髮呈黑色、棕色和灰色，而另一種棕黑素（phaeomelanin）則會造成薑黃色。哺乳類就只有這兩種色素，而鳥類的羽毛中還有另外兩種色素，一是卟啉（porphyrins）會產生紫色和綠色，另一個是類胡蘿蔔素（carotenoids），產生紅色和粉紅色。關鍵在

於黑色素是一種非常強韌的化學物質，可以承受大量的熱或壓縮，因此可以保留在化石中。此外，兩種主要類型的黑色素分別包裹在不同形狀的囊中，稱為黑素體，真黑色素的黑素體呈香腸狀，而棕黑素的呈球形——這不論是在鳥類，還是在哺乳類中都是如此。因此，套用現存親緣包圍法的概念，即在演化上，哺乳類和鳥類這兩個演化分支會把恐龍「包圍」在當中，因此這套形狀－顏色關係很可能適用在所有被包圍進來的群體，包括恐龍在內。黑色素是在皮膚中產生，透過毛囊進入發育中的頭髮或羽毛中的黑素體內。

在二〇〇七年，我第一次有機會去中國，當時我和同事帕迪・奧爾及斯圖爾特・吉恩斯一起前去。我們在野外待了兩週，探索中國東北熱河層（Jehol Beds）的所有站點，那裡主要是一套早白堊世的地層，當中有許多帶羽毛的鳥類和恐龍標本，之後又在北京古脊椎動物與古人類學研究所的實驗室裡待了兩週的時間。我們在那裡用顯微鏡觀察羽毛和皮膚的樣本，發現了一些看似很值得探討的例子。

二〇〇八年時，我們看到當時還在耶魯大學讀博士的雅各布・溫塞爾所寫的那篇重要論文，當中描述他在來自巴西和丹麥的化石鳥類羽毛中發現了黑色素體，當時我們立即想到，「那我們也來看看是否能在恐龍羽毛中找到這些」。於是我們跟北京古脊椎動物與古人類學研究所的張福成聯絡，他曾在二〇〇五年來布里斯托進行訪問，研究鳥類化石標本，並安排一些中華龍鳥樣本的借用事宜，包括來自不同身體部位的小片化石羽毛，他在二〇〇八年第二次前來訪問布里斯托。那時我們發現了黑素體。

我們在二〇〇九年初寫了關於這項發現的文章，投稿到《自然》。就跟過去一樣，要說服所有的審稿人得花上很長的時間。這篇文章一共被審查了十二次——每次四位審稿人，一共有三輪——而且每次都有一位就是無法信服。「這不是黑素體，這不是羽毛，那些也不是恐龍……」二〇〇九年初在我的年度休假期間，我去了耶魯，與溫賽爾和他的同僚討論，我們的文章最後終於在二〇一〇年二月發表出來。我們在

文章中指出，中華龍鳥有褐黑素體（phaeomelanosome），也就是含有薑黃色的色素囊，而且非常多。是薑黃色的！而且牠們的尾巴有條紋，由等長的白色和薑黃色條紋交錯而成。所以，我們也發表了重建圖（參見彩圖 v），並且很有自信地表示：「這份重建圖首次展現出恐龍的正確顏色。」這點很重要：我們不是在發表什麼真知灼見，而是在陳述一個客觀事實，如果有人證明我們對黑素體的觀察是錯的，我們的這項陳述可能會被駁斥。

與此同時，由雅各布・溫賽特領導的耶魯大學團隊也發表了他們重建的恐龍顏色更為豔麗，是來自中國侏羅紀地層中的近鳥龍，牠的翅膀和尾巴上有黑白條紋，頭頂有一個可愛的薑黃色冠，臉頰上還有黑色和薑黃色的羽毛斑點。那麼，這一切到底意味著什麼？確定恐龍的顏色可能是觸類旁通而來的聰明想法，也許能讓人津津樂道，覺得有趣，但它可以告訴我們任何有用的資訊嗎？

恐龍是否沉迷於性擇？

確定羽毛的顏色徹底改變了我們對恐龍行為複雜性的認識。今天的鳥類之所以長羽毛主要有三個原因——保溫、溝通和飛行。很明顯地，保溫的功能是在飛行前就有的。鳥胸上的絨毛是為了保暖和調節體溫，這些羽毛的構造比飛羽簡單得多。因此，若真的如巴克所提議的，假設恐龍長有羽毛，那很可能是為了要保溫。然而，在我們二〇一〇年的文章中，我們的團隊和溫塞爾的團隊都主張羽毛在演化的早期顯然是為了溝通。然而，我們不能大膽地說這就是它們最初出現的原因——但那時它可能已經具有這樣的作用。

中華龍鳥的條紋尾巴和近鳥龍條紋翅膀和彩色頭冠，除了溝通之外別無其他功能。保溫或飛行並不需要有圖案。況且，這些顏色似乎也不像是用於偽裝的保護色——條紋尾巴有可能擔負這樣的功能，但是今天以條紋來偽裝的動物，好比老虎和斑馬，都是全身長滿條紋，而不僅僅是在尾巴上。

所以，這些訊號是為了傳達給異性的。現在，我們可以想像雄性恐龍，尤其是小型的獸腳類，就像今日的許多鳥類一樣，會在雌恐龍面前炫耀展示牠們的這一身配備。鳥類之所以有這麼高的多樣性，光是目前已知的物種就將近有一萬一千種，其中一個原因就是性擇，這有助於維持和推動物種的分化，每個物種都有其特殊的羽毛圖案。倘若剝掉羽毛，大多數樹棲型鳥類的骨架幾乎都相同，但是雄鳥的羽毛讓牠們氣宇軒昂地獨樹一幟，而且因為牠們交配前的舞蹈和展示只會吸引到同種雌性，因此不會雜交。

意識到許多恐龍可能是經由性擇演化出來的之後，帶來了一個難題：牠們當中有很多都沒有展現出雌雄二形性（sexual dimorphism），即雌雄之間的形式差異。今天，許多爬行類、鳥類和哺乳類會展現出雌雄兩性的差別──想想身軀光滑的母獅和體形碩大、長有鬃毛的雄獅，或是許多靈長類雄性，體形通常較大，牙齒也較大。不過，也許鳥類提供了部分答案──儘管雌雄孔雀的外觀相去十萬八千里，但這一切都僅止於羽毛。牠們的骨架非常相似，可能僅有在一些小細節上有所不同。獸腳類恐龍的外觀可能也是如此。

這是近來辯論得最為激烈的一部分，有一派認為恐龍的角和冠是雌雄二形或性訊號的證據，但在另一派人眼中，這些結構則具有不同功能，例如進食、防禦或物種辨識。凱文・帕迪安（Kevin Padian）和傑克・霍納（Jack Horner）在二〇一一年的一篇論文中為「物種辨識假說」提供了強有力的證據──他們認為恐龍身上所有「怪異的結構」都是為了讓個體能夠辨識自己物種中的其他成員，也許是因為牠們身處的擁擠環境中，有許多外型相似的恐龍，需要相互保護。在這樣的模型裡，性擇並不是那麼重要。

羅伯・柯內爾（Rob Knell）和史考特・山普森（Scott Sampson）對此直接予以反駁，他們認為物種辨識可能只是許多恐龍的角、冠和羽毛排列的次要功能，這種結構的演化和維持需要付出高昂的代價，而唯一能夠有效解釋的論據是性擇。此外，他們指出，怪異結構的形狀和大

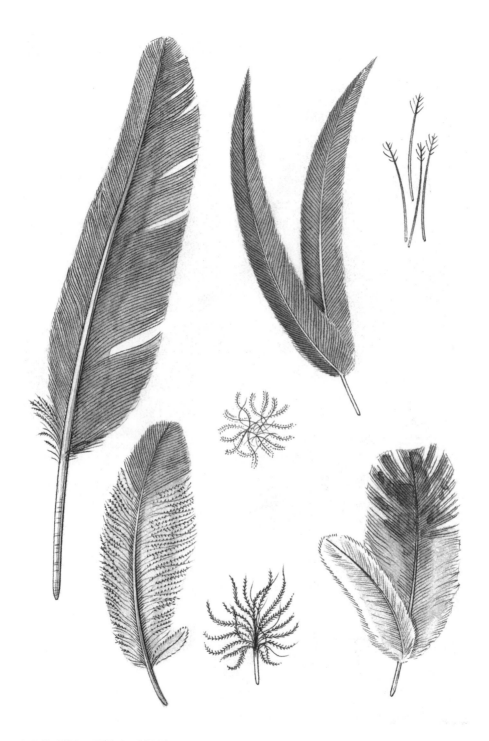

現代鳥類不同的羽毛類型。

小在單一物種間的變異很大，因此可能無法當作辨識物種的明確標籤，而是基於其他功能被挑選出來的，諸如配偶競爭，當作是與其他雄性戰鬥的武器，或是向雌性炫耀的裝飾品。

這場爭論還方興未艾，但所有證據都顯示恐龍的社會行為相當複雜，這表示牠們可能並不像過去人們所描述的那樣愚蠢。

恐龍精明嗎？

鳥類（和恐龍）是否聰明？一般來說，會展現求偶等相關的複雜行為的動物都具有高智商。然而在英文中，會以「小鳥腦」來形容一人很愚蠢，而且儘管鳥類高圓頂般的頭骨和凸出的腦袋很小，但大部分的腦組織都用於處理精細的感官知覺，尤其是視覺。

在許多人眼中，恐龍也是理所當然的愚蠢。博物館的展覽和兒童圖畫書，經常將恐龍描繪成無意識的自動機械，在侏羅紀的樹叢間亂竄，而且牠們之所以能夠存活這麼長一段時間，完全是因為其他恐龍也同樣愚蠢。最有名的例子是板背劍龍，我們知道牠的大腦跟一隻小貓差不多，而且牠在後軀有一個更大的腦來控制尾巴和後腿的行動。

在人類以及一般的哺乳類身上，智力來自於大腦半球，也就是前腦——外科醫生開腦時，會拿出的兩團皺巴巴球形組織。這些組織環繞著大腦中所謂的「原始」區，即中腦和後腦。在魚類和爬行類中，大腦則比較接近線形，後腦、中腦和前腦等區域一字排開。簡單來說，大部分爬行類的大腦主要負責感官操作，包括眼耳鼻以及反射和重複行為，如戰鬥或逃跑還有尋找食物等。

恐龍的大腦沒有保存下來，但牠們的印痕仍在在化石頭骨的深處。我們傾向於假定頭顱內主要容納的是大腦，就像人類和其他哺乳類一樣。包括恐龍在內，爬行類的大腦實際上非常小，位於顱骨深處，相對比例就好比是在鞋盒中放入一個火柴盒。恐龍頭部大部分的空間都被占滿了，在後面主要是下頜肌肉，而吻部則是眼睛和鼻腔。

恐龍神經科學家過去常常在顱骨內部尋找天然成形的岩石鑄模。然

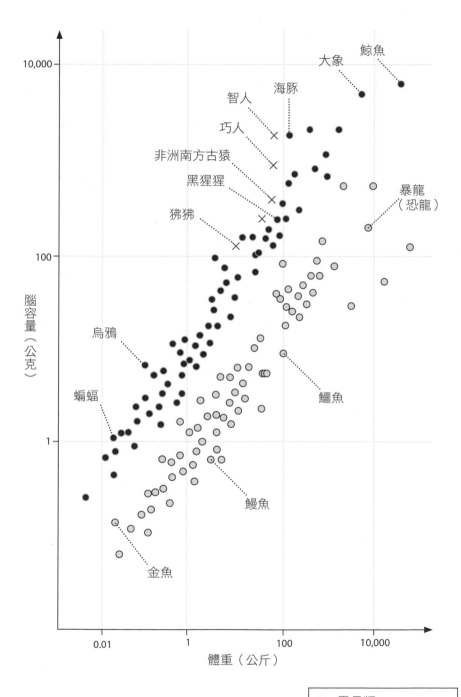

哺乳類、鳥類和爬行類（包括恐龍）的腦容量
與體形之間的關係。

後他們可以將清理過的顱骨化石當作鑄模，用介質填充，這樣就可以得知牠們的大腦的形狀和尺寸。現在科學家則是利用電腦斷層掃描，由此產生的大腦模型非常完整（見彩圖 xi），模型中可見負責處理來自眼睛的圖像的「視葉」，它們位於兩條向前伸出的莖桿上，還可以看到位於顱骨內的中腦和後腦。兩側長有顱神經，這些是使面部器官發揮功能的主要神經，甚至可以看到中耳的半規管（見彩圖 xii）──這些是負責平衡的關鍵器官。

看到這一切固然很棒，但恐龍的智力到底是高是低呢？智力對人類來說一直是一個非常重要的主題，因為我們是根據自己的智力來定義自身──我們稱人類這個物種為智人（*Homo sapiens*），意思是「有智慧的人」。的確，人的大腦很大，但鯨魚的更大。牠們的智力是否也更高呢？不見得，因為大腦會與體形成比例。腦生物學家哈利‧傑里森（Harry Jerison）因此在一九七三年提出了一種衡量大腦與身體大小比例的方法，他將其稱為腦化指數（encephalization quotient），他認為這是測量動物智力的一種有用方法。正如預期，哺乳類的大腦相對較大，而爬行類的大腦相對較小。鳥類則是介於兩者之間，但較接近哺乳類而不是爬行類，恐龍的智力則是介於現代爬行類和鳥類之間。

因此，整體來說，恐龍不算是很聰明，儘管其中一些可能會在求偶時表現出複雜的行為。我們大概可以說，至少有些恐龍，也許是小型的獸腳類，和鳥類一樣聰明，並且比蜥蜴或鱷魚再聰明一點。目前，我們正在嘗試從未化石化的軟組織中尋找更多資訊，但我們真的能找得到嗎？需要符合哪些不尋常的條件才能將它們保存下來呢？

琥珀可以保存恐龍嗎？

誰能想到比「保存在琥珀中的恐龍」更引人注目的標題？而這真的在二〇一六年成真了，當時我們宣布發現了有史以來保存最完整的恐龍化石。我有幸受到北京中國地質大學古生物學家邢立達邀請，加入他們的團隊，描述這個他在二〇一六年找到的驚人化石──一小段保存在琥

珀中的恐龍尾巴（見彩圖vi）。在顯微鏡下，可以清楚地看到尾巴中的骨骼、周圍的絨毛，甚至是肌肉和皮膚殘骸。

這是二〇一六年最受到媒體關注的化石發現，成為世界各地數千個媒體的頭條新聞。事實上，根據推特和臉書的統計，這在當年度的科學發現中，熱門度排名第八。看看這照片——這真的是個令人驚訝的化石！

這個標本來自緬甸，取自知名的白堊中期的含琥珀地層，從一八九〇年代以來，科學家就知道那裡含有化石。在二〇〇二年發表的一篇回顧性評論文章中，古昆蟲學家大衛‧格里馬爾迪（David Grimaldi）報告了被子植物的花和其他植物遺骸的美麗標本，三十個昆蟲和蜘蛛科的樣本，以及一些零星的羽毛。到二〇一〇年，昆蟲科的數量已增加到近一百個。這個含琥珀的地層年代約在九千八百八十萬年前，正好處於白堊紀陸地革命的早期階段，在第二章曾提過，這是一場關鍵事件，在中生代，開花植物和所有圍繞在旁嗡嗡作響的昆蟲一起出現物種大爆發。

琥珀是一種淡黃色或橙棕色物質，有部分是透明，重量很輕，幾世紀以來都有人在蒐集，用來製作珠寶和裝飾品。許多琥珀碎片中都含有昆蟲和樹葉，這些通常會當成特殊賣點，做成吊墜和胸針出售。

琥珀是古樹的樹脂化石，尤其是松柏這類的針葉樹，其樹皮會滲出一種黏稠的樹脂狀汁液。仔細研究困在琥珀中的生物，可得到種種精密的細節——例如，或許可以從一隻困在琥珀中的小昆蟲看到背部的微小毛髮，以及複眼中的每個晶狀體。一些標本甚至展現出彩色圖案，也許就是其原始顏色。在世界各地收藏的琥珀中，除了發現有昆蟲和植物的一部分，也有人發現非常罕見的蘑菇、羽毛、哺乳類毛髮，甚至整隻蜥蜴和青蛙。

琥珀在包括波羅的海和多明尼加等許多地區都廣為人知，它的年代主要是從中白堊世到至新生代，因此只會提供過去一億兩千五百萬年以來的資訊。目前，緬甸琥珀化石的新論文正以每年一百篇以上的速度發表，最終這地方可能會累積到數百個物種。

在認識到鳥類就是恐龍之後，一個新的研究領域就此開展。中國出土的大量帶羽毛恐龍新化石，成了赫胥黎和達爾文等維多利亞時代傑出科學家努力和洞察力的完美證據。新化石的發現成為驅動古生物學領域的燃料，特別是緬甸琥珀中的化石，這提供了一個獲取軟組織的途徑，在此之前，一般都認為這些組織早已被破壞，不可能保存下來。

然而，正如我們所見，增加我們知識的不僅是新發現，還有新技術。使用電腦斷層掃描和高倍顯微鏡來深入探究恐龍骨骼和羽毛的結構，讓我們在過去十年來對體溫調節、顏色和行為的認識比整個二十世紀還要多。

通常，正如我們以前所遇到的困難，有關當代的生物以及組織的知識尚不完備，因此恐龍的研究經常激發出新的研究方向，讓人往牠的現生親戚尋找線索。例如，當溫塞爾和我們開始研究羽毛顏色時，並沒有關於現代鳥類不同顏色羽毛中黑色素和黑素體分布的彙整資料。這促使鳥類學家蒐集雜散的自然觀察，構建出一個詳細的數據框架，將顏色與結構和化學聯繫起來，以便古生物學家能夠可靠地解釋他們的化石。

在未來，可望會看到更多特殊的化石，並且在探索其微觀結構時更著重在細節上。目前，我仍然無法想像還會出現比我們的琥珀恐龍尾巴更好的化石……除非找到一整隻小恐龍？

第五章

真的有過侏羅紀公園那樣的盛況嗎？

在過去，恐龍最為人熟知的事跡就是牠們的滅絕，這實在是非常負面的名聲——當然是站在恐龍的角度來看。在本書中，我們將探索牠們不可思議的生活方式，進入恐龍的古生物學，認識牠們驚人的生活、呼吸、進食、奔跑、成長和交配方式。要是現在能看到一隻活生生的恐龍該有多棒啊！

柯南‧道爾爵士的《失落的世界》（1912）於一九二五年首次翻拍成電影。

這樣的想法多次成為科幻小說的題材。亞瑟‧柯南‧道爾爵士（Sir Arthur Conan Doyle）在他一九一二年的小說《失落的世界》（*The Lost World*）中，描述了動物學家喬治‧愛德華‧查倫諸（George

Edward Challenger）教授和他的團隊前往南美洲偏遠地區的探索。他們聽聞在遠離文明的山區高原上，時間還停留在恐龍出現在地球上的日子。經過多次冒險，這批探險者終於找到高原，發現了一個奇怪的古代世界，那裡居住著凶殘的猿人和可怕的史前生物。查倫諾的團隊被恐龍追趕，還受到從空中俯衝下來的巨大翼手龍攻擊，牠們可以展開皮翼形成的翅膀。最終，他們回到安全地帶，還將一隻翼手龍寶寶帶回倫敦，展示給世人觀賞，大家都嘖嘖稱奇，感到難以置信。

一次世界大戰即將結束時，艾德加・賴斯・巴勒斯（Edgar Rice Burroughs）寫了《失落之地》（*The Land that Time Forgot*，1918），算是這類型小說中的另一部經典之作，他設想在南太平洋的某個地方，有個名叫卡普羅納（Caprona）的神祕島嶼，上面還存活有恐龍和猛獁象。他的故事還涉及到德國和英國軍隊、U型潛艇和處於戰爭狀態的世界。

整個二十世紀還有更多這樣的冒險故事，不過當中最具說服力和科學性的，要屬麥可・克萊頓（Michael Crichton）在一九九〇年出版的小說《侏羅紀公園》（*Jurassic Park*），這後來還在一九九三年由史蒂芬・史匹伯（Steven Spielberg）翻拍成電影。這個故事紅極一時，而且是根據克萊頓對當時基因體學重大進展的認識。他在書中提議，可以從保存於一億年前的琥珀中吸血蚊子的腸道，抽取恐龍DNA的微小片段，將其增生複製後，注入到現代兩棲動物的卵子中，將其當作宿主，這樣經過基因工程改造的卵，最後會形成蛋，孵化出一隻小恐龍。

把重點放在DNA（「去氧核糖核酸」的簡稱）很合理，因為DNA攜帶遺傳密碼──它是人體每個細胞核內染色體的組成部分。在人類身上，大約有三十億個鹼基對（這是遺傳密碼的位元），分布在四十六條染色體中（2×23條獨特的染色體），這些鹼基對排列成三萬個基因，提供發展成人的所有遺傳指令，並且透過修復來維持細胞運作。因此，克萊頓可以在他的書中，以令人信服的細節描述實驗室工作，這也是電影中同樣具有可信度的部分。但這真的能成功嗎？

就某方面來看，克萊頓很有先見之明。他早期受過醫師培訓，因此對醫學和生物學文獻很熟悉。他也很快就意識到當時新發展出來的複製技術的潛力——這方法是利用凱利‧穆利斯（Kary Mullis）於一九八三年開發出來的聚合酶鏈反應（polymerase chain reaction，PCR）所發展出來的，十年後他因此獲得了諾貝爾化學獎。PCR能夠讓醫師和生物學家將單個或幾個DNA片段擴增到數千或數百萬個副本。在開發出 PCR 這項技術之前，要進行任何遺傳分析，都需要事先純化大量的樣本，這使得分子生物學和基因工程變得非常昂貴和耗時。PCR發展出來後，掀起了一波基因革命，並且對未來的醫藥和農業產生經濟效應。

以下是複製恐龍的概要步驟，或者至少是在《侏羅紀公園》中出現的方式：

1. 插入細針頭到保存有蚊子的琥珀中，抽取恐龍的血液。

2. 以高速離心機快速旋轉血液樣本，濃縮DNA。

3. 取一小部分濃縮DNA，加以複製。

4. 要複製DNA，首先會將其切成幾個片段；將這些片段插入細菌中，然後由細菌透過多次分裂來複製這些片段。因此，一份副本會變成許多副本。

5. 將倍增的DNA樣本注入現代青蛙的卵中（已移除青蛙的DNA，這時的卵僅是單一個細胞）。

6. 恐龍的DNA取代了青蛙卵的運作，它當中含有的是恐龍的遺傳密碼，而不是青蛙的。

7. 接著，科學家等待青蛙的卵發育成恐龍。

8. 這個卵不會發展成會變成青蛙的蝌蚪。由於遺傳密碼已遭到替換，單細胞卵隨後分裂成兩個、四個、八個、十六個……但這些細胞的表現都是受到恐龍DNA的操控，發展成恐龍細胞。

9. 細胞團的外面形成堅硬的蛋殼，所以卵看起來像是恐龍蛋，有著像鳥蛋一般的堅硬外殼，而不是柔軟的青蛙卵。

10. 然後到了孵化的日子，電影中有演出這一段。堅硬的白殼出現裂縫，露出鱗片狀的鼻子，然後是頭。最後，一隻小恐龍跳了出來，牠已經可以咬合並且能夠開始尋找食物。

這些步驟看起來很簡單。自從柯南・道爾寫下《失落的世界》以來，分子生物學和遺傳學在一個世紀初內取得重大進展，現在看來似乎一切皆有可能。我們真的能期待用現代分子技術讓古老的動物起死回生嗎？

有人曾鑑定出恐龍的DNA嗎？

我記得在一九九〇年讀克萊頓的那本書時，古生物學家對此都感到興味盎然。我敢打包票，他們當中很多人讀這本書，是希望在當中找出漏洞，但大多數人不得不承認這樣的情節相當合理。植入DNA和製造恐龍的技術問題肯定非常棘手，但沒有什麼人會駁斥將來有一天我們可能會回復恐龍DNA的想法。事實上，實際情況也是如此，甚至早在那部電影於一九九三年上映前。

一九九二年，勞爾・卡諾（Raúl Cano）和他在西海岸大學（West Coast）的同事引起了一陣轟動。他們宣布已經從蜜蜂化石中抽取出DNA，這個蜜蜂化石保存在加勒比海多明尼加共和國的琥珀中，年代為四千萬年前。這當然不會是恐龍的，但取得任何古代DNA都是一個開始。一年後，卡諾及其同事透露，他們還從多明尼加琥珀中抽取到一種植物的DNA，更驚人是，他們還從保存在黎巴嫩琥珀中的象鼻蟲中抽到DNA，其歷史可追溯至一億兩千萬～一億三千五百萬年前。

在一九九〇年左右，從琥珀中的化石中抽取有機分子蔚為風潮，其他的實驗室也相繼宣布從多明尼加琥珀中的白蟻和黎巴嫩琥珀中的甲蟲中順利抽到DNA，這顯然證實了卡諾團隊的結果。這些遠古象鼻蟲和遠古白蟻（與恐龍同時代的昆蟲）的DNA的時代真是再棒不過了。誠然，這些團隊並沒有從蚊子中抽取到恐龍的血液，但他們顯然已經證明

了這一可能性，能夠取得從恐龍時代開始就存在，已有數百萬年歷史的DNA。所以，也許克萊頓那篇富有想像力的故事真的會實現。

然後，在一九九四年，爆出了重量級的消息。一篇發表在美國赫赫有名的學術期刊《科學》（*Science*）上的文章，宣布找到了恐龍DNA。《新科學家》（*New Scientist*）當時報導了這一發現：

　　猶他州楊百翰大學（Brigham Young University）的科學家從煤礦中取回的恐龍骨骼中發現了一些祕密。史考特・伍德沃德（Scott Woodward）和他的團隊已經從中抽取了一小段恐龍的DNA，儘管他們離克萊頓筆下的《侏羅紀公園》中描繪的復活完整生物的距離還很漫長。

伍德沃德和他的團隊在一年的實驗中從九個樣本中抽取了DNA，但成功率只有百分之一點八。「要不是在早期的（實驗）我們有成功抽取到一個，可能早就放棄了，」他坦承。在《新科學家》的那篇文章中還提到，「這個DNA來自猶他州的一處煤礦中發現的兩塊尚未化石化的

一隻保存在琥珀中的蚊子。

骨骼，地層年代為八千萬年前。儘管尚未鑑定出這些骨骼的史前主人，但它們的大小和位置讓伍德沃德「確信這些是恐龍的骨骼」。

然而，不到一年，整個故事就完全翻盤。那個「恐龍DNA」實際上是人類的。伍德沃德最初否認這一點，並承諾進行後續研究，但他的那篇文章是當時受到嚴密審查的幾篇文章之一。在早期的大多數實驗中，作者沒有採取足夠的預防措施來避免實驗汙染的風險。PCR的一個關鍵特性是它可以從非常少量的樣本中複製出多個DNA副本，事實上，只要實驗室技術人員的一滴汗水或一個被噴嚏汙染到的樣本，就可能毀掉整個研究。

有機分子能保存在化石紀錄中嗎？

從一九九〇年代開始，在測量化石中的遠古分子，尤其是遠古DNA時，就已經發現有汙染樣本的風險。評論者指出，汙染的風險不僅來自人類DNA，還有現代動物的DNA。事實上，在早期的植物和昆蟲DNA的研究中，其風險在於進行化石樣本分析的實驗室，通常也在處理這些化石物種現代親戚的DNA。因此，從白堊紀象鼻蟲或琥珀中的白蟻抽取的DNA很容易受到現代同類生物的DNA所汙染。換言之，需要以更嚴謹的標準來處理古代DNA。

自一九九〇年代以來，研究古代DNA實驗室的技術有了巨大進步，可以排除所有的汙染風險。他們採取的嚴格措施有：(1)進入實驗室的每個人都必須脫掉外衣，換上乾淨的衣服，穿戴頭罩和口罩，避免技術人員的飛沫或頭髮汙染樣品；(2)所有古代DNA都集中在一實驗室研究，現代DNA則在別處研究，避免任何汙染的風險；(3)在另一間實驗室重複所有的分析，以確保找出任何汙染源；(4)處理古老DNA的實驗室每晚都要以紫外線進行全面消毒，將任何生物，無論是蒼蠅還是細菌，全都殺死。

這些預防措施應當可排除樣本遭汙染的風險，但DNA分子到底能存在多久？倫敦的生物化學家托馬斯・林達爾（Tomas Lindahl）是對古

代DNA的研究報告最突出的一位評論者。他指出，DNA會在幾天、幾個月或幾年內分解。所以，在正常情況下，一百年後不會留下多少DNA，更不用說是一億年了。日後的研究顯示，有可能從博物館藏品中近期滅絕動物的皮膚和骨骼中抽取DNA，例如來自南部非洲的斑驢標本，這是一種約在一百年前滅絕的生物，外表近似於馬，或是在一六八一年之前滅絕的渡渡鳥。接著，又進一步推回到五千年前古埃及時代的木乃伊，乃至於一萬年前的猛獁象，最後，在二○一三年，從一匹七十萬年前的化石馬身上也抽取到DNA。

這個馬的樣本比所有其他的樣本都要來得古老，而且其DNA已經碎裂成許多短序列。事實上，即使在僅有一百年的斑驢樣本中，DNA也已大量分解，因此在資料的解釋上變得非常棘手。一旦片段少於十個鹼基對，要重建原始DNA序列的可能性幾乎微乎其微。唯一的解決方案是使用大量電腦資源來運算所有可能的組合，直到出現合理的序列為止。就此看來，實際上不太可能恢復任何恐龍的DNA，或者說復原任何超過一百萬年的DNA，更不用說是一億年前的。

在經過這些努力後，顯然可以得知DNA並不是一種強韌的分子。事實上，化學家已經確定出一系列有機分子的強韌度，從可以承受高壓高熱的分子一直排到在最輕微的擾動下就會分解的分子。在化石化的過程中，大多數生物組織在死後很快就會分解；然後在空氣、土壤或水中腐爛，可能會有動物來吃掉遺骸上的肉，細菌則會進一步加以分解。只有在極少數情況下，骨架內外的皮、肌肉和內臟不會很快分解，這通常是因為受到水和沉積物覆蓋，而且環境缺乏氧氣。在這種情況下，生物分子可能會被掩埋，但它們還得經過高壓和高溫的考驗，在這之後，大多數都會消失，或者變得無法識別。

木質素（lignin）、幾丁質（chitin）和黑色素是少數能留存下來的分子。木質素是構成樹木內部木材的結構分子，可以保存數億年。幾丁質也是如此，這是構成節肢動物堅硬角質層的一種碳水化合物——想想甲蟲翅膀的外殼有多堅硬。最後，正如我們在第四章中所提到的，黑色

素是一種通常呈現黑色或深棕色的色素，存在於羽毛和毛髮（還有深色皮膚和雀斑中）以及眼睛的視網膜、魷魚的墨汁，肝臟和脾臟周圍以及腦膜中。之前提過，正是由於黑色素具有歷久彌新的特性，我們才得以確定化石鳥類和恐龍羽毛的顏色。

幾丁質和黑色素的實驗顯示出這些複雜分子的結構會隨著壓力和溫度升高而變化（見隔頁），而且在古代化石中所找到的也確實展現出與這些實驗樣本相同的化學細部特徵。以DNA等生物分子進行類似的實驗時，不出所料它們完全分解，在化石化實驗後，沒有留下任何可識別的東西。因此，任何有機化學家可能都會說，如果你想找古老的有機分子，那就去找木質素、幾丁質和黑色素的樣本，而不要夢想找到古老的DNA。然而，還是繼續有這類文章發表，宣稱找到了長期保存下來的恐龍血液。有趣的是，在本書即將出版之際，新的研究顯示我的懷疑部分是對的，但有部分是錯誤的。

我們真的能認出恐龍的軟組織和血液嗎？

體認到DNA不能持續存在個幾千年，讓大家失望不已。也因此，所有那些聲稱找到數百萬年前昆蟲、植物和細菌DNA的投稿文章，最後全都被學術期刊拒絕。然而，要是恐龍化石中存在有其他種類的蛋白質呢？好比說骨骼中特定的蛋白質？一九九七年發表了一篇發現恐龍血跡的文章，又為大家帶來新希望。由瑪麗‧史懷哲（Mary Schweitzer）領導的蒙大拿州立大學（Montana State University）的研究團隊表示，他們已經從保存完好的暴龍骨骼中抽取出蛋白質和血液化合物。若真是如此，這將使我們對恐龍的生理學有更進一步的認識——它們的血紅蛋白結構可能會提供攜氧能力的線索，解決恐龍是否為溫血動物的爭議。

瑪麗‧史懷哲因為受到一具保存異常完好的暴龍骨架所啟發，而展開她尋找古代蛋白質的探尋。「就某些方面來看，它幾乎與現代骨骼相同，並沒有受到礦物質的填充，」她說。外面一層緻密的骨層似乎阻止了水分進入，所以內部的骨骼看來和新鮮的一樣。史懷哲鑑定出這些內

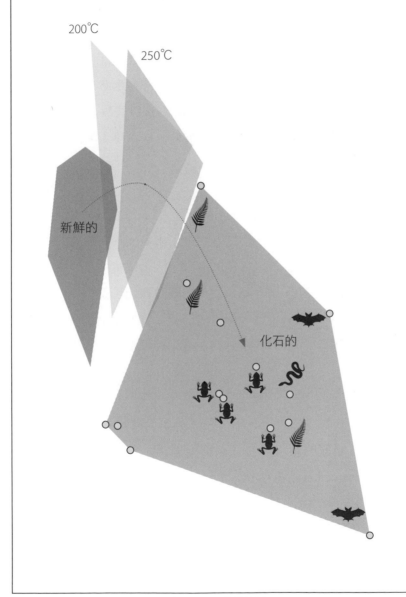

實驗顯示黑色素在高溫高壓下緩慢衰變的過程；實驗值接近於化石樣本的值。

部區域的蛋白質和可能的DNA。她這樣描述當時的興奮之情：

> 實驗室裡充滿了驚奇的低語聲，因為我注意到血管內有一些我們以前從未注意到的東西：微小的圓形物體，呈半透明的紅色，中間則是黑色的。然後一位同事過來看了看，大喊道：「你找到紅血球。你找到紅血球了！這看起來就跟一塊現代骨骼一樣。但是，當然，我無法相信。我問實驗室的技術員：「這骨骼畢竟有六千五百萬年的歷史。紅血球怎麼可能保存那麼久？」

然後我們對這根可能含有紅血球的骨骼進行測試。骨骼中似乎確實含有血紅素，這是血液中的血紅蛋白分子上負責攜帶氧氣的那部分。血紅素呈紅色，這也是血液呈紅色的原因，因為這當中富含鐵，在與氧氣結合時就會呈現紅色，這有點類似鐵生鏽時會出現顏色變化的原理。然而，許多其他科學家質疑這些報告，並認為骨骼中富含鐵的痕跡與血液或血液製品無關，可能只是這動物在遭到掩埋很長時間後進入骨骼的鐵質。

在受到許多評論——有些公平，有些可能不公平——後，瑪麗·史懷哲和她的團隊在二〇〇五年又在《科學》雜誌上發表了一篇後續文章，題為「暴龍的軟組織血管和細胞保存」（Soft-tissue vessels and cellular preservation in *Tyrannosaurus rex*）。她的團隊溶解掉一些四肢部位堅硬骨骼的磷酸鈣，留下了由狹窄的血管組成的殘留物，其中包含可以擠出的圓形物體。脫礦後的骨骼基質是纖維狀的，並保留了一些原始彈性——在一根將近有七千萬年的化石上，這是非常驚人的。在後來針對相同材料的研究中，史懷哲和她的同事進行了一系列生化測試，試圖證明這些彈性纖維線是由膠原蛋白組成，就像在原始骨骼中那樣。

骨骼通常由兩種主要材料組成：磷灰石礦化針，這是一種磷酸鈣，會嵌入在纖維性的膠原蛋白中。正是這種彈性蛋白質和硬礦物質的結

合，賦予活體骨骼有趣的特性，讓骨骼能夠彎曲（在某個角度範圍內），但彎太大還是會脆裂折斷。在沒有磷灰石晶體的地方，膠原蛋白形成軟骨，這種柔軟的材料讓我們的耳朵和鼻子變硬，也是鯊魚骨骼的主要成分。

不久之後，在二〇〇八年，托馬斯・凱耶（Thomas Kaye）及其同僚將重新解釋所有這些化石發現，指出這全是人為因素所造成的。他們說，這個疑似血管的構造可能是細菌膜，而所謂的紅血球只是黃鐵礦晶體，是一種硫化鐵礦物。瑪麗・史懷哲對這些批評並不埋單，到了二〇一五年，她的研究似乎得到了另一個研究團隊的證實，他們表示從八塊白堊紀時代的恐龍骨骼中取得膠原蛋白和紅血球。

然而，到了二〇一七年，又有一篇文章發表，曼徹斯特的麥克・巴克萊（Michael Buckley）及其同事顯示，這些暴龍的膠原蛋白主要是由實驗室汙染物、土壤細菌以及鳥類血紅蛋白和膠原蛋白所組成的。他們特別指出，那個所謂的恐龍蛋白質與現代鴕鳥的序列相吻合──這是很容易出錯的地方，若是在分析化石材料的實驗室中，也處理這些現代生物的樣本，就會出現這樣的錯誤。然後，情況變得比較明朗。在二〇一八年的一篇論文中，耶魯大學的博士生亞斯米娜・偉曼恩（Jasmina Wiemann）帶領的一個小組再次研究了那些去除所有礦物質後的化石骨骼中的血管和其他褐色物質。她進行了一連串複雜的測試，發現這些血管和組織都是真的，但其組成已經不是最初的蛋白質，可能只有膠原蛋白還保持原樣。其他的成分都已腐爛，轉變成另一種形式，稱為N－雜環聚合物（N-heterocyclic polymers）──所以事實上，瑪麗・史懷哲是對的，她發現的確實是血管、皮膚細胞和神經末梢的一部分，只是在化石化的過程中，蛋白質發生本質上的轉變。

原始的膠原蛋白有可能被保存下來，但處理時必須格外小心，確保它沒有受到汙染。在一九九二年，荷蘭研究人員傑哈德・麥瑟（Gerard Muyzer）從兩隻白堊紀恐龍的骨骼中找到另一種骨蛋白，稱為骨鈣素（osteocalcin）。骨鈣素存在於所有脊椎動物的骨骼中，其作用類似於荷

爾蒙，可以刺激骨骼修復以及其他生理功能。骨鈣素是一種堅韌的蛋白質，可以非常牢固地與骨礦物質結合，正是因為如此，似乎可以逃過腐化的命運。它也是一種相對較小的蛋白質，由大約五十個胺基酸組成。在二〇〇二年，曾經為一隻五萬五千年前的野牛化石的骨鈣素分子進行完整定序。也許有一天，我們也可以幫恐龍的骨鈣素定序。

我們能判別恐龍的性別嗎？

長久以來古生物學家一直認為，恐龍具有雌雄二形性，也就是兩性的外觀不同，至少有些種類是如此，就如同之前在第四章中看到的。在過去，有人曾認為晚白堊世長角的角龍類和長冠的鴨龍類這些植食性動物是如此，牠們的骨架組成大同小異，只是頭上頂著的冠或角不同。但若根據這種說法，奇怪的案例就出現了：所有的雄性會在一個時期都生活在一個地方，而所有的雌性，也就是頭骨稍微有些差異的個體，則碰巧在另一個時期生活在另一個地方。這個例子讓假設完全無法成立！

然而，近來恐龍的雌雄二型性再度成為焦點，因為現在我們可以辨識一些羽毛顏色和圖案細節。現在普遍認為，許多恐龍的羽毛可能是用於展示，而條紋和頭冠則暗示著雄性在交配前的求偶展示，就跟多數鳥類一樣，而這正是性擇在恐龍演化中扮演的關鍵作用，如之前在第四章所提到的。

最棒的是，我們或許能夠根據這些明確的證據來辨別某些恐龍的性別。大多數的雌鳥都長有一種特殊的骨骼叫做髓質骨（medullary bone），這是一種填充髓腔的海綿狀骨骼，會出現在某些肢體骨骼的核心。在現代鳥類中，最初是一九三四年在鴿子身上注意到，然後在麻雀、鴨子和雞的骨架中也有觀察到。鳥的身體可以很快生成髓質骨，也可以很快地將其拆解回收，算是一種鈣質的儲藏庫，在需要形成蛋殼時可以快速釋出原料。後來的研究發現，所有的現代鳥類都是如此。生理實驗顯示，在雌鳥開始產卵時，髓質骨會在整套骨架的許多骨骼核心累積，然後隨著鈣進入發育中的蛋殼而減少。髓質骨的發育和轉移會隨著

季節而出現週期性的變化，主要是受到雌激素（Oestrogen）和其他與繁殖週期相關的荷爾蒙所控制。

　　二○○五年，瑪麗・史懷哲首次在現代鳥類之外的暴龍身上發現髓質骨。從那時起，也陸續在其他獸腳類恐龍和鳥臀目中的**腱龍**（見隔頁）和難捕龍（*Dysalotosaurus*），以及已滅絕的**孔子鳥**（見隔頁）和企鵝（*Pinguinis*）中發現。由位於開普敦的南非博物館的阿努蘇亞・欽薩米－圖蘭（Anusuya Chinsamy-Turan）及其同僚所發表的一篇關於孔子鳥的研究特別有說服力，因為他們證明鑑定出髓質骨的化石都是雌性標

最驚人的一項化石發現：在一塊板岩上同時有兩隻孔子鳥，一雌一雄（雄的長有像旗桿一樣的長尾羽）。

本（參見彩圖xiii）。在中國博物館蒐集到的數千個烏鴉大小的孔子鳥標本中，已經確定出雌雄兩性的形態。有一個非常經典的標本是在同一塊石板上同時有雄鳥雌鳥──推測是雄鳥的那隻，長有旗桿般的長尾羽，而假設是雌鳥的那隻則沒有。因此，就跟現代鳥類一樣，雄性長有荒謬的裝飾品，以便向較為敏感但外表單調的雌性炫耀，試圖展現牠強韌的特性，暗示牠將會是一個好父親。欽薩米－圖蘭及其同僚在一個顯微切片中發現了位於內腔的髓質骨，其海綿狀的骨組織與一般較為規則和緻密的骨骼完全不同。髓質骨只有在雌性身上發現，從來沒有在雄性身上發現──雖然也不是所有的雌性都有，因為牠們死時並非都處於繁殖季。

不過，在其他例子中對於髓質骨的功能則還有爭議，比方說有研究指出在暴龍和異特龍等大型恐龍身上也有發現髓質骨。他們提出另一種解釋，認為些大型恐龍中之所以有海綿骨，可能與生長突增（growth spurt）有關。有些體形較大的恐龍，生長速度非常快，幾個月內，體重可增加數百公斤，因此會需要快速取得和調動鈣質，我們將在第六章談這類恐龍。在現生鳥類，甚至是化石鳥類中，髓質骨的存在是為了繁殖，這一點毋庸置疑，但只有在小型恐龍身上發現這類骨骼，也許是因為產卵對牠們來說是一項巨大工程，就像對今天的鳥類一樣。

深入研究恐龍骨骼，認識牠們的生理機能和交配行為是一回事，但我們到底能不能一如本章開頭的主題所問的，設計出一隻活生生的恐龍呢？

我們可以用基因工程讓恐龍復活嗎？

也許我們永遠無法恢復任何恐龍的DNA，因為這種生物分子會迅速衰變。但有可能進行複製（cloning）嗎？我們都聽說過桃莉羊（Dolly the sheep）的故事，也不斷有人建議科學家應用這種技術來讓猛獁象復活。這真的行得通嗎？

一九九七年宣布桃莉羊誕生時，引起了科學界的轟動。一九九五

學 名　提氏腱龍（*Tenontosaurus tilletti*）

命名者	約翰・奧斯特羅姆（1970）
年代	早白堊世，115~108百萬年前
化石地點	美國
分類	恐龍總目：鳥臀目：鳥腳亞目：禽龍類
體長	6.5~8公尺
重量	0.8~1公噸
鮮為人知的事實	第一批化石是在1903年發現的，但直到1960代挖掘出完整的骨架後，才完全認識牠們。

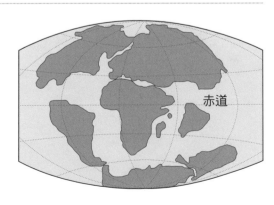

赤道

學　名　聖賢孔子鳥（*Confuciusornis sanctus*）

命名者	侯連海及其同事（1995）
年代	早白堊世，125百萬年前
化石地點	中國
分類	恐龍總目：蜥臀目：獸腳亞目：手盜龍：鳥翼類（鳥類）
體長	0.5公尺
重量	0.5公斤
鮮為人知的事實	這是有史以來最著名的鳥類化石，博物館裡有成千上萬的標本。

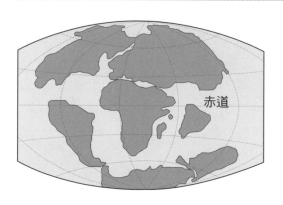

赤道

年，在愛丁堡附近的羅斯林研究所（Roslin Institute），有一群科學家在研究對農場動物進行基因修正的方法。他們用實驗室培養數週的胚胎細胞來複製兩隻綿羊，梅根和莫拉格，但梅根和莫拉格發育得不好，也無法生育。桃莉出生於一九九六年七月五日，儘管全世界直到隔年的年初才知道她的存在。她是第一隻從成熟細胞，而不是胚胎細胞，複製出來的哺乳類，她的出生——舉世轟動，成了各家報紙的頭版頭條——讓各種和複製有關的問題成了世界各地閒話家常的主題。

可惜桃莉在二〇〇三年二月就往生。她的早夭是否源自於牠是複製出來的？桃莉羊算是不自然的造物嗎？就像是由實驗室瘋狂科學家創造的科學怪人那樣嗎？複製在倫理層面引發很多爭論。有些人出於宗教或政治理由而完全反對基因工程，另一些人則認為科學家應該可以自由地進行實驗，不斷將人類知識的前沿往前拓展。在食物生產上，過去幾十年來植物的基因工程已經成為農業的常態，大多數的玉米以及我們食用的許多其他穀物和豆類，都因為要提高作物產量或營養成分而經過基因改造，成為所謂的基改食物。

Clone一詞的意思是「複製」，而複製的概念就是想辦法略過正常的受精過程，直接用卵內的DNA發育成動植物的成體。在實驗室，執行複製的步驟是：(1) 從想要複製的動植物細胞中取出一些完整的DNA；(2) 移除宿主動物卵細胞中的細胞核；(3) 將DNA注入清空的宿主卵細胞；(4) 在母體動物的子宮內培育這種細胞，應當是親緣關係非常近的物種。這就是複製桃莉羊的方式，一路從複製到發育和成長的過程。

在嘗試以複製技術來複製滅絕物種時，生物科技專家首先聚焦在瀕危物種上。其中一個例子是生活在印度和東南亞的大型物種：印度野牛。牠的體形壯碩，肩高約兩公尺，體重超過一公噸。過去很常見，但由於人類捕獵，其族群數量已減少到約三萬六千隻。所以，美國麻薩諸塞州的先進細胞科技（Advanced Cell Technology）決定嘗試在印度野牛身上進行複製實驗。這間生物技術公司的做法與複製桃莉羊的過程略有

不同，是選用另一個物種來當孕母。儘管他們可以直接將野牛的卵植入到雌性的野牛體內，但他們想以這項實驗來測試復原滅絕物種的可能性。如果一個物種已經滅絕，那就沒有活著的母體可孕育胚胎，只能使用相近物種的雌性。

二○○一年，該公司的科學家宣布第一隻複製的瀕危動物成功誕生，但不久後就夭折。這隻名為諾亞（Noah）的幼牛在四十八小時內死亡。先進細胞科技的研究人員表示，早夭的問題不太可能是因為複製的過程所引起的。複製的細胞是植入在一頭名叫貝西（Bessie）的家牛的子宮中。諾亞是透過跨物種的複製過程所產生的。牠的遺傳物質是取自八年前死亡的一頭雄性印度野牛的皮膚細胞，將其抽取後與普通乳牛的去核卵細胞融合。這個實驗總共使用了六九二個卵細胞，最後只成功產下一隻活體──諾亞。諾亞死於一種常見的疾病（痢疾），這可能與牠是透過複製而來的事實無關。代孕的母牛貝西依然健康。

第一次嘗試復活滅絕的物種是庇里牛斯羱羊（Pyrenean ibex）。這種羱羊過去生活在庇里牛斯山脈，後來因為大量獵殺而滅絕。最後一隻活著的庇里牛斯羱羊是一隻名叫西莉亞（Celia）的母羊，她的屍體在二○○○年被發現。在她死前，西班牙生物學家抓住了她，並從她的耳朵裡採集了組織樣本。複製出諾亞的先進細胞科技宣布，西班牙政府已委託他們複製庇里牛斯羱羊，嘗試要恢復這個滅絕的物種。

該公司使用了來自西莉亞耳朵的樣本，抽取成體細胞，並將它們與去除細胞核的山羊卵細胞融合。然後選擇一般飼養的山羊當孕母，將庇里牛斯羱羊胚胎植入其體內。在經過幾年的失敗後，到二○○九年，山羊媽媽終於成功生下兩隻庇里牛斯羱羊寶寶──但遺憾的是，牠們在出生後不久就夭折了。二○一四年再度展開進一步的複製嘗試，若是複製出來的子代能夠存活，或許就可望復活一個滅絕的物種。

還有許多其他複製計畫試圖以近來滅絕的哺乳類的遺傳物質來嘗試，這是一門稱為滅絕物種重生（de-extinction）或復活生物學（resurrection）的新科學。目標並不僅有庇里牛斯羱羊，還包括袋狼、

I. 晚三疊世的亞利桑納州場景，前景有四隻小體形的腔骨龍，牠們是肉食性恐龍，在後面有一對植食性的蜥腳類，正受到一隻屬於勞氏鱷類的巨大主龍類所威脅。

II. 懷俄明州晚侏羅世的莫里森層恐龍群，依體形大小排列，從前面的小型鳥獸到中間帶有板甲的劍龍，以及最後面的巨大梁龍。

III. 在奇異的現代景觀中的恐龍。開花植物在晚白堊世開始占據大部分的陸
    地,這些在蒙大拿州地獄溪層的恐龍沉浸在木蘭和玫瑰的景色和氣味
    中——不過牠們仍然以數百萬年來熟悉的蕨類植物和針葉樹為主食。

IV. 著名的倫敦始祖鳥標本的複製品，顯
示出翅膀和尾巴上的骨架和羽毛。

V. 恐龍羽毛中的黑素體如何決定其顏色—香腸狀真黑素體，展現黑色和棕色，如圖（a）的近鳥龍，而球形黑素體會展現出橙色，如圖（b）的中華龍鳥。

(a)

(b)

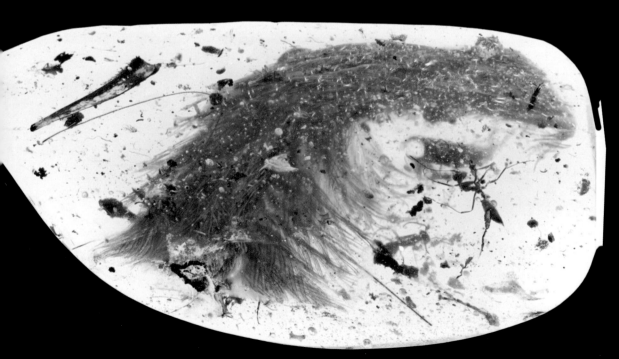

Ⅵ. 在琥珀中的恐龍尾巴，裡面保留完整的骨骼和乾燥的肌肉，還有一層厚厚
的羽毛。從這個化石（下圖）中可見一隻螞蟻和其他琥珀中的碎片，以及
羽毛上的羽支和倒勾等細節（上圖）。

VII. 一億兩千五百萬年前一隻小型獸腳類的尾巴保留
在琥珀中的場景重建。就跟當時許多其他小型的
獸腳類動物一樣，牠身上覆蓋著厚厚的羽毛，會
在地上和樹叢間追逐蟲子。

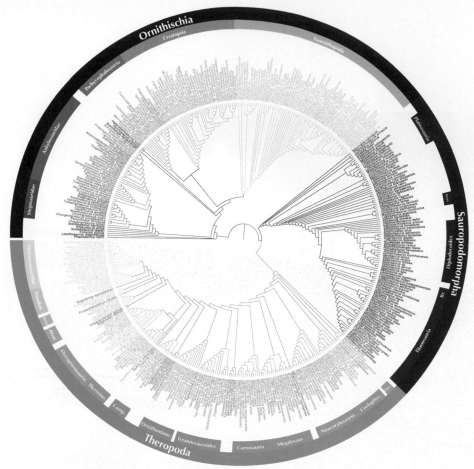

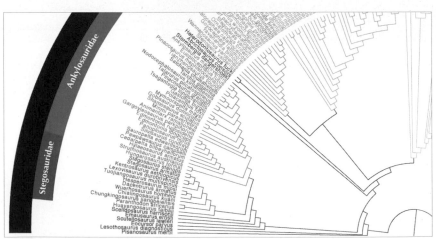

VIII. 包含所有恐龍的超級樹——以一棵演化樹展現出顯示恐龍從一個中心源起，擴展為鳥臀目 ornithischians（紅色）、蜥腳形亞目 sauropodomorphs（藍色）和獸腳亞目 theropods（綠色）。

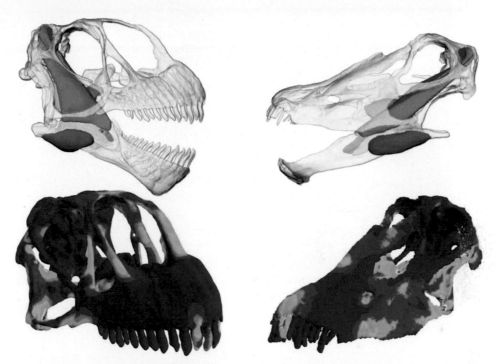

IX. 圓頂龍（左圖）和梁龍（右圖）的頭骨，顯示重建的頜骨肌肉群（上圖）和套用不同的負載狀態（下圖）。在負載區的圖中，暖色區（紅色、黃色）表示高應力和應變區。

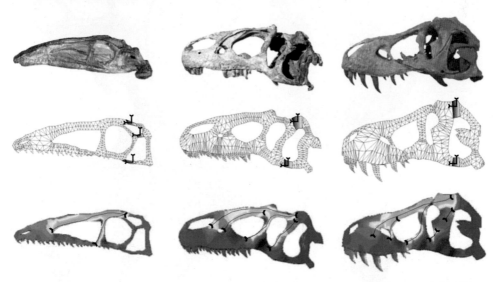

X. 腔骨龍（左圖）、異特龍（中間）和暴龍（右圖）的頭骨及其工程特性的比較，顯示頭骨（上排）、表面網格模型（中間）和加載模型（下排）。紅色表示高應力和應變區，綠色表示低值區，箭頭表示力的分布方式。

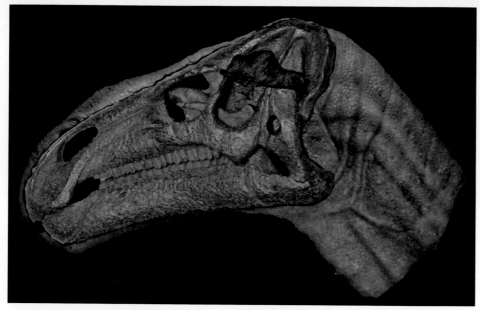

XI. 禽龍頭骨的剖面圖以及大腦位置影像。

XII. 暴龍中耳是由顱骨（上）、大腦（下）和半規管（粉紅色）所構成的。

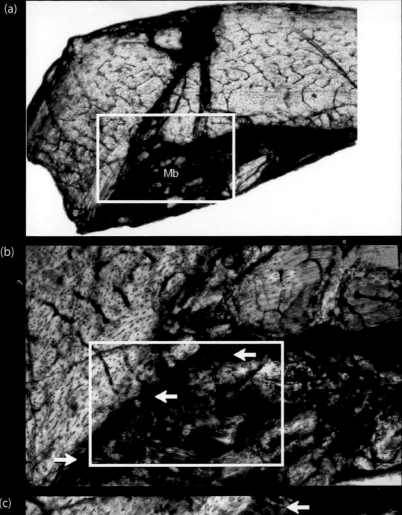

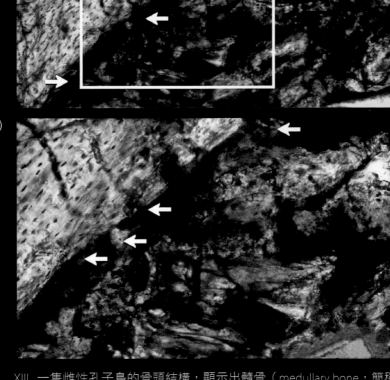

XIII. 一隻雌性孔子鳥的骨頭結構，顯示出髓骨（medullary bone，簡稱
Mb），分別在 b 圖和 c 圖中的白色箭頭處。

XIV. 位於瑟莫波利斯（Thermopolis）的懷俄明恐龍中心（Wyoming Dinosaur Centre），一隻慈母龍——意思是「爬行類好媽媽」——正慈愛地看顧著她的寶寶。

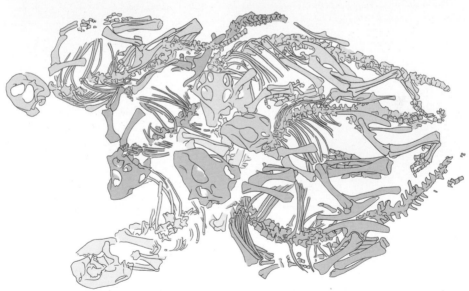

XV. 小恐龍常常會聚在一起玩。一組包含六隻鸚鵡嘴龍的方塊。骨骼組織學和生長輪顯示牠們已經兩歲了，除了 1 號（粉紅色）是三歲。

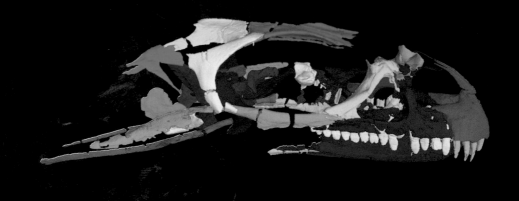

XVI. 電腦斷層掃描的大椎龍幼龍的頭骨側視圖。

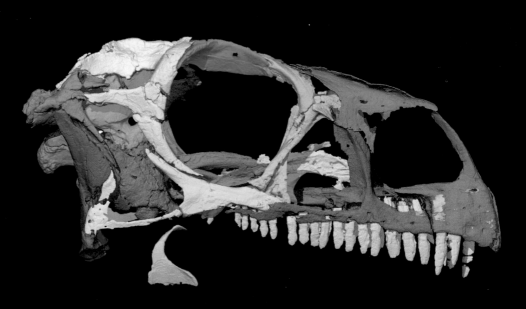

XVII. 成年大椎龍頭骨的電腦斷層掃描側視圖。

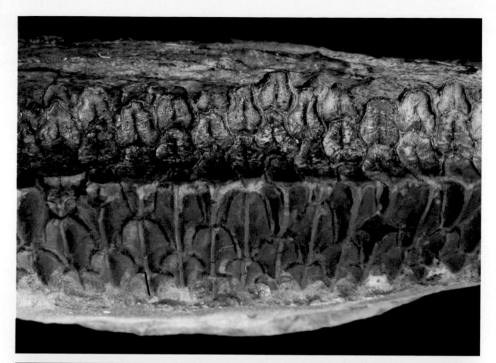

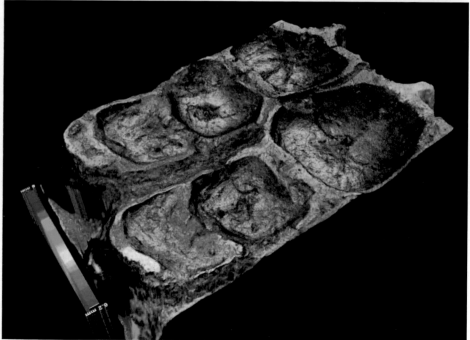

XVIII. 鴨嘴龍類獨特的牙齒。準備替換的牙齒成排地排在目前使用牙齒的下方（上
　　　圖）。牙齒組織（下圖）顯示出多個褶皺，這與野牛或馬的牙齒類似。

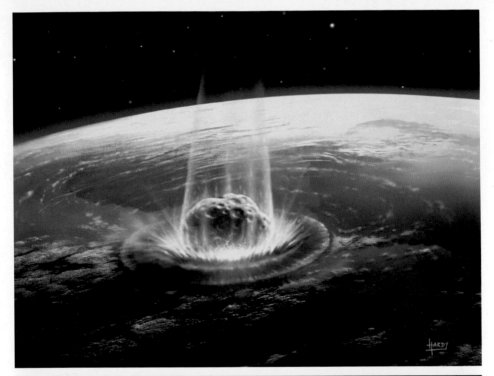

XIX. 六千六百萬年前結束這一切的小行星撞擊。藝術家繪製出從太空觀看巨石衝撞現在墨西哥南部的原始加勒比海的場面（上圖），以及由此產生的雙環隕石坑口（下圖）。

已滅絕的庇里牛斯羱羊，在物種尚未滅絕時繪製。

1. 從冷凍猛獁象屍體中取出保
　存下來的細胞

2. 從猛獁象細胞中抽取細胞核

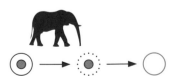

3. 取出大象的卵細胞，移除
　當中的DNA物質

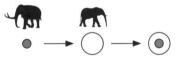

4. 將猛獁象基因置於大象卵細
　胞內

5. 將卵放入大象子宮

6. 大象生出一隻活的猛獁象，
　但實際上是複製了那隻含有
　未受損細胞的冷凍屍體

如何複製猛獁象。

塔斯馬尼亞虎、野牛、歐洲野牛、斑驢（一種已滅絕的斑馬）和旅鴿。有幾個更有雄心壯志的團隊正在談論複製和猛獁象重生計畫，企圖使用雌性的亞洲象來當代理孕母。不過到目前為止，這一切都還只是空談，沒有具體結果。

若是連以親緣關係很接近的物種來代孕（例如庇里牛斯源羊和一般山羊）都很難成功，那麼亞洲象和猛獁象這種跨物種的組合在技術上會有多困難？至於恐龍，哪個物種最適合當牠們的代理孕母？當然，牠們像鳥類和鱷魚一樣會下蛋，所以不必真的將詭異的恐龍胚胎放在孕母的肚子裡，而是像電影《侏羅紀公園》所演的，生物科技專家會以遺傳工程設計出恐龍胚胎，誘導其在現生物種的卵內發育。但我們離這個階段還非常、非常遙遠。

我們真的對恐龍基因體有任何認識嗎？

基因體是指細胞中含有的所有遺傳密碼。分子生物學家在談基因體時，會談到兩個層面，一是整體大小，也就是基因的總數，這是指基因體中具有特定功能的部分，另一是它在染色體中的組織方式，在細胞核內X形和Y形的結構。

就整體基因體大小而言，鳥類、獸腳類和蜥腳形類恐龍的基因體很小，鳥臀類恐龍的基因體則大得多。沒有人真的見過恐龍的基因體，但目前已知基因體的大小，會與細胞平均大小相關。因此在測量化石骨骼中的細胞後，克里斯·歐根（Chris Organ）及其同僚能夠由此來推測整個基因體的大小。他們認為，這些恐龍和鳥類的基因體之所以比較小，可能是因為牠們是溫血動物，尤其是因為獸腳類恐龍和鳥類開始飛行之故。

一篇二〇一八年發表的研究報告表示科學家們已重建出恐龍的染色體組織。在這篇文章中，肯特大學的分子生物學家蕾貝卡·歐康納（Rebecca O'Connor）和她的團隊繪製出現代鳥類和爬行類不同染色體上的DNA，並尋找當中共同的部分。在比較鳥類和海龜的完整基因序

列後，他們可以確定這囊括了從海龜和鳥類之間的所有相關物種，其中包括恐龍。

這個團隊使用螢光標記或所謂的「DNA探針」（DNA probe）來辨識海龜和鳥類之間共有的基因序列，之後他們便可以假設這些序列都已存在於海龜和鳥類的共同祖先中──這應當是一種生活在三億多年前的爬行類，遠在恐龍起源之前。而且，海龜和鳥類共享的DNA特徵幾乎可以肯定也存在於恐龍的基因中。

他們最後的結論是，現代鳥類遺傳密碼中的大部分元素，以及這些在其四十對染色體中的排列方式都存在於祖先型中，也就是說，在恐龍起源之前，就發生過造成今日組合的基因重組，而且恐龍很可能也共享這樣的遺傳組合。這是一項了不起的發現，因為這意味著鳥類遺傳密碼的一些特殊特徵出現的時間比預期的要早得多。例如，鳥類擁有多達四十對染色體（相比之下，海龜有三十三對，而人類是二十三對），而且新的證據顯示染色體的增殖發生得較早，恐龍也都共享了這樣的遺傳結構變化。

在辨識完所有爬行類和鳥類共有的祖先基因序列後，就等於是有了恐龍基因體的最小組成模板。然而，作者群很明智地對於這項發現是否可以作為複製恐龍的基礎不置可否。他們確實提出「恐龍染色體的整體基因體組織和演化……可能是造成牠們形態差異、生理、形態變化率和最終存活率高的主要因素」。他們還指出，很早就獲得類似鳥類的染色體顯然可能與獸腳類恐龍在早期就演化出許多獨特的鳥類特徵（包括羽毛、空心骨和叉骨）有關。

....

讓恐龍起死回生的計畫並不樂觀。縱使已經有了技術方法，但由於DNA的保存不易，所以目前看來要取得恐龍DNA的希望渺茫。少了DNA中的遺傳密碼，就不可能出現《侏羅紀公園》的場景。即使我們可以複製已滅絕的動物──到目前為止我們還沒有真正成功──我們仍

然需要遺傳密碼。

　　然而，這種探求並非毫無結果。有些人可能被他們的熱情沖昏頭，在沒有審慎評估數據品質前，就急於公告他們奇蹟般找到在恐龍時代保存下來的DNA、紅血球和其他不可思議的例子，但目前這些都是相當棘手的領域。也有其他人以同樣的角度來譴責我們對黑色素和黑素體的看法。古生物學最傲人之處就在於這領域都是完全跨學科的，囊括了分子生物學家、遺傳學家和有機化學家的專業知識。願追尋非凡化石的精神亙古永存！

第六章

從嬰兒到巨人

恐龍的體形通常很大——這本身就構成一個難題——而牠們是從相對較小的蛋裡開展生命，所以牠們要不長得很快，要不就是活得很長。生長和大小的主題是恐龍古生物學的核心，多年來，這些關鍵問題引來種種瘋狂的猜測。

即使《侏羅紀公園》的夢想場景可能永遠無法成真，我們其實對恐龍從一顆蛋發育到成體還是有不少的認識。恐龍的骨骼記錄了所有的生長階段，從蛋中的胚胎，到孵化和幼體，再到長為成體。這就是目前於佛羅里達州立大學擔任教授的古生物學家格雷格・艾利克森（Greg Erickson）深受此主題吸引的原因。在此引用他的話：

> 在我入行時，我們對恐龍的基本生物學知之甚少，諸如牠們的壽命、生長速度、生理、繁殖等方面，全都付之闕如。我的生涯目標是發展出獲得這類訊息的方法。最初我想弄清楚牠們的生長速度有多快，找到能代表代謝率的指標。在過去的爭論中，有人認為恐龍像冷血的爬行類一樣，生長得很緩慢，也許需要一百多年才能達到成熟，但坦白說，在我看來這不太可能，牠們還是像溫血的鳥類和哺乳類一樣，生長速度要快得多。

儘管艾利克森從小就很喜歡古生物學和地質學，但當他進入西雅圖華盛頓大學就讀時，並沒有選擇要投身這些領域，發展他的學術生涯。事實上，在他畢業時，他還是不確定自己到底想要做什麼。他最終取得

了地質學學位，後來有一位古生物學家邀請他參加一些探勘活動，鼓勵他往學術發展。畢業後，他很悲慘地找了一份建築工人的工作，但這給他帶來充足的時間，仔細考慮這位教授所說的話。「學習做我不想做的事，反而讓我想清楚自己真正想做的事——古生物學。」

他回憶起年輕時剛當教授的時候，「我那時是在芝加哥的菲爾德博物館，注意到蘇（Sue）的骨骼上有生長線，蘇是當時已知最大的暴龍標本，是博物館以八百三十六萬美元的高價買來的。」但我還是開口問道：「我能切開你們那隻無價的恐龍嗎？」幸運的是，博物館高層在經過多次辯論後，批准了我的請求，這成了我日後研究的跳板。」骨骼中的生長輪（growth rings）是了解恐龍骨骼年齡的關鍵，這讓艾利克森和其他人得以繪製出恐龍的生長曲線，下面我們將會看到。

恐龍都是從蛋裡孵化出來的。鳥類和鱷魚也都是，牠們會產下碳酸鈣材質的硬殼蛋，因此發現恐龍也會下蛋並不足為奇。最早的恐龍蛋化石並不是在北美或蒙古找到的，而是一八五九年在法國南部的白堊紀地層中發現的。

當時羅馬天主教神父，同時也是帕米爾神學院（Pamiers Seminary）院長的尚－賈克·普艾許（Jean-Jacques Pouech）會去庇里牛斯山腳下的地層間探索，他發現了巨大的蛋殼碎片，上面覆蓋著瘤狀的小隆起（pustular），表面相當粗糙。在他的報告中，他這樣描述：

> 最引人注目的是這些蛋殼碎片的尺寸非常大。起初，我以為它們可能是爬行類的外皮板，但是從它們上下表面完全平行，厚度固定，以及垂直於表面的纖維結構來看，特別是它們展現出的規則曲率，這一切都顯示它們來自一巨大的蛋殼，至少有四個鴕鳥蛋的大小。

最後，普艾許將法國的這顆化石蛋鑑定為巨型鳥類的蛋。

更為著名的是一九二〇年代在蒙古白堊紀地層中發現的恐龍蛋和恐

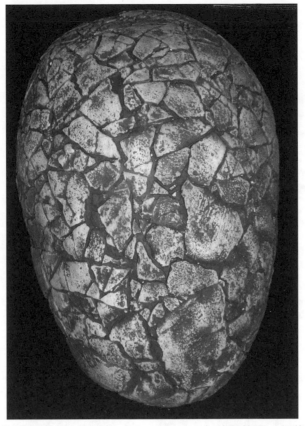

在法國發現的蜥腳類中的高橋龍（*Hypselosaurus*）的恐龍蛋；經修復的破碎蛋殼。

龍巢穴。美國自然史博物館（American Museum of Natural History）當時聘請了探險家羅伊‧查普曼‧安德魯斯（Roy Chapman Andrews），派他率領規模龐大的探險隊前往蒙古數次，他的基地位於那時飽受戰爭蹂躪的北京，從那裡駕駛著黑色的福特 T 型車，向北駛向烏蘭巴托（Ulaanbaatar），然後帶著數百加侖的水、成堆的食物和步槍，進入偏遠的沙漠。實際上，他的遠征隊是為了進入未知領域，因為當時北京正為試圖奪取政權的中國軍閥所占領，相當動亂，對安德魯斯來說，在驅車一千公里進入戈壁沙漠前，那裡實在不算是個準備設備和補給品的理想基地。儘管有這些風險，但在第一次遠征時，團隊挖掘出數十具恐龍骨

學　名　安氏原角龍（*Protoceratops andrewsi*）

命名者	沃爾特·格蘭杰和威廉·格雷戈里（1923）
年代	晚白堊世，84~72百萬年前
化石地點	蒙古
分類	恐龍總目：鳥臀目：角龍亞目：原角龍科
體長	1.8公尺
重量	83公斤
鮮為人知的事實	原角龍的頭骨可能是第一個人類發現的化石，當古希臘人流浪到戈壁沙漠上時，他們以為這頭骨是龍的遺骸。

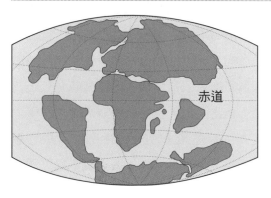

赤道

骼和巢穴。

在美國自然史博物館中最著名的展品是幾隻小型的角龍科的**原角龍**（*Protoceratops*），聚集在巢穴周圍，旁邊則是擺上虎視眈眈的掠食性**竊蛋龍**（*Oviraptor*），展現出威脅的姿態。這些巢大約有一公尺寬，每個巢中有二十～二十五顆蛋，排列成同心圓。蛋呈狹長的圓柱形，尖端向內，這樣很自然地會形成一圓形陣列。在紐約開展時，這組標本吸引了大批觀眾。勢單力薄的植食性原角龍試圖保護自己的巢，避免邪惡的偷蛋賊入侵，大眾很能接受這樣的故事。但事實真是如此嗎？

恐龍出生時很小，但有些種類到日後卻變得非常巨大。這帶來許多有趣的難題。按照牠們的成年體形來等比例縮放，恐龍蛋理當要大上許多；當然，最大的恐龍，體形約有大象的十倍，這已經超乎我們的理解——當今天陸地上的任何生物都難以望其項背，牠們到底是如何長得那麼巨大？有新的研究揭露出恐龍是如何達成這項不可能的任務。

為什麼恐龍蛋和恐龍寶寶會這麼小？

恐龍蛋和恐龍寶寶算是異常地小嗎？確實如此，以現代鳥類的比例來縮放，最大的恐龍蛋理當要有一輛福特的迷你車那麼大，可能有兩公尺長，但實際上最大的恐龍蛋只有六十公分長，直徑大約二十公分，非常地狹長，類似香腸的形狀。即使二〇一七年中國發表的那些蛋，就恐龍蛋的標準來說相對較大，但也很少有恐龍蛋超過三十公分——大約是橄欖球或美式足球的大小。這些中國的巨型蛋中含有微小的骨骼，在鑑定過裡面的胚胎後，確定是竊蛋龍在蒙古的近親。牠們可能是體形相當龐大的親戚，長大成熟後可能重達兩公噸，但出生時卻只有幾公斤。

將這些恐龍與鳥類比較時，會發現比例完全不對勁。這其間存在的不是一種簡單關係——它是一條指數曲線，蛋的重量與雌性成體的體重的比例也會發生變化。蜂鳥和山雀等小型鳥類的蛋相對較大，占雌性體重的兩成，而海鷗和鴕鳥等大型鳥類的蛋則占百分之五以下。即使考慮這一比例會隨著成年體形的增加而持續相對下降，一頭十公噸重的恐龍

也應該產下一顆相當於成年體重百分之二的蛋，即兩百公斤；而一隻五十公噸的蜥臀類恐龍可能得產下五百公斤的蛋（這是五萬公斤的百分之一）。但是牠們的蛋也許頂多只有二～三公斤，遠不及這樣的估計值。這是為什麼？

這其實是結合基本力學和節能的結果。就力學來說，蛋殼的厚度與體積成正比——畢竟，礦物質組成的殼必須要夠堅固才能避免蛋殼塌陷。一隻母雞的蛋殼只有幾分之一公釐厚，而鴕鳥的蛋殼則有兩三公釐厚，而那顆理論上要達到五百公斤的恐龍蛋，必須要有幾公分的厚度。基於兩個原因，這樣厚的蛋殼對恐龍寶寶來說將會是場災難。首先氧氣無法滲入到這麼厚的晶體結構中，二氧化碳也無法出來，因此裡面的胚胎會死亡；再來，當要孵化時，像小馬一樣大的可憐寶寶會難以破殼而出，無法脫身。

小型蛋節能的特性，基本上是整個恐龍生存活策略的一部分。生態學家通常會根據動物在生育後代時是重質還是重量來加以區分。那些注重數量的動物會盡可能地產下大量的蛋或卵，但不會投入太多精力在其中。鱈魚就是一個典型的例子，一次產卵會超過一百萬顆，看似是占據世界海洋的絕佳方式。但事實上，絕大多數的魚卵和小魚都成了許多掠食者的食物，這當中只有兩三隻能存活到成年，不過這就足以讓鱈魚這物種存活下去（除非遭到過度捕撈）。以量取勝的生存策略似乎很浪費資源——產下的所有這些卵和幼魚中，有99.9999%最終都成為其他生物的食物。

相比之下，包括人類在內的哺乳類，在育幼上則選擇投入大量資源的精良策略，因此牠們往往一次生產較少的幼獸，努力確保牠們的生存。然而，這種策略在資源上也是浪費的，因為父母，或者只有是母親，將生命很大的一部分用於照顧孩子，而無暇顧及自己的生存。

恐龍一次不會產下一百萬顆的蛋，在某些物種中，通常僅有三五顆，而在其他物種中，例如竊蛋龍，則會有十五～二十個。這與現代鳥類相當，一窩蛋介於一～十八顆，但平均只有三顆，正如一項最近針對

現生五千多種鳥類的分析所顯示的。

單卵鳥主要是大型海鳥，如信天翁、海鷗和海燕，牠們難以餵養雛鳥，因此不能同時飼養超過一隻或兩隻。鴨子、雉雞和鷸鴴等溫帶物種則會產下一大窩，通常在七～十八個之間，牠們會在一年中季節性食物供應豐富的特定時間來養育幼鳥。

那麼，恐龍會採用這兩種育幼策略中的哪一種呢？鱷魚和其他現生爬行類主要是採取以量取勝的生存策略——產下大量的蛋後就任下一代自生自滅。另一方面，鳥類則祭出高度精良的策略，就像哺乳類一樣，通常會產下適量的蛋，並在孵化後照顧幼鳥。

恐龍似乎兼而有之，但更傾向於數量策略，產下合理數量的蛋之後，任其自然生滅。重要的是，縮小蛋的尺寸可以省下用於繁殖的巨大能量。在探討恐龍如何達到巨大體形的理論中，保留這種爬行類行為正是當中一大要點，接下來我們將會討論。

我們對恐龍胚胎有多少認識？

當古生物學家最初開始蒐集恐龍蛋時，這些標本通常只是蛋殼的碎片。即使當古生物學家發現完整的蛋時，他們也沒有想到要去查看裡面的內容物，即使一顆完整的蛋意味著當中的恐龍尚未孵化出來，因此很可能有一個胚胎（當然，除非像我們早餐吃的雞蛋一樣，是個未受精的空包蛋）。

後來，有找到一些破損的恐龍蛋，內部顯示出一些細小的骨骼，但這些骨骼必須在顯微鏡下費力地清理掉砂岩，才能露出來。但就是連這種小心翼翼地用針頭清理的動作仍然可能對細小、脆弱的骨骼造成損害，因此胚胎骨骼的研究似乎注定不可行。

掃描技術的出現改變了這一切。正如我們之前所提，電腦斷層掃描甚至可以提供埋在岩石中微小化石的詳細訊息，但並非每間實驗室都能買得起電腦斷層掃描儀。經典的製備方法再加上電腦斷層掃描，揭露出一系列恐龍胚胎的訊息。一九七六年，世界著名的南非化石收藏家詹姆

斯‧基欽（James Kitching）挖掘出一窩六個恐龍蛋，並將它們帶回約翰尼斯堡的伯納德普賴斯古生物學研究所（Bernard Price Palaeontological Institute）。過了不少時日，才有一個國際團隊開始研究這些蛋。

　　加拿大多倫多大學的化石製備員黛安‧史考特（Diane Scott）用針頭做了一些精細的工作，一粒一粒地清除掉這些南非胚胎中的岩石。胚胎確定是**大椎龍**（*Massospondylus*，見隔頁）的胚胎，牠是當時數量最多的植食性恐龍，成體可達五公尺長。胚胎蜷縮在蛋內，頭部和身體清晰可見，胳膊和腿整齊地塞在下面，尾巴捲曲在背部。頭骨的骨骼尚未接合，這並不意外，因為在這些幼小的個體中，骨骼尚未癒合在一起。

大椎龍的胚胎緊密地蜷縮在蛋內。

學　名　刀背大椎龍（*Massospondylus carinatus*）

命名者	理查・歐文（1854）
年代	早侏羅世，201~191百萬年前
化石地點	南非，辛巴威
分類	恐龍總目：蜥臀目：蜥腳形亞目：大椎龍科
體長	4公尺
重量	490公斤
鮮為人知的事實	已知的近親莎拉龍（*Sarahsaurus*）來自美國亞利桑納州。

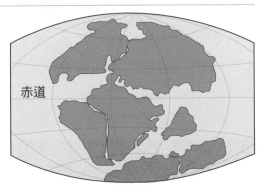

赤道

事實上，所有的嬰兒都是如此，為人父母的都知道，在孩子很小的時候，頭頂的額骨和頂骨之間有一個空隙，也就是所謂的囟門，這是一種空隙。而在南非大椎龍胚胎的例子中，恐龍的頭部有一公分長，整個胚胎的總長度只有十五公分，出生時的長度是成體的百分之三。相比之下，人類嬰兒出生時的身長是成體的百分之二十五～三十，而且在兩歲時就達到成體身高的一半，這就是大多數父母都知道的著名測量點（請參閱彩圖 xvi、xvii）。

大椎龍的胚胎突顯出一些關於恐龍生長的有趣事實。就像人類一樣，恐龍寶寶的頭部比較大，眼睛也很大（這讓嬰兒在父母眼中看來很可愛），脖子和尾巴則異常地短。隨著成長，相較於身體其他部位，大椎龍的頭部和眼睛變大的速度較慢。另一方面，脖子和尾巴增加的長度則比軀幹的長度快得多。最後一點是，胚胎的胳膊和腿已經發育得很結實了——看起來這些小恐龍可能在出生的那一刻就已經準備好要奔跑，就像今天的小鹿或小牛一樣。這樣的後代在出生後幾分鐘內就可以站起來並準備好奔跑，而人類嬰兒的手臂和腿又短又弱，他們有好幾個月的時間都無法支撐自己的體重。

以針頭清理化石胚胎可能會損傷脆弱骨骼，解決這困境的方法是掃描胚胎。這個研究團隊將其中一個大椎龍的胚胎帶到歐洲同步輻射裝置機構（European Synchrotron Radiation Facility，ESRF）進行電腦斷層掃描。ESRF 位於法國格勒諾布勒（Grenoble）市的外圍，在德拉克河（River Drac）和伊澤赫河（River Isère）交會處，建物主體是一座環形結構，寬幅有八四四公尺，當中有一臺直線加速器，可產生全世界最強大的 X 射線。光束是通過四十四條光束線引出，每年用於各種科學學門中的數千個實驗。古生物學家團隊對這個微小的胚胎進行了超高解析度的掃描。

掃描的結果（參見彩圖 xvi）顯示出一個略微扁平的頭骨，但所有的骨骼都還在，在影像處理後以不同的明亮顏色來突顯各個骨骼。這項掃描證實這個胚胎含有一整套牙齒，前方有相當長且鋒利的門牙，後方

則是齒面較寬的頰齒。

這組完全發育的牙齒顯示胚胎在孵化出來的那一刻就準備好覓食——這是沒有親代撫育照顧的一項證據，發育良好的嬰兒在第一天孵化出來時就可以搖搖晃晃地走向牠能找到最近的植物性食物。這也證實了牠們具有粗壯的小四肢——這種恐龍一孵化就可以照顧自己。

二〇一八年，約翰尼斯堡伯納德普賴斯研究所的兩位科學家發表了對成年大椎龍頭骨的電腦斷層掃描的完整描述（見彩圖 xvii）[1]，這一次他們不必飛到格勒諾布爾，因為威特沃特斯蘭德大學（University of Witwatersrand）購買了自己的電腦斷層掃描儀。掃描的頭骨圖像顯示眼窩雖然很大，但比嬰兒的眼窩小一點，但吻部的長度大致相同（嬰兒的鼻子通常很短）。現在我們知道大椎龍寶寶和母親的所有細節。

巢穴和親代撫育

恐龍會照顧牠們的孩子嗎？牠們產下大量卵，而且牠們的幼獸一孵化就可以自食其力，這些跡象意味著牠們並沒有照顧後代。鱈魚媽媽並沒有幫助她的幼魚太多，把卵排出來後就一走了之，但其他的魚類確實會保護牠們的卵。有些魚會把卵含在嘴裡孵化，雄性海馬長有一個育雛袋，可讓高達兩千隻的小海馬在當中孵化和成長。鱷魚和海龜會在海灘或河岸尋找安全的地點產卵。我們都在影片中看過海龜媽媽費力地爬上海灘，挖一個深坑，在當中產卵的畫面。不過當小海龜孵化，在海灘上奔跑時，看不到她（當然還有牠們父親）的身影。

鱷魚和短吻鱷會在河岸的泥土中築起一個碗狀的巢穴，產下十～四十五顆蛋，然後用土壤和樹葉加以覆蓋。然而，牠們通常不會就這樣一走了之，在一九六〇年代，自然學家驚訝地發現鱷魚和短吻鱷確實會提供一些親代撫育，這與維多利亞時代賦予牠們的野蠻形象截然不同，當時認為觀察牠們最好的方式就是把牠們做成手提包。親代會捍衛牠們在

---

1 掃描檔案已開放，因此任何有需要的人都可以用雷射印表機印出大椎龍頭骨的 3D 圖片，網址是：https://3dprint.com/200131/dinosaur-fossil-3d-scanning/。

學　名　刀背慈母龍（*Maiasaura carinatus*）

河岸所占據的領土，避免浣熊（在佛羅里達州）這類掠食者入侵，吃掉巢中的所有蛋。在快要孵化時，小短吻鱷會一同嘰嘰喳喳地叫喚牠們的父母。

　　幼鱷會用鼻子上的特殊卵齒猛力敲擊，敲開一條裂縫（就跟鳥類一樣，因此幾乎可以肯定恐龍也有卵齒），父母這時仍守在一旁，保護幼獸免受掠食者的侵害。母鱷經常會用嘴巴將她的寶寶帶到水中，牠們在那裡會很快學會捕捉蝸牛、昆蟲、蝌蚪、小魚和小龍蝦等小獵物。她會保護牠們兩年，之後她會將牠們趕走，準備產下一窩蛋。早期的博物學家看到鱷魚和短吻鱷將牠們的幼兒帶到水中時，他們（理所當然地）宣稱這些凶猛的爬行類是要吃掉自己的孩子。

　　要判定恐龍是否會育幼幾乎成了一樁政治事件。按照維多利亞時代的觀點來看，答案是「否」。恐龍對他們來說是野獸，就像邪惡的現代

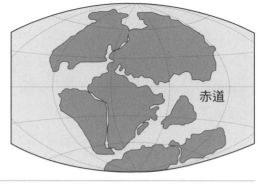

赤道

命名者	傑克・霍納和羅伯特・馬克拉（1979）
年代	晚白堊世，80~75百萬年前
化石地點	美國蒙大拿州
分類	恐龍總目：鳥臀目：鴨嘴龍科
體長	9公尺
重量	4~5公噸
鮮為人知的事實	主要的研究焦點都放在雌性慈母龍上，推測雄性在尋找配偶時，可能會用眼睛前方的尖刺相互撞頭。

鱷魚一樣，因此認為這些古代動物毫無親情是理所當然的。這觀點直到一九七〇年代才開始修正，這與恐龍溫血且敏捷的新看法相連起來。突然間，恐龍搖身一變，成為充滿愛心和溫柔的生物。*Maiasaura*（慈母龍）的字面意思是「爬行類好媽媽」，是因為在蒙大拿州晚白堊世地層中發現大量的巢穴和蛋，而有了這樣的名號。當時，有人提出一種論點，說成群的慈母龍媽媽會聚集起來在巢穴裡產卵，她們坐在那裡，互相嘰嘰喳喳地溝通，彼此之間保持足夠的社交距離，但又不會靠得太近，免得干擾彼此。這些築巢點顯示出經年累月堆積出的巢穴，似乎意味著恐龍對巢穴有忠誠度，會年復一年地回來。最重要的是，這些恐龍的母親集團會照顧幼龍，為牠們蒐集多汁的植物碎屑，並在幼龍邁出第一步時在巢穴周圍巡視著（參見彩圖 xiv）。

　　最初描繪這些的作者已經收回一些更為極端的解釋。必須要按照證

據說話，無論關愛子代的想法和一些假設有多麼具有吸引力，這都很難用化石證據來證明。看似比較有說服力的證據是在蒙古發現的原角龍巢穴，這最初是在一九二〇年代由洛伊·查普曼·安德魯斯（Roy Chapman Andrews）所描述，但後來發現一九二〇年代的古生物學家完全弄錯了。

一九九三年，在美國自然史博物館進行的第二次蒙古系列探險中，馬克·諾瑞爾（Mark Norell）及其同僚發現了更多類似一九二〇年代所描繪的巢穴，但這次他們更詳細地檢查了這些蛋。這些古生物學家驚訝地發現，一些蛋內的小骨骼是屬於肉食性的獸腳類恐龍的，根本不是原角龍的。原來從頭到尾都誤會了竊蛋龍，牠們根本不是「偷蛋賊」；牠之所以在巢穴周圍徘徊，是因為那是牠們自己的巢穴。

更值得注意的是，諾瑞爾發現了一個完整的竊蛋龍父母的骨架，顯然是正在那裡孵蛋。這位假定的母親將雙腿收在身體下方，蹲踞在兩個半圈的蛋之間，她的手臂向後伸向身體兩側。當她活著的時候，她全身

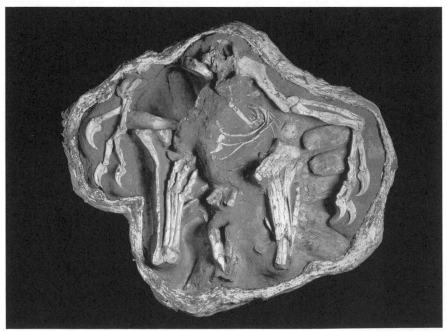

頗負盛名的骨架化石，母竊蛋龍正在孵蛋。

學　名　　嗜角竊蛋龍（*Oviraptor philoceratops*）

命名者	亨利・奧斯本（1924）
年代	晚白堊世，76~72百萬年前
化石地點	蒙古
分類	恐龍總目：蜥臀目：獸腳亞目：竊蛋龍科
體長	2公尺
重量	20~30公斤
鮮為人知的事實	在竊蛋龍短短的吻部上長有一個冠，活著的時候可能有顏色，用於展示。

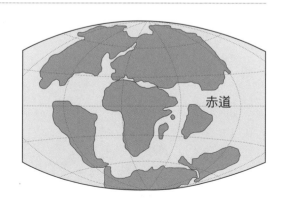

赤道

學　名	蒙古鸚鵡嘴龍 (*Psittacosaurus mongoliensis*)

命名者	亨利・奧斯本（1923）
年代	早白堊世，125~100百萬年前
化石地點	中國蒙古
分類	恐龍總目：鳥臀目：角龍亞目：鸚鵡龍科
體長	2公尺
重量	40公斤
鮮為人知的事實	這是所有恐龍中發現數量最多的，在中國北方已經發現了數千個標本。

赤道

覆蓋著羽毛，所以她顯然是在地上的窩裡孵蛋，就像今天的鴕鳥一樣。想來她會小心翼翼地走進集中央，試圖不要壓碎她的蛋，然後將雙腿折疊起來，一邊把蛋推到旁側，一邊坐下，將她長著羽毛的手臂覆蓋在兩側的蛋上方。

這是一則很棒的科學故事，說明後續研究如何糾正了早先的誤解——過去並沒有多所著墨在到底是誰的蛋，而是強調親代確實有孵育牠們的蛋。這與鳥類的行非常相像，但我們不能直接假設恐龍也是如此——因為牠們很可能會像鱷魚一樣產卵，然後用土壤和樹葉加以覆蓋，接著基本上就一走了之，不管它們了。但現在我們知道，恐龍確實會以類似鳥類的方式來孵蛋，至少在那些與鳥類關係最近的中小型獸腳類恐龍中是如此。

那麼，牠們是否有更進一步的親代撫育行為？大椎龍發育良好的牙齒顯示嬰兒在孵化時就可自行覓食，這無疑是恐龍有親代撫育行為的反證；另外，在其他恐龍胚胎中也發現有這種發育良好的牙齒，甚至還有輕微磨損的跡象。但是，有時會發現整群恐龍聚集在一起的場面，最著名的是臉上長角的植食性角龍科中的**鸚鵡嘴龍**（*Psittacosaurus*）。在中國北方早白堊世的地層中，發現了數百隻年幼的鸚鵡嘴龍——但這可能純粹是為了安全而聚集在一起的年輕群體，目前尚不清楚牠們的父母是否在那裡，監督這間幼兒園，僅有一個有爭議的標本，當中一隻成年的鸚鵡嘴龍的頭骨似乎附在一群二十隻左右的恐龍寶寶身上。

恐龍的成長速度有多快？

若是出生時很小，但最終長得巨大無比，那就只有兩種方式可達成，要麼長得非常快，要麼活得夠長。這是格雷格・艾利克森在他展開學術生涯早期決定要探討的難題。他已經證明，恐龍通常會非常迅速地長到成體的尺寸，而這是牠們何以能夠長得如此巨大的一個因素。

證據來自於骨骼的生長速度。正如在第四章所提過的，恐龍骨骼介於大多數現代爬行類和現代哺乳類骨骼之間，是兩者的中間型。在恐龍

骨骼的薄切片中，可以看到現代骨骼薄切片中的所有細節，因此可以直接進行比較，不必擔心這些細部遭到壓碎或重塑。事實上，恐龍的骨骼切片與哺乳類的非常相像，這顯示出高能量的開放性網狀骨骼結構，也展現出礦物質在被身體回收後發生的二次重塑證據。但同時，在骨架的某些骨骼中，可以看到非常清晰的生長輪。這些就像現代爬行類一樣，當然也像樹木的年輪。當生長迅速（通常是夏天）時，生長輪的顏色明亮，也比較寬，當生長緩慢（通常是冬天），顏色則是較為偏暗沉，也比較緊密，因為這時的生活條件較貧乏。

艾利克森在一系列的文章中觀察許多恐龍骨骼中的生長輪，探索其生長速度。在一份對暴龍及其親屬的經典研究中，艾利克森計算了各種大小動物骨骼中的生長輪。在一個例子中，他數到十九個生長輪，他確信已經全部數完，因為骨骼的外部有一些緊密堆積的骨骼層，這一般稱為外部基本系統（external fundamental system）。（若是將骨質重塑而消失的生長輪考量進來，這隻動物死亡的真正年齡是二十八歲。）要獲得骨骼的切片需要花上很長的時間。「最初，博物館方對我提出要將他們珍貴的恐龍切片並不太熱情，」他指出。「但今日的情況已經好很多。由於我的研究團隊，還有之後的其他人，成功地判定出標本的年齡，現在要取得這種許可，比過去容易得多。」多年來，他不斷積累樣本，直到足以繪製出暴龍及其近親的生長曲線。

艾利克森發現暴龍科中所有恐龍的生長曲線都呈S形，前五年增長緩慢，然後體形迅速增加，直到十四～十八歲，然後成長速度趨於平緩。進入成年的最後一年因物種而異，暴龍科（tyrannosaurs）中體形較小的種類，如艾伯塔龍（*Albertosaurus*）、魔龍和懼龍（*Daspletosaurus*），達到成熟的年齡介於十三～十五歲不等，而暴龍（*Tyrannosaurus*）則是在二十～二十五歲時發展成熟——在這之後成長就會放緩。這意味著從一兩公斤的幼龍成長為六公頓重的成體的速度非常快，以暴龍為例，牠大部分的體重是在十四～十八歲之間增加的，在這段成長期，牠每年大約增加五百公斤的體重。

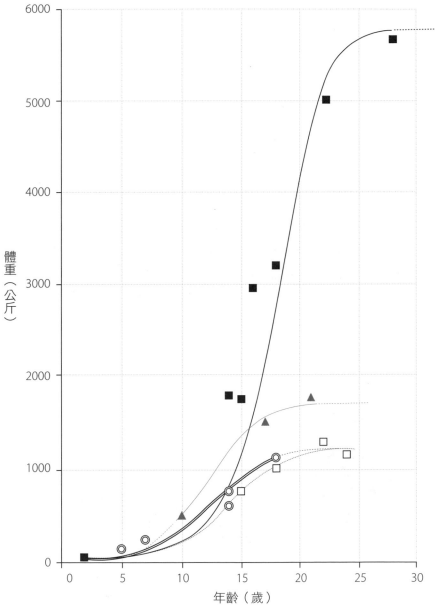

圖表顯示不同標本
的估計生長曲線。

最大增長率：

─■ 暴龍 =767 公斤／年
─▲ 懼龍 =180 公斤／年
═◎ 魔龍 =114 公斤／年
┄□ 艾伯塔龍 =122 公斤／年

這個主題很有爭議性，一些批評者認為生長輪並不見得是一年增加一輪。比方說，他們指出，要是食物供應充足且冬季氣候溫和，就不會出現生長速度放緩的密集的冬季環。或是說，要是在夏季有植物消失或出現暴風雨等異常天候，可能會增加一個較為密集的緩慢生長環。艾利克森對此的回應是：

> ……所有這些說法都可能發生，但在現代爬行類中，無論環境條件如何，其生長輪和年齡都展現出很好的對應。此外，在恆定條件下，或非季節性環境中飼養的爬行類依舊形成單一的年度線。這顯示這些生長輪主要是由每年發展速率的波動所造成，而不是因為偶發的氣候波動所引起的。在大多數情況下，我們對恐龍年齡的判斷可能是正確的。

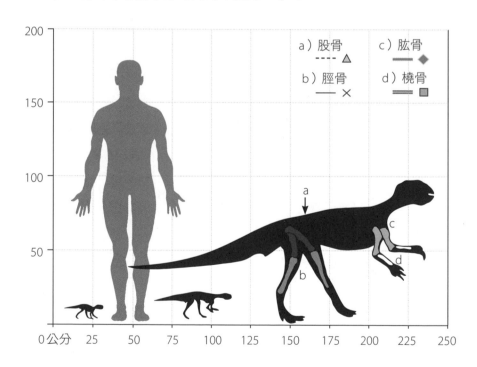

他還指出，「在某些情況下，我們能夠交叉檢查多個相同大小的恐龍標本，而根據生長輪數量所估計的年齡總是大同小異」。

其他研究人員也採用了生長輪估算法。例如，當時我的博士生趙祺就選了他最喜歡的鸚鵡嘴龍來探究其骨骼的生長。這是一種植食性恐龍，體長約兩公尺，在中國北部早白堊世地層和亞洲許多其他地區相當

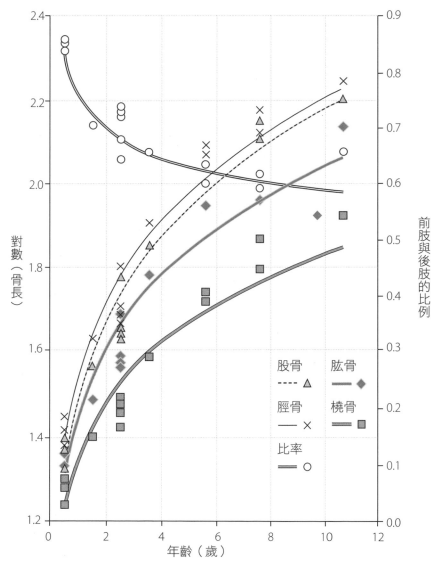

鸚鵡嘴龍的姿勢變化（左圖）和生長曲線（上圖）。

常見。牠長有一個塊狀的頭，相當短，臉上有個扁平的鼻子和發育良好的喙，可以砍斷堅硬的植物，成年時是雙足站立，長有強壯的胳膊和腿。另一方面，幼獸長得很小，可能只有十幾二十公分長，而且是以四足著地來活動的。趙祺使用骨骼生長環來計算，幼兒園標本中每條小龍的年齡（參見彩圖 xv）。令他驚訝的是，他發現在六條小龍中有五條只有兩歲，但第六隻是三歲──我們通常認為這些幼龍的年齡都相同。因此，這些小恐龍，也許是兄弟姐妹，聚集在一起共同抵禦掠食者，然後剛好被火山灰淹沒──這一窩龍的例子是在中國遼寧省著名的陸家屯地區，這地方又被暱稱為「中國龐貝城」。

關於鸚鵡嘴龍，還有另一項有趣的發現，牠在大約三歲時身體的姿勢會出現轉變，從嬰兒時期的四足動物轉變為成年後的雙足動物。趙祺在測量一系列標本的主要四肢骨骼的長度時，做了進一步的分析，將其與牠們的估計年齡比對，結果發現，這種動物在前四年長得特別快，體長每年增加一倍，然後在大約七八歲時進入成年。這種中等大小的恐龍在六七歲時就可以繁殖。就跟所有恐龍和多數現代爬行類一樣，牠多少還是會繼續生長──這也等於佐證了旅行者看到奇獸的見聞，那些關於罕見的古巨鱷或古巨蛇故事。大多數動物的壽命都很短。而且相比之下，哺乳類和鳥類在性成熟不久後就會停止身高或體長的增加。

波恩大學的馬丁・桑德（Martin Sander）在他對不同恐龍的研究中發現，蜥腳類中最長壽的詹尼斯龍（*Janenschia*）需要大約五十年的時間才能達到牠二十公噸的最大體重。儘管早期對恐龍的壽命有諸多猜測，但沒有骨組織學的證據顯示曾經有任何恐龍活到一百歲，而且牠們的繁殖時間都遠早於此。這就演化的觀點以及盡快繁殖的需要來看，都具有生物意義。

到目前為止，我們已經確認出恐龍具有的四個獨特特徵：呼吸類似於鳥類，且能有效利用氧氣；由於巨大體形而產生的溫血特性；兼具量和質的混合繁殖模式（產下大量的蛋；蛋型偏小；親代撫育程度低），並且相對較快地生長到成年體形。這四個特徵似乎是恐龍節省能量的聰

明方法，但這些合起來是否就能解釋恐龍之所以長得如此巨大的真正原因？

恐龍怎麼會這麼大？

經常有人問我「到底為什麼要學古生物學？」我通常會碎念一些關於生命起源和演化的事，以及對生命歷史和地球環境這類更廣泛的文化理解。然而，一個關鍵原因是有些古老生物打破了所有規則。生物學家說，大象的體形是陸地動物中的極限，再長太多肉反而會把自己壓垮，或是在氣候變遷時餓死。然而，恐龍，尤其是蜥腳類這群恐龍，就成了一個絕佳的例子，說明不可能的事情如何成真——我們不能說在侏羅紀時代的重力比較小，或是牠們一輩子都待在水裡（儘管有些瘋子真的提出這些主張）。那麼，到底要如何解釋這些大到令人難以置信的巨大蜥腳類的存在？

這個馬丁・桑德當初產生的疑問，在今日許多古生物學家的共同努力下已經得到解答。他有一個了不起的想法，而且他為一項二〇〇四～二〇一五年的長期研究計畫，募集到五百萬歐元的資金，這可能是每個學童都夢寐以求的計畫——他的計畫名稱是「蜥腳類恐龍的生物學：巨獸的演化」（Biology of the sauropod dinosaurs: the evolution of gigantism）。桑德招募了二十多名研究人員，不僅有古生物學家，還包括營養專家、植物學家和動物園管理員。他想要一勞永逸地解決蜥臀類恐龍之所以如此龐大的原因。

他心中早就鎖定最大的恐龍，即在坦尚尼亞、東非和美國中西部晚侏羅世地層中的**腕龍**（見隔頁）。牠的骨架相當驚人，有二十六公尺長，相當於兩輛從頭量到尾的普通馬車，牠的頭拔地而起，有九公尺高，相當於是三層樓的高度。與其他蜥臀類恐龍不同的是，腕龍有超長的前腿，會將身體的前半部分墊高，有點像是長頸鹿，頸部的椎骨顯示頸部的自然位置大約呈四十五度角，這與梁龍和圓頂龍等其他蜥臀類恐龍不同，牠們的頸部是保持水平的。所以，桑德的研究重點是弄清楚這

些四五十公噸重的巨獸是如何運作的。

二〇一一年，我前去波昂參加了其中一場國際聯合會，聽到讓我很感興趣的報告，其中有一個是人體生理實驗，一群美國教授招募學生進行一系列奇怪的飲食計畫，比方說一個月只吃漢堡或萵苣（這類實驗在今天可能不會獲得允許），還有一個是負責測量大象和其他野獸攝食和排泄的動物園管理員。動物園管理員報告，大象每天必須吃掉多達兩百七十公斤的草料。正如桑德所點出的，若蜥腳類恐龍的生理機能與現代大象相同，牠們對食物的需求將會是現代大象的十倍，即二點七公噸。

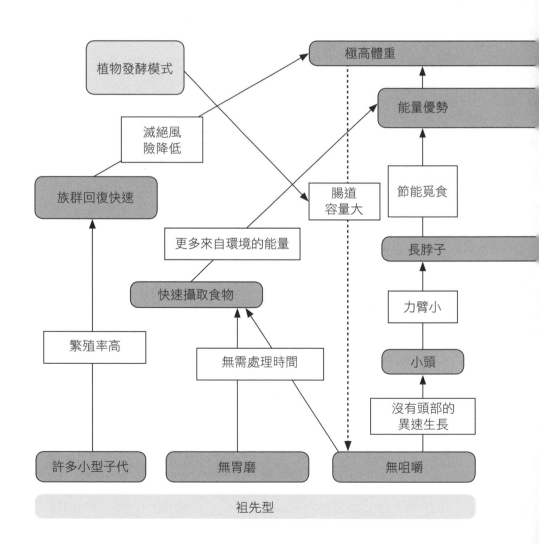

那是一堆和客車一樣大的樹葉。此外，動物園飼養員注意到，他們的大象每天將這兩百七十公斤的植物性食物變成七十公斤的糞便——那可以裝滿幾十輛手推車。

桑德想知道中生代的蜥腳類恐龍會食用哪些植物，以及蜥腳類的生理與大象有何不同。當然，牠們的骨組織學已經顯示出牠們是溫血動物，但這類恐龍的體形巨大，足足有五十公噸左右，若是牠們的攝食率跟大象一樣，攝取的食物可能還不夠填滿牠們超長的脖子。因此，他將我們對恐龍，特別是蜥腳類恐龍的認識彙整起來，畫出一張認識牠們生

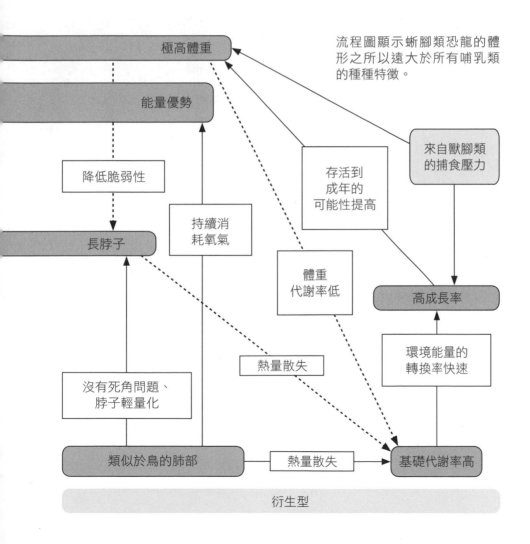

流程圖顯示蜥腳類恐龍的體形之所以遠大於所有哺乳類的種種特徵。

長祕密的概述——這張圖顯示出蜥腳類這種有史以來最大的動物究竟是如何達成這項不可能的任務。

　　這是透過一套組合達成的：生下許多後代、小型蛋、沒有親代照顧；頭小、不咀嚼、類似鳥的肺——這在吸收氧氣上比爬行類和哺乳類更有效率。這些特徵讓蜥腳類恐龍能夠以最少的食物攝取量長成巨大的體形——食量可能與大象差不多，甚至更少，但體形大出十倍。牠們藉由龐大的身軀來穩定體溫，而不如大象和人類那樣，透過大量進食和一套複雜的內部加熱系統。牠們產下小型的蛋後就一走了之，不像大象和人類會投入大量時間和精力照顧一兩個嬰兒，耗盡母親的儲備食物。桑德的網狀圖非常有說服力地解釋了這一切——這就是蜥腳類之所以能擺脫大象以及哺乳類體形限制的原因。

命名者	艾爾默·瑞吉斯（1903）
年代	晚侏羅世，157~152百萬年前
化石地點	美國、坦尚尼亞
分類	恐龍總目：蜥臀目：蜥腳形亞目：腕龍科
體長	26公尺
重量	58公噸
鮮為人知的事實	在坦尚尼亞找到的腕龍骨架收藏於柏林洪堡博物館的大廳，是世界上展出的最大恐龍，身高有九公尺。

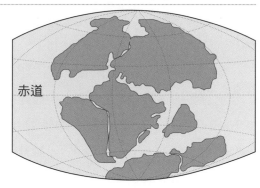

曾經有過侏儒恐龍嗎？

　　既然都達到這樣巨大的體形，為什麼後來恐龍又變小了？獸腳類中的手盜龍這一分支的體形變得愈來愈小，並長出長臂來適應樹棲以及最終的飛行模式（見第四章和第八章）。牠們在樹上跳來跳去的新生活方式可以解釋為何恐龍會轉變成小體形。在各地，有一些恐龍因為生活在島嶼上而體形變得很小。最著名的是特蘭西瓦尼亞（Transylvania）的侏儒恐龍——這地名聽起來像是電影裡才有的地方，但在現實生活中真有其地。這些侏儒恐龍確實生活在過去羅馬尼亞人稱為特蘭西瓦尼亞的這個角落，牠們最初是由法蘭茲·諾普薩男爵（Baron Franz Nopcsa）所描述的，他是當時（十九世紀末）奧匈帝國一位落魄的貴族。

　　我第一次前去羅馬尼亞研究是在一九九三年，就在這個國家以武力抗爭推翻了親蘇政府的四年後——我看到布加勒斯特大學的一些建築物

上的彈孔。Discovery 頻道當時很想拍攝關於諾普薩的節目，主要是因為他的人生相當豐富——他不僅是一位貴族，還是一名同性戀，帶著他忠實的祕書兼情人巴哈茲德‧多達（Bajazid Doda）一起遊歷歐洲。諾普薩會說多種語言，並在英國、法國和德國的研討會上談論他的恐龍研究，但是得出售他的化石收藏，才有辦法維持財務。他在一次世界大戰期擔任雙面間諜，遊走在奧匈帝國和英國之間，還與阿爾巴尼亞的游擊隊合作，並自願擔任阿爾巴尼亞的國王。最終，在貧困和絕望中，他在一九三三年舉槍射殺了多達和他自己。這樣的人生對一部三十分鐘的影片來說綽綽有餘，但是我還是堅持認為我們需要加入一些科學，而且侏儒恐龍確實具有重要的生物學意義。

諾普薩是第一個提到特蘭西瓦尼亞恐龍是侏儒的人，那是在一九一二年於維也納召開的一次會議上。他觀察到特蘭西瓦尼亞恐龍的體長很少超過四公尺，而當中最大的蜥臀類恐龍，後來命名為**馬扎爾龍**（*Magyarosaurus dacus*，見隔頁），體長僅有六公尺，但牠們在其他地方的親戚物種都有十五～二十公尺長。在發表論文後的討論中，奧地利傑出的古生物學家奧特尼奧‧阿貝爾（Othenio Abel）也同意他的看法，並表示這種現象與冰河時代生活在地中海島嶼上的大象、河馬和鹿的侏儒化（dwarfing）類似。

就這樣，諾普薩和阿貝爾兩人搞定了這件事。有許多演化論點來解釋這種現象，但很明顯地主要是因為島嶼所能夠支持的物種較少，與大陸生態系相比，要精簡許多。因此，隨著物種數量、食物和活動範圍的減少，動物會發展出適應這

諾普薩男爵身著阿爾巴尼亞自由戰士的服裝。

類環境的體形、飲食和習慣,所以大型動物必須變得更小。在晚近的一百萬年間,在馬耳他、西西里島和薩丁島等地中海島嶼上的侏儒象,其肩高只有五十公分到一公尺,而今天的成年大象的肩高可達到四~五公尺。顯然,大象、河馬和其他非洲哺乳類必定是在地中海海平面比今天低很多的時候過海來到這些島嶼,因為那時的海水還冰封在巨大的北方冰帽中。

特蘭西瓦尼亞的侏儒化恐龍生活在哈采格(Haţeg)島上,這座島的長度在一百~兩百公里之間,是晚白堊世的幾座大島之一,當時海平面非常高,淹沒了歐洲南部大部分的地區。針對蜥腳類的馬扎爾龍(*Magyarosaurus*)和鳥腳類的沼澤龍(*Telmatosaurus*)和查摩西斯龍(*Zalmoxes*)這三種侏儒化恐龍的骨骼進行組織學研究,發現牠們都處於成年,而不是幼年。但牠們的體長僅有那些牠們生活在歐洲和北美大陸近親的三分之一到二分之一。

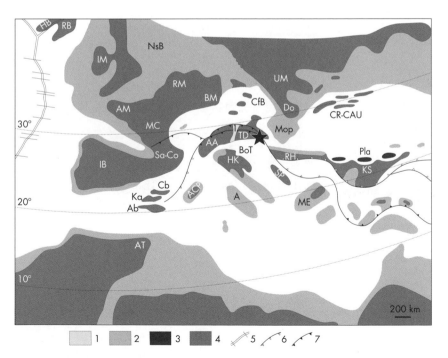

晚白堊世歐洲的古地理學,顯示出由於當時海平面很高,淹進歐洲南部和東部,讓許多地方成為島嶼(哈采格島是以一顆黑星標記)。

學　名　達契亞馬扎爾龍（*Magyarosaurus dacus*）

命名者	弗里德里希‧馮‧休內（1932）
年代	晚白堊世，72~66百萬年前
化石地點	羅馬尼亞
分類	恐龍總目：蜥臀目：蜥腳形亞目：泰坦巨龍科
體長	6公尺
重量	0.75公噸
鮮為人知的事實	馬扎爾龍是「島嶼侏儒」，比很多蜥腳類近親的恐龍小，因為牠生活在特蘭西瓦尼亞的哈采格島上。

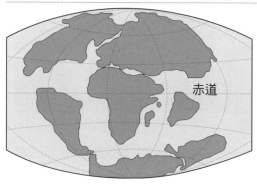

赤道

　　牠們不僅體形縮小，而且不知何故似乎是較為「原始的」恐龍，比在大陸上親緣關係最近的種類要原始個兩三千萬年。據推測，牠們的祖先已經在沿海地帶定居，隨著海平面上升而切斷各族群間的聯繫。然後，當牠們在大陸地區的近親繼續演化之際，島嶼型的恐龍在複雜度較低的生態系中繼續過著一樣的生活，可能也沒有遭受到同樣的競爭壓力。

　　因此，除了這些罕見的島嶼型恐龍外，大多數恐龍在演化過程中都變得愈來愈大。有趣的是，恐龍表現出與哺乳類相同的適應能力，當小體形具有演化優勢時，牠們可能會變小。

....

　　古生物學的一大難題就是在回答恐龍如何長得如此巨大。事實上，這幾乎已經成為一個哲學問題，在考慮恐龍，特別是巨型的蜥腳類恐龍的特殊之處時，是什麼讓牠們的體形將近是大象的十倍。這問題的哲學面向在於是恐龍擴展了我們對生理和演化的可能性的理解。這問題也提醒我們不可妄加猜測，不要天馬行空地暗示侏羅紀時代的巨獸是水生動物，或是地球過去的重力較小。

　　這期間的一項重大進展是以經過詳細研究的恐龍骨骼結構和生長輪來確定生長率。艾利克森及其同僚在二〇一七年的一篇文章中，分析了恐龍胚胎的牙齒中的生長輪，他們發現的證據顯示在蛋中的發育是緩慢的，可能持續兩到六個月，這個速度比較接近現代的爬行類，而遠不及現代鳥類的速度；現代鳥類的胚胎從受精到孵化只需要十一天到三個月不等的時間。積累研究知識的每一步都是緩慢的，而且過程往往十分艱苦。研究愈棘手，遭到的批評就愈嚴厲，但這正是科學自我修正特性的體現。

　　這個領域還有什麼有待發現的？艾利克森對未來有這樣一番想像：

　　　新一代的古生物學家在建立恐龍生活史的研究和讓這些動

物復活的方法上取得了重大進展。重建年齡－體重增長曲線在這方面至關重要。這讓人有辦法量化這些動物的發育方式，從而將這領域從純然臆測帶入科學領域。有了生長曲線，就可以將恐龍的生長與現生動物直接進行標準化的比較。這等於是開啟了深入認識恐龍生物學的種種層面，從生長和演化、生理學、繁殖、族群生物學，甚至是現代鳥類特徵的演化。不勝枚舉！還有更多的物種有待研究，我們需要對那些已經研究過的物種進行更多的交叉檢查，以增加統計力。現代的高解析成像技術，包括同步加速器X光成像在內，提供了廣闊的前景，能夠快速且在不損及標本的情況下分析恐龍生長。這些都將加速我們知識的積累，而且讓我們得以研究那些自然史博物館仍然不願意接受那些可能在採樣過程中被破壞的稀有標本。

第七章

恐龍怎麼進食？

將用來設計摩天大樓的工程軟體拿來判斷恐龍下巴的運作方式，這看似有些牽強。然而，我們對恐龍進食的認識之所以出現革命性的變化，就是靠著這些在一九四〇年代開發出來的工程設計工具。這方面的先驅是艾蜜莉‧雷菲爾德，她目前在布里斯托大學擔任教授。雷菲爾德是約克郡一位豬農的女兒，生活相當務實，她將這種務實態度帶進她的研究中：「有一次，為了測試我們計畫中用來衡量骨骼強度的電腦模型，我還去跟我父親借了幾個豬的頭骨回來，」她回憶道。多年來，雷菲爾德指導了一群以工程研究來探究恐龍功能的學生，這個團隊不斷成長，而且相當成功。

她於一九九七年在劍橋大學攻讀博士學位時，當時雷菲爾德的研究目標是確定**異特龍**（見隔頁）的進食機制，這是一種在北美洲晚侏羅世莫里森層發現的大型掠食動物。異特龍因留下許多骨骼和頭骨而聞名，牠是當時的頂級掠食者，捕食雙足行走的植食性動物，還有恐龍界深具

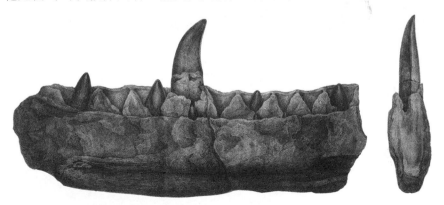

巨龍的下顎，這是第一個被命名的恐龍，圖中顯示出掠食動物呈刀狀的鋒利牙齒。

指標性的劍龍——低垂的小腦袋搭配巨大的拱背，在其上沿著中線長了一排骨板，一條長尾巴的末端還長出四根垂直的刺。

異特龍是雙足動物，體長約八點五公尺，後腿粗壯，跑起來十分有力，牠的手臂短而結實，可以操縱獵物。牠與角鼻龍（*Ceratosaurus*）都在莫里森層中扮演頂級掠食者的角色；角鼻龍是一種體長五點七公尺的雙足動物，因為骨架沉重，頭骨頂部突出而特別明顯。異特龍的頭骨很高，其上有許多開口連接到感覺器官和其他結構，而在這之間則有堅

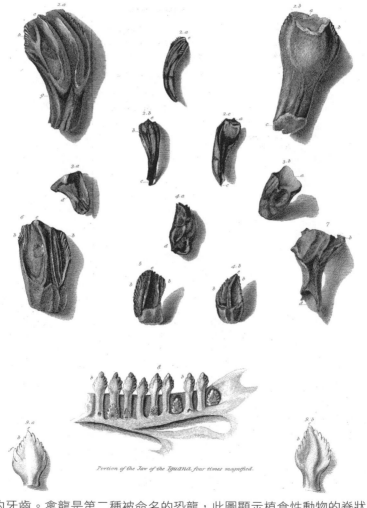

Portion of the Jaw of the Iguana, four times magnified.

禽龍的牙齒。禽龍是第二種被命名的恐龍，此圖顯示植食性動物的脊狀牙齒，其邊緣都呈鈍狀。

學　名　脆弱異特龍（*Allosaurus fragilis*）

命名者	歐斯尼爾・馬許（1877）
年代	晚侏羅世，157~152百萬年前
化石地點	美國、坦尚尼亞、葡萄牙
分類	恐龍總目：蜥臀目：獸腳類：異特龍科
體長	8.5公尺
重量	2.5公噸
鮮為人知的事實	在懷俄明州發現一隻異特龍有十九處骨折，其中一些已經開始癒合，但其他的則出現感染──牠死前的六個月過得相當痛苦。

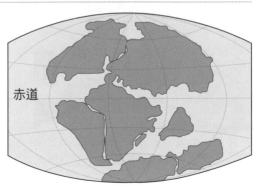

赤道

固的支柱。上下顎各有十四到十七顆彎刀狀的牙齒，每顆長六公分，尖而彎曲，前後邊緣呈鋸齒狀。這是掠食性恐龍的經典造型，牙齒向後彎曲有助於固定獵物，確保獵物在掙扎逃脫時反而會被向後推入喉嚨。

艾蜜莉・雷菲爾德當初的研究動機是想要開發新方法，將恐龍進食的研究從純粹的推測轉變為可檢驗的科學。正如她所言，「從首次發現恐龍的這兩百年來，對於恐龍進食方式的認識並沒有太大的變化。」例如，一八二四年在英格蘭發現的中侏羅世的巨龍，牠的彎刀狀牙齒與異特龍一樣鋒利，而且從一開始就將其與現代鱷魚進行比較，從而判定牠是肉食性動物。另一方面，同樣在英格蘭出土的早白堊世的禽龍——史上第二個被命名為恐龍的化石——牠的牙齒較大，邊緣較鈍，可與現代鬣蜥（一種草食性蜥蜴）的牙齒相比。早期的恐龍科學家在決定恐龍的食性時，採用的是「類比現生生物」的經典原則，以此來推論其功能作用。換句話說，他們當時用的是一種常識性假設，即過去的條件與今天的條件是一致且吻合的。也就是說，我們假設侏羅紀和白堊紀生物的牙齒與今日動物的牙齒具有相同的功能特徵，即使我們現在觀察的動物，好比說恐龍，並沒有明顯的現代親戚展現出類似牠們的生活方式。

雷菲爾德已掌握住這些基本訊息，但她想要知道更多。所以她提出一套稱為「有限元素分析」（finite element analysis，簡稱 FEA）的工程方法來當作解決方案，試圖處理問題。FEA 是在一九四〇年代由工程師和建築師開發出來的，是一套用來提高結構效率的工具。

艾蜜莉・雷菲爾德在她的實驗室中；她以工程方法來研究恐龍進食，做出重大的革新。

FEA不再依循中世紀的古法，不需要為了避免倒塌，而將建築物蓋得龐大無比，它提供建築師在施工開始前透過數位化的精確模型來進行壓力測試。當中的訣竅是製作出一個3D模型，然後選擇正確的材料屬性，比方說要決定材料在拉伸和壓縮下的彎曲程度、彈性以及承受壓力時的變形程度，還有其密度。

在接下來的三年間，雷菲爾德得想進一切辦法將FEA應用在異特龍的頭骨上。「要是我沒有找到一種方法讓FEA軟體讀取恐龍頭骨詳細結構細節的數據，我的博士論文就會開天窗，我就沒有東西能交給我的口試委員，」她回憶道。過去從未有人這樣做過，而且她也沒有受過軟體工程師的訓練。儘管如此，經過長久的努力，嘗試讓不同的軟體程式相互溝通，終於有了成果。她找出一套方法，能夠讓可靠的工程方法來顯示恐龍的上下顎是如何運作的。

在當時，要對恐龍進行電腦斷層掃描也是一項挑戰。異特龍的頭骨收藏在蒙大拿州的落磯山脈博物館（Museum of the Rockies），得用卡車將這個重達一公噸的標本運到位於三公里外的博茲曼醫院，在那裡進行掃描。接下來，要在不失真的條件下製作出結構準確的3D模型，光是這一過程就要需要耗費一年多的時間。將圖像從一個套裝軟體輸入到另一個套裝軟體時，每一步都要冒著電腦當機的風險，或是產生一連串錯誤的訊息。最難的一步是讓標準FEA軟體讀取這個模型，完成功能分析。在這過程中必須將頭骨的3D數位模型切割成幾何形狀，將頭骨轉換成一種由無數個金字塔造型的單元所組成的網狀模型。然後再給予每個單元一材料特性，這是從現代動物骨骼中量測到的，通常是豬或牛，因為恐龍和大型哺乳類骨骼的內部結構較為相似。雷菲爾德回憶道：

　　　　那段時間壓力很大，但這套方法真的管用。之後，我著重在如何提升它的效率，而電腦演算的進展讓整個過程運行得更快，風險更小。我們將工程研究與化石觀察密切結合，用以尋

197

第
七
章

恐
龍
怎
麼
進
食
？

找其他關於恐龍功能和行為的線索，並且透過對現生動物骨骼
功能的研究來確認我們的化石模型。

　　下面我們將會看到她應用這套方法所找到的非凡新發現，而且結果
驚人地精確。

數位模型與恐龍咬合力

　　我們之所以知道FEA有效，是因為由此設計出來的橋梁和摩天大
樓通常都沒有倒塌，而且基本上飛機都能夠安全地度過風暴，不致解
體。因此，這套方法大概也適用在恐龍上。這可能是在恐龍古生物學中
最接近實測的方法。如此一來，就不用再繼續猜測骨骼的功能，而是實
際進行測試，使用我們能構建出最接近真實狀態的數位模型，提出功能
假設，便可就此接受批評和測試。

　　那麼，異特龍的最大咬合力究竟有多大？咬合力是以牛頓
（newtons）為單位，一牛頓相當於是握住一支鉛筆的力氣。敲破熟雞蛋
大約需要三十五牛頓的力道。人類的咬合力在兩百～七百牛頓之間，獅
子的咬合力為四千牛頓，而在所有現生動物中，咬合力最強的是大白
鯊，可以達到一萬八千牛頓——是人類的三十六倍。牛頓也可轉換為等
效質量，大約為每公噸九千八百牛頓，因此大白鯊的咬合力相當於是施
加約一點八公噸的重量。雷菲爾德的研究顯示，異特龍的咬合力為三萬
五千牛頓，遠大於任何現生的掠食性動物。

　　暴龍比異特龍還要大，所以牠的血盆大口可能更致命。關於這個問
題，古生物學界出現兩個方向的驗證，都非常巧妙。第一種是以實驗室
的機械力來測試。這個測試是以一塊三角龍的骨骼來進行，其表面上發
現有一道很深的傷口。研究人員製作出齒痕模型後，發現這與暴龍牙齒
的尖端相同，這道齒痕咬入約三公分，僅是這顆牙齒實際長度的四分之
一。（注意，十二公分是指牙冠，即牙齒暴露在外的部分——整顆牙
齒，包括牙根在內，在長度和形狀上與一根普通的香蕉類似，但在用來

咬合的那一端，明顯變尖許多。）然後研究人員又製作了一個暴龍的牙齒模型，將其安裝在壓力鑽上，拿去壓牛骨。測量結果發現，要咬出三公分的齒痕，需要用到一萬三千四百牛頓的力，相當於一點四公噸的重量。這是暴龍所能達到的最大咬合力嗎？

艾蜜莉・雷菲爾德測試了在暴龍頭骨和頜骨強度範圍內的可能施力範圍，得出每顆牙齒可產生的最大力道是三萬一千牛頓，跟異特龍的咬合力差不多。後來，卡爾・貝慈（Karl Bates）和彼得・佛金漢（Peter Falkingham）進行了一項更深入的研究，使用另一套「多體動力學模型」（multi-body dynamic modelling）的生物力學計算方法，估算出的咬合力範圍在三萬五千～五萬七千牛頓之間，相當於三點六～五點八公噸的重量。這是迄今在任何現生或滅絕動物中能找到最大的咬合力，遠超過今日的大白鯊，也遠高於三角龍穿刺實驗計算出的數值；但暴龍的那一口顯然沒有很用力。重點是，所有這些不同的方法都給出了類似的數值，這意味著它們很有可能是正確的。此外，這也讓我們能夠回答恐龍迷的經典問題：暴龍會不會把一輛車咬成兩半？現在可以肯定地給一個答案：「會！」

雷菲爾德比較了三種肉食性的獸腳類動物，分別是晚三疊世中小體形的腔骨龍（*Coelophysis*）、晚侏羅世的異特龍和晚白堊世的暴龍，發現牠們採用不同的方法進食（參見彩圖 x）。暴龍的最大施力點是在吻部，而其他兩種恐龍的最大施力點則位於更靠後面的眼窩上方。這顯示暴龍是採用穿刺法來捕獵和進食，會用前顎咬住獵物，然後向後拉動，將其用一雙大腳固定住的屍體上的肉撕下來。另外兩隻獸腳類恐龍的咬合力較大，而且分布在一大段顎骨上，因此牠們可能會用嘴叼著獵物，並且在吞下肚前將其咬成碎片。

後來雷菲爾德及其同事又針對在北非發現的早白堊世的棘龍（*Spinosaurus*）進行研究，這是種長有怪異長吻的獸腳類，他們發現牠頭骨的運作方式更接近現代的印度食魚鱷或稱長吻鱷——以魚類為食，主要是棲息在北部的恆河中，長有一條細長的吻部——而不是那些長有

寬闊吻部的鱷魚或短吻鱷。研究人員構建出所有這些動物的吻部3D模型，然後用FEA進行分析。今天的鱷魚和短吻鱷是採用扭食方式，牠們會深咬住獵物，比如說一隻河邊的牛羚，將其拖到水下，然後劇烈扭曲身體。鱷魚的旋轉力會傳送到牠倒霉的獵物那邊，扭轉下一大塊肉來。印度食魚鱷捕魚時，則是將牠們細長的下顎合上，用細長的牙齒困住魚。這正是棘龍所做的，牠們骨質化的上顎會避免長吻上下彎曲，至於在鱷魚和短吻鱷身上，上顎的作用則是強化吻部，避免在左右扭轉時跟著帶動。

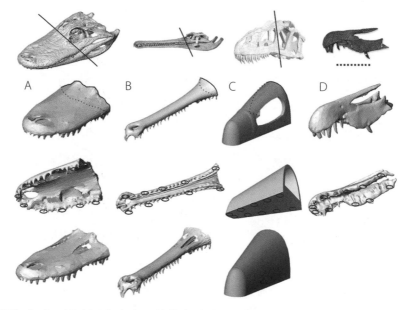

用鱷魚（A）、長吻鱷（B）和異特龍（C）來推估棘龍科重爪龍（D）的吻部功能。

恐龍食性的化石證據

　　齒形會透露恐龍的食性，由此研判是植食還是肉食。不過，還有其他種類的化石可以提供恐龍食性的線索。骨骼上的咬痕就是一例，古生物學家會認真地在化石上搜尋，目前已經發表數十個這樣的觀察，當中有些可以相當精確地識別出當初留下齒痕的掠食者。若是暴龍狠狠咬下

另一隻恐龍，深入其骨，有時會留下一排平行的痕跡，這時便可測量齒痕間距，由此判定是否與典型的暴龍的齒距吻合。

也有關於胃內容物甚至化石排泄物的報告。胃內容物的研究多少會引發爭議，因為發現者必須要提出可信的證據，說服他人在恐龍肋骨下找到的骨骼、石頭或樹枝確實來自牠的胃，而不是死後在漫長的沉積過程中漸漸沖刷進去的。在幾經考量這些證據後，科學家發現巨大的蜥腳類恐龍很少會吞下石頭，但親緣關係與鳥類相近的小型獸腳類經常會這樣做。現代鳥類，尤其是那些以堅韌的植物為食的鳥類，通常會吞下大量的小石塊，稱之為胃石，這些石頭會留在嗉囊中——胃部上方延伸出來的囊袋，它基本上接替了牙齒的功能，將食物研磨到可消化的大小。哺乳類因為會自行咀嚼食物，因此很少需要胃石。

長達一公尺的暴龍糞化石。

然後是糞化石，也就是糞便的化石。接受私人教育的英國神學家和古生物學家威廉‧巴克蘭（William Buckland）對各種糞便著迷不已。他是第一個正式描述糞化石的人，並且繪製出侏羅紀海洋的樣貌，當中充滿著名化石收藏家瑪麗‧安寧（Mary Anning）在一八二〇年左右於多塞特（Dorset）海岸發現的所有新奇海洋爬行類——以及每一種排入海洋的糞便。目前已發表數百篇關於恐龍糞化石的報告，其中大部分應該是真的，只是很難確定誰才是罪魁禍首。有一個相當壯觀的標本——堪稱是所有糞化石的始祖，是在一九九八年由凱倫‧欽（Karen Chin）

所發表的。它是一個四十四公分長的龐然大物，裡面有許多不明恐龍的骨骼。正如欽當時對此的描述，「我們很確定這是暴龍拉出來的，但很難判斷牠拉出來的到底是誰。」

觀察牙齒和糞化石的標本研究是一回事，但這無助於我們了解恐龍實際上是如何進食的。除了簡單的素食或葷食問題外，還有許多懸而未決的問題。以植食性動物來說，最好能夠了解該物種是以高大還是低矮的植物為食，進食方式是將它們咬斷撕下、壓碎或切碎，以及每天的進食量。至於肉食性動物，最好能知道牠們是主動出擊捕獵，還是被動地啃食死屍，以及牠們是否會像鱷魚一樣，在咬住獵物或將其卡在顎骨間後，扭轉身體。雷菲爾德的 FEA 研究可以解決其中一些問題，不過解謎的關鍵可能在牙齒本身的基本構造上。

牙齒工程學與植食性

到目前為止，我們一直只把牙齒當成是牙齒，但實際上它們也可以是相當精密的工具。我們的牙齒有三層基本結構，最外面是一層薄薄的結晶層，是具有保護作用的琺瑯質，牙本質則構成牙齒的大部分，包含連接到牙髓腔內的神經和微血管。當琺瑯質被不當的食物溶解時，正如大多數人都會遇到的問題，我們的牙齒就會變得非常敏感，必須以牙套處理，或是補牙。如果琺瑯質和牙本質損壞太多，就必須拔掉整顆牙齒，這在人類身上可不是件小手術，因為我們的牙齒深深扎根於齒槽中，還有齒堊質將其牢牢地固定在其中。

此外，我們通常會想要保留我們的牙齒，因為人的一生之中只會長兩套牙，一套是乳牙，另一套是恆齒。在哺乳類中，包括人類在內，會在年幼時更換牙齒一次，之後就再也不會長出新牙。但是魚類和爬行類並不是如此，牠們終其一生可以更換數十次的牙齒。若哺乳類也可以無限制地換牙，那我們想吃什麼就可以吃什麼，而且不需要刷牙或使用牙線──也用不著去看牙醫。

恐龍牙齒化石極為常見。就跟許多古生物學家一樣，我很清楚地記

得，在沿著撒哈拉沙漠邊緣行走時，隨手就可撿起棘龍和鯊齒龍（*Carcharodontosaurus*）這兩種掠食性恐龍的大牙齒，每一顆都大約有手掌那麼長，而且對這些動物脫落的牙齒數量感到驚嘆不已。牠們就跟現代鯊魚一樣，一直都在鑄造牙齒，而且掠食性恐龍在其一生中可能會脫落數百顆牙齒，經歷二三十次的全口換牙。在恐龍的下頜中，牙齒排列在齒槽下方，冒出來的新牙齒會不斷把舊牙往前推，其速度有時甚至比它們被磨損的速度更快。不過，這些新牙對獸腳類中活躍的掠食者或鯊魚來說是一種風險——當異特龍扭動和轉身來制服其獵物時，牙齒會跟著彎曲並從嘴裡被拔下來。因為新牙長到位的時間不定，鯊魚或恐龍的下頜線可能會不太平整，可能有一半的牙齒已經完全長全，其他牙齒則剛剛冒出牙齦。

　　單就個體數量來看，演化最成功的恐龍要屬植食性的鴨嘴龍類，因為牠們長長的馬狀頭骨往前擴展，形成寬闊的無牙結構，就像鴨嘴一樣。鴨嘴龍類又被稱為「白堊紀的羊」，在某些地方，特別是在北美和蒙古，化石蒐集者經常會一次發現數百個標本。鴨嘴龍類的骨架和頭骨可說是非常標準，但牠們與眾不同的頭冠展現出極大的多樣性，在這一科中，每個物種都很不同。然而，牠們的成功似乎是來自那一口牙。令人很難理解的是，鴨嘴龍類為何會取得巨大的成功？因為胃內容物和糞化石的研究顯示牠們主要的食物是針葉樹，而且針葉樹堅硬的樹枝和針葉似乎是牠們的唯一的選擇。

　　在二〇一二年一項詳細的研究中，恐龍古生物學家格雷格·艾利克森指出鴨嘴龍牙齒有六種不同組成，這些組織共同發揮作用，使牙齒鋒利且經久耐用（參見彩圖xviii）。鴨嘴龍類早就以其數量眾多的牙齒而聞名——總共多達兩千顆。其中大部分是替換齒，排列在下頜骨內側，就在下頜邊緣那批二十～三十顆使用中牙齒的下方。牠們的牙齒沿著上下顎排列成一條直線，上下排牙齒對磨，使其保持鋒利度。不過真正令人驚訝的是，牠們口中大量不同的硬組織——就像現代野牛和大象一樣，牙齒組織是以交錯的方式折疊起來，因此較硬的琺瑯質可以在撕裂

堅硬植物時發揮最大效用。其他組織包括牙本質和齒堊質，以及從牙髓腔分支出來的巨大填充小管。

在牙齒互磨之際，就能切碎堅硬的針葉樹葉子，牠們形成垂直結構的六種牙齒組織，就像木匠的銼刀一樣，不斷地彼此磨擦。艾利克森對

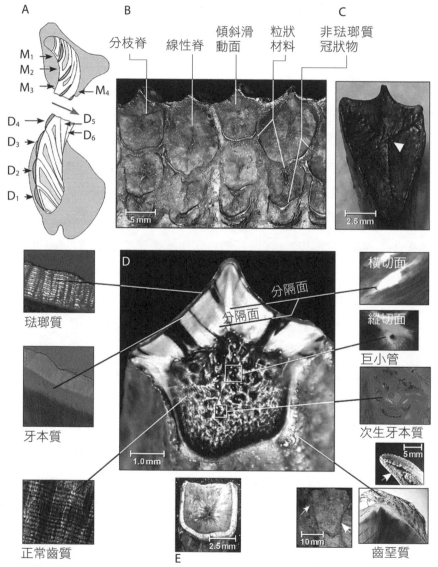

鴨嘴龍類獨特的牙齒，照片（B、C）顯示這些恐龍有多少顆牙齒，以及它們具有像野牛或馬一樣的多重褶皺構造。

這些化石牙齒進行硬度和磨損實驗，發現化石化的硬組織就跟在活體時的反應一樣，這樣一來，這些數值就可以拿去與當今磨牙效率最高的哺乳類相比較。

鴨嘴龍類成功了，儘管——或者可能是因為——牠們是以其他植食性恐龍可能無法入口的堅韌植物為食。實際上，牠們的仿生牙齒就像是鋼質的銼刀，而且能夠不斷地換牙，所以牠們可以禁得起牙齒迅速磨損然後脫落的過程。既然有這樣的磨損程度，若是有辦法從微觀的角度，檢查恐龍牙齒的磨損模式，那肯定有助於判斷其飲食方式。

從牙齒的輕微磨損判定食性

古人類學家是第一批解釋早期人類牙齒上何以有微小凹坑和凹槽的人，他們將這些拿來當作飲食的線索，無論吃的是軟質還是硬質的植物、肉類或雜食。一本 一九七〇年代的教科書提到，應該將化石牙齒和現生動物受磨損的牙齒進行比較。事實上，有實驗描述過餵食猴子和猿類幾星期不同的食物——可能一組吃捲心菜、一組吃穀物還有一組吃水果——然後檢查牠們的牙齒。在今日文明開化的時代，我們當然不會殺死動物，而是將牠們夾在膝蓋間，用力撥開嘴，放入一些製模材料，以取得牠們臼齒的齒模。在教科書的照片中，人類學家以老虎鉗固定住一隻猴子，將其夾在膝蓋間，猴子看起來很生氣，我懷疑這樣測量的準確度。

然而，真正的困難在於每顆牙齒上都布滿了凹坑和刮痕，要從中判斷哪些是食物造成的，哪些是因損壞造成的，可說是一大挑戰。特別是在化石牙齒上，幾乎不可能確定這些痕跡中有哪些是沿著河床滾動時留下的，哪些是打架時造成的。相較之下，使用電腦化的顯微鏡對牙齒進行微米級的表面掃描較為可靠。之後再用自動化分析掃描，將所有表面標記分類成不同的集合，然後花時間「訓練」軟體，讓它學會整理並捨棄在化石化過程中隨機出現的刮痕和擦傷，並且專注在那些看似保存了合理的進食標記的訊息上。

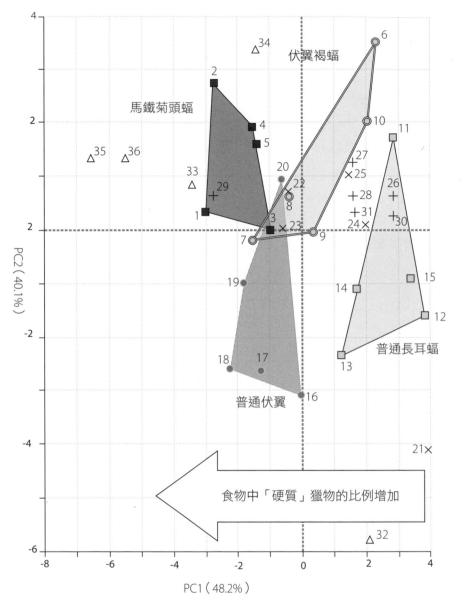

形態空間圖顯示以不同昆蟲為食的現代蝙蝠牙齒磨損特徵。在分析摩根錐齒獸和孔奈獸這類化石分類群後，可以根據現生動物的數據來校正出他們的食性。

△ 摩根錐齒獸（P3）
✕ 孔奈獸（P3）
＋ 孔奈獸（P5）

這種對恐龍牙齒磨損的研究還處於起步階段，不過潘姆・吉爾（Pam Gill）、雷菲爾德和他們的團隊進行了一項非常巧妙的研究，區分出摩根錐齒獸（*Morganucodon*）和孔奈獸（*Kuehneotherium*）這兩種最早的哺乳類的食性，牠們生活在恐龍的時代，會在恐龍的腳穿梭亂竄下（可能很不起眼）。在南威爾斯的早侏羅世地層中，發現有這兩種哺乳類的牙齒、頜骨以及一些骨骼，尖尖的小牙齒暗示著牠們以昆蟲為食的食性。在將其與現代蝙蝠的關鍵特徵及已知食性的形態空間進行比較後，研究人員確定摩根錐齒獸吃的是甲蟲等堅硬的甲蟲，而孔奈獸則是捕食較為柔軟的昆蟲。這項發現後來又經過FEA頜骨功能分析的確認，這項分析顯示摩根錐齒獸的咬合力比孔奈獸更強大。

有些關於恐龍牙齒磨損的研究還有爭議，例如以鴨嘴龍類牙齒上一組組刮痕的位向，來確認下頜動作的主要運動，但試圖從這些刮痕中確定所吃食物的早期論文，現在普遍遭到否定。這類研究的一大關鍵挑戰會是要如何找出合適的現代類似物。

恐龍食物網

所有物種都處於一種錯綜複雜的掠食關係中，而且物種間還要爭奪其他資源。在第二章就曾以威爾德恐龍群為例來說明食物網，這是生態學家用來記錄這些相互作用的標準系統，可在當中計算出來自太陽能量的流動，從被綠色植物吸收開始，接著被植食性動物吃掉，而植食性動物又被肉食性動物吃掉；最終全部死亡和腐爛，透過以腐食為生的昆蟲和微生物釋放出能量和碳。食物網通常就像蜘蛛網一般，以線條來連結當中的掠食者和獵物：狐狸吃兔子，兔子吃草。而獅子、虎鯨和暴龍等，是頂級掠食者，就位於整張圖的上方，所有箭頭都會指向牠們。恐龍食物網可能與我們今日所看到的任何食物網大相逕庭。

此處的例子是在阿根廷發現的晚白堊世的阿達曼蒂納層（Adamantina Formation），已經有人針對這個恐龍動物群做過深入研究；頂級掠食者（第一層）是大型的獸腳類，包括食肉牛龍

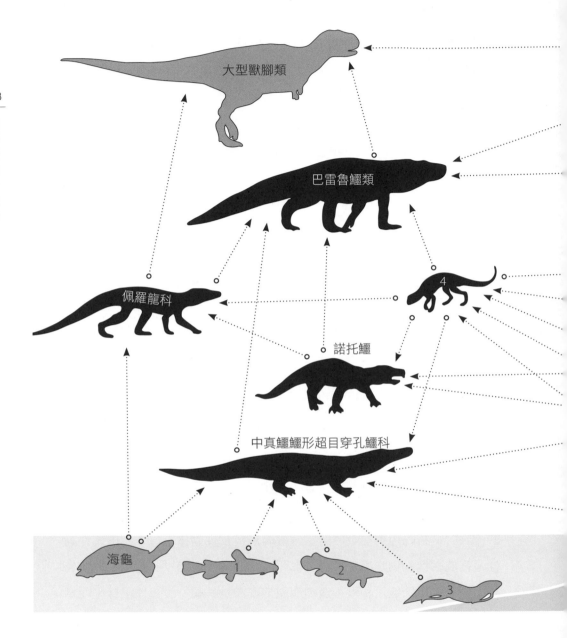

大型獸腳類

巴雷魯鱷類

佩羅龍科

4

諾托鱷

中真鱷鱷形超目穿孔鱷科

海龜

2

3

（*Carnotaurus*），一種頭大而手臂短的阿貝力龍（abelisaurid）、鯊齒龍
科（carcharodontosaurids）和大盜龍，又名大猛龍（*Megaraptor*）——
意思是「巨大的獵人」。在這張圖的某些地方，從底部到達這些巨型
的掠食者只需要三五步驟。在圖的底部是一堆魚、青蛙、烏龜和甲蟲。
甲蟲類會被哺乳類、鳥類、蜥蜴、蛇和長有奇怪裝甲的犰狳鱷

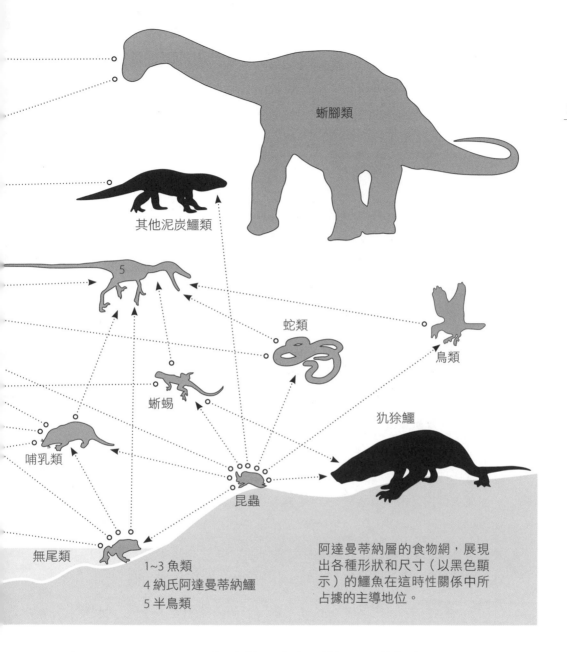

蜥腳類

其他泥炭鱷類

蛇類

鳥類

蜥蜴

犰狳鱷

哺乳類

昆蟲

無尾類

1~3 魚類
4 納氏阿達曼蒂納鱷
5 半鳥類

阿達曼蒂納層的食物網，展現
出各種形狀和尺寸（以黑色顯
示）的鱷魚在這時性關係中所
占據的主導地位。

（*Armadillosuchus*）吃掉。魚類則被另一種鱷魚，巴雷魯鱷
（*Barreirosuchus*）所捕食。

　　這個食物網最奇怪的地方是鱷魚位於主導地位（圖中全部以黑色顯
示）。有些與現代鱷魚很像，應該也是潛伏在河流中和河岸周圍，伺機
捕捉魚類和岸上的陸生動物。但其他動物更能適應陸地生活，牠們的腿

很長，能夠像狗或鬣狗一樣直立移動，有短小的吻部及多種形態的牙齒，這些都反映出牠們不同的飲食適應。有些活躍的肉食性動物甚至會去獵捕恐龍，雖然可能只是針對年幼、體弱和衰老的個體下手。奇怪的是，一些阿達曼蒂納層的鱷魚竟然是以昆蟲為主食，甚至有一兩種特化到以植物為食。首次發現這些植食性動物時，有人覺得不敢置信，怎麼會有這麼奇怪的鱷魚──但牙齒不會說謊。在阿達曼蒂納層中，有近二十種鱷魚，這一點凸顯出過去的動物群是多麼地不同──事實上，在那個時代，鱷魚所扮演的角色比現在大得多，在南美洲，許多鱷魚在晚白堊世的大滅絕中倖存下來（見第九章），並繼續扮演重要的掠食者角色，直到肉食性哺乳類出現，競爭過牠們。

在阿達曼蒂納動物群中，有九種恐龍（三種大型獸腳類、一種細長的獸腳類以及五種蜥臀類），但無法將牠們的食性區分開來，因此圖中將牠們全都包含在一起。未來，若是詳加研究糞化石、齒痕或其他來源的證據（如同位素），或可將其區分開來。古代脊椎動物骨骼中的氧和氮同位素可以提供相關食性證據，例如牠們是否以魚類、蜥蜴或哺乳類等四足動物為食，但這類研究要更謹慎處理，比方說同位素也會受到當時氣候條件的影響，而且會在化石化的過程中改變。

在這個食物網中顯示的甲蟲是糞金龜，這些有益的生物過去就曾在其他恐龍動物群中被提及。比方說，在本章稍早提過的巨型暴龍糞化石發現者凱倫‧欽，也描述過在蒙大拿州晚白堊世的雙麥迪遜層（Two Medicine Formation）恐龍糞便中，發現了糞金龜所挖掘的洞。這些洞穴顯示恐龍會吃針葉樹的葉子，而糞金龜則在這些糞便中挖洞，攝取剩餘的養分，然後將其掩埋，就像牠們的現代親戚一樣。欽在她一九九六年的文章結尾指出，「這一發現還揭露了糞便的回收途徑，顯示糞金龜因為某些與恐龍的原因而演化出食糞的特性。」。二〇一六年，基因體研究的證據顯示糞金龜確實是在早白堊世演化出來，這證實了她的預測是對的，而且牠們一生的時間大概都在植食性恐龍每天排出的大量糞便中忙碌穿梭著。

食物網的崩解

　　這張恐龍食物網是根據我們對今日食物網運作的認識，以及對罕見化石（糞化石、齒痕等）的觀察構建而成的。在繪製好後，就可以將食物網用於進階的電腦研究。例如，目前的程式可以透過一些數值方法來去除食物網中的任一物種，並且預測食物網回復的情況，藉此來判定生態系的穩定性。這些估計值是根據物種間的食性關係以及每個物種的近似生物量（biomass）——即個體的體重乘以相對豐度——計算而來。如果一個生態系穩定，就算移除幾個物種，還是可以繼續運作。如果不穩定，比如說在重大環境危機發生後，失去幾個物種就可能導致整個系統崩潰。

　　白堊紀時，生態系變得日益複雜，除了已有的恐龍群落，又增加了開花植物、新的昆蟲群、蜥蜴群、鳥類和哺乳類，弔詭的是，這當中有些變得更為強大，有些則日趨衰弱。植物和植食性動物，以及獵物和掠食者之間的密切互動，為生態系的各環節增添了穩定性，這時若有物種被移除，其他物種將會依其空缺而演化，將空間填補起來，不致讓整個系統崩潰。然而，總體上，對一個非常複雜的生態系來說，不論是今日的，還是過去在白堊紀的，在發生一件非常重大的環境危機時，還是有可能導致整個結構崩毀，就像紙牌屋一樣倒塌。

　　新的數學模型工具讓生態學家能夠探討現代自然系統的風險和脆弱，當然還會特別關注人類構成的威脅以及自然保育等層面。這些方法同樣也可以應用在大滅絕前後的化石樣本上。彼得・魯普納林（Peter Roopnarine）及其同僚對此進行了一項初步研究，顯示出北美洲白堊紀最後一個以恐龍為主的動物群落比過往的群落具有「較低的崩潰閾值」（lower collapse threshold），這是指導致生態系崩潰所需的環境變動比以往更弱。這似乎與過去一千萬年來恐龍生態系的兩次轉變有關，一是局部形態的增加（僅在單個地區或小區域中發現某些形態），以及位於食物網內許多連接中心的大型植食性動物的消失。少了牠們，最新的白堊

紀生態系變得比過去的生態系更脆弱。

食性的區位劃分和特化

關於阿達曼蒂納層食物網有許多問題尚待解決，其中一個是如何區分五種蜥腳類恐龍？牠們是否都吃相同種類的植物？還是說牠們之間也有某種形式的資源分配？這個問題在阿達曼蒂納層生態系中還沒得到解答，但在莫里森層中，這類研究則揭示出植食性動物的多樣性。

在現代生態系中，動物通常會因食物資源的不同，特化出不同的食性，有些可能僅以草、樹葉、水果或堅果為主食，或是在不同高度覓食，好比說是靠近地面、在樹中間或是樹冠上。這樣的特化會為此生態系帶來優勢，當中的每個物種會因應特定食物來源而演化出特別的牙齒或消化系統，不但達到最好的效果，同時還能避免競爭。正如個體之間與物種之間的競爭是演化和生態的核心，避免競爭也是一種正常的反應。

一個有趣的恐龍謎題是關於何以美國中西部的莫里森層的蜥腳類恐龍會出現異常高的多樣性，這裡是頂級掠食者異特龍和角鼻龍，還有披著盔甲的植食性劍龍的大本營。這裡還發現十種蜥腳類恐龍，包括兩角龍（*Amphicoelias*）、迷惑龍（*Apatosaurus*）、重龍（*Barosaurus*）、腕龍、**圓頂龍**（見背面）、**梁龍**（*Diplodocus*，見背面）、簡棘龍（*Haplocanthosaurus*）、小樑龍（*Kaateodocus*）、超龍（*Supersaurus*）和春雷龍（*Suuwassea*）。雖然莫里森層前後橫跨約一千萬年，但在任何時間都有多達五種的蜥腳類恐龍共享這個地方。我們要如何解釋牠們可以共同生活在一起的事實？一個假設是這些恐龍出現一些分工或特化，脖子長度就是一條線索。比方說，腕龍的脖子和前肢都很長，所以可能可以像長頸鹿一樣抬起頭，在很高的地方覓食，而同樣也是長頸的梁龍，比較是往水平方向延伸，因此可能在較低的地方覓食。

在針對這個問題的功能性研究中，雷菲爾德團隊中的大衛·巴頓（David Button）探討了圓頂龍和梁龍這兩種恐龍的顎骨功能。他對牠們

學　名　狹臉劍龍（*Stegosaurus stenops*）

命名者	歐斯尼爾・馬許（1887）
年代	晚侏羅世，157~152百萬年前
化石地點	美國、坦尚尼亞、葡萄牙
分類	恐龍總目：鳥臀目：裝甲總科：劍龍類
體長	9公尺
重量	4.7公噸
鮮為人知的事實	尾巴上的尖刺是用來防禦，這一點可從在一隻異特龍的脊椎骨上發現的刺穿痕跡完全與尖刺大小吻合來證明。

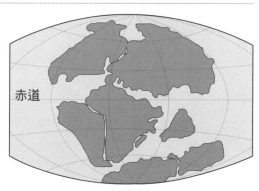

赤道

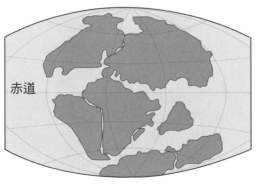

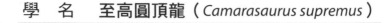

學　名　至高圓頂龍（*Camarasaurus supremus*）

命名者	愛德華‧柯普（1877）
年代	晚侏羅世，157~152百萬年前
化石地點	美國、坦尚尼亞
分類	恐龍總目：蜥臀目：蜥腳形亞目：圓頂龍科
體長	15公尺
重量	18公噸
鮮為人知的事實	在一具圓頂龍的標本中，發現了骨盆上有被頂級掠食者異特龍的牙齒啃咬的證據。

赤道

學　名　卡內基梁龍（*Diplodocus carnegii*）

命名者	約翰・海切爾（1901）
年代	晚侏羅世，157~152百萬年前
化石地點	美國、坦尚尼亞
分類	恐龍總目：蜥臀目：蜥腳形亞目：梁龍科
體長	25公尺
重量	16公噸
鮮為人知的事實	這物種之 所以用億萬富翁安德魯・卡內基（Andrew Carnegie）的名字命名是因為，他贊助了第一項發現這個標本的挖掘工作。

赤道

的顎骨和頭骨進行有限元素分析（FEA），發現圓頂龍的咬合力和一口可吞食的量都遠大於梁龍，意味著牠吃的食物較硬。這一點又獲得頭骨應力分析的支持，這項結果顯示圓頂龍的應力值比梁龍低，證實前者的頭骨能夠承受更大的力（見彩圖 ix）。巴頓又將這套研究擴展到三十五種蜥腳類樣本上，結果發現可以根據咬合力頭骨堅固性的估計值以及牙齒間的相互作用，將每個物種分成不同的功能類別。在他的形態空間圖中，顯示出有兩個功能類別相距很遠，而圓頂龍以及與牠功能類似的物種占據的區域非常靠近，意味著彼此間的相似性相當大。

巴頓對此所下的結論是，圓頂龍可能是雜食性的，食物範圍廣泛，可以吃下堅硬外殼甚至是木質的植物，而梁龍則鎖定在質地較軟，但可磨食的植物，例如木賊和蕨類植物。梁龍有一種傻乎乎的表情，長有一堆指向前方的鉛筆狀牙齒，主要集中在顎骨前方，研究人員推測牠可能會剝食樹枝，一嘴咬下長有葉子的樹枝，然後咬緊牙，將其向後拉，吞下剝落的葉子。梁龍的頭部後方和頸部都長有肌肉，可能是為了進行這種需要強大力量的向後拉動和扭轉的動作。相較之下，圓頂龍的牙齒較厚且短小，而且長滿整排顎骨，因此可能是用比較尋常的方法來覓食，也就是切斷和咀嚼成束的樹枝和樹葉，而不會將樹葉和枝條分開。

....

過去二十年來，我們對恐龍進食的方式有長足的進步。艾蜜莉·雷菲爾德總結了她對此的看法：

> 當我開始進行我的研究計畫時，從化石中獲得了一些訊息，諸如牙齒形狀、齒痕、胃結石和糞化石。一些生物力學專家提出可以用槓桿模型來模擬恐龍的顎骨，所以可以透過這些方式來進行一些基本計算，但我們現在已經將這些整合成一套電腦演算方法，得以回答更複雜或更貼近真實的問題。

在二〇一八年一個關於魚龍（ichthyosaurs）——也就是長得像海豚

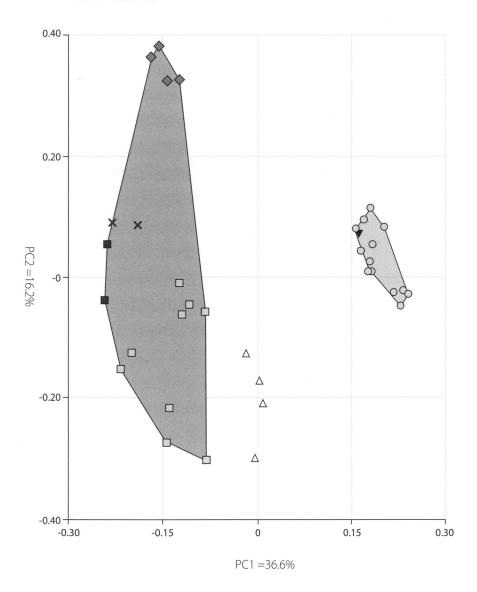

不同蜥腳類恐龍的形態空間圖，這反映出剝樹枝（左）和大口咬下（右）的不同攝食習性。

的一種海洋爬行類──的電視節目上，主持人大衛‧艾登堡問艾蜜莉對魚龍的想法：「所以這可說是侏羅紀海洋中的國王嗎？」「或是女王，」艾蜜莉秒回了一句。

　　新的工程方法都是可驗證的，因此古生物學家不再只是猜測滅絕動物的進食方式。生態學中有許多巧妙的新方法，尤其是食物網的使用也開始有所幫助，但仍有很多研究有待完成。我們可以期待很快看到這兩套方法整合起來，一方面用進食力學機制和食性的準確數據來模擬恐龍食物網，另一方面可以認識這些生態系對外部環境壓力的耐受程度。雷菲爾德現在的主要目標是與她的團隊朝著另一個方向努力，將我們對進食模式的理解與演化相結合，這樣就可得知為什麼有些恐龍群體比其他群體成功，以及在整個中生代出現了哪些可能的食性適應。

第八章

恐龍如何移動和奔跑？

　　恐龍運動的研究是一個範例，正好可以說明古生物學如何從單純的推測轉向科學，而這場革命是由兩位先驅推動的，一位是留著一臉長鬍子，不斷激勵大家的英國教授，另一位則是定居在英國，但至今還沒長出鬍子的美國教授。

　　第一位教授是已故的傳奇人物，生物力學專家羅伯特・麥克尼爾・亞歷山大（R. McNeill Alexander 1934~2016），過去任教於里茲大學。他是這領域的領導者，寫過從魚類到哺乳類的種種生物力學論文，以及許多經典教科書，如在一九六〇年代至二〇〇〇年代期間出版《動物力學》（*Animal Mechanics*）、《魚類的功能設計》（*Functional Design in Fishes*）和《動物的運動》（*Locomotion of Animals*）。他的講座也很有名：博學多聞的他從跳蚤到大象的所有功能都有廣泛的了解，再加上他瘦長的身軀和飄逸的鬍鬚，還會模仿許多動物的跳躍和飛行。亞歷山大在北愛爾蘭出生，也在那裡求學，因此在他的演講中保留了輕快的阿爾斯特口音，更添幾分迷人色彩。亞歷山大不時會涉足到恐龍古生物學的世界，就如何使用塑膠模型來估計恐龍的體重，或是計算牠們的跑步速度提出建議。他對恐龍奔跑速度的真知灼見改變了這個領域；一九七六年，古生物學家在一夜之間得到了一個可靠的公式，讓他們明白速度的估算可以不僅是靠猜測。

　　約翰・哈欽森（John Hutchinson）是這領域的新世代，但他受到麥克尼爾・亞歷山大的著作所影響。亞歷山大的行文風格如同在描一場夢，但同時又具有清晰的洞察力，讓人明白在探究現代動物的運動上是沒有限制的，而且可以將這些發現應用在恐龍身上，」哈欽森說。哈欽

森長得比亞歷山大更結實，剃了一顆光頭，身材像是美式足球運動員，但為人溫和而充滿熱情，就像亞歷山大一樣。哈欽森因為曾在電視節目中解剖大象、賽馬和鴕鳥等而聞名。他有一個名為「約翰的冰箱裡有什麼」的部落格，在二〇一一年《國家地理》（*National Geographic*）的部落格還曾描述他是擁有最多冷凍大象腳的人。他在倫敦北部的皇家獸醫學院工作，因此可以接觸許多送來接受檢查的異國動物，多數是來自各地的動物園。他可能會在這一週研究大象是否會跑（書上說牠們不能；但約翰的影像顯示牠們可以，只是以一種非常不尋常的方式奔跑），然後下一週就去當好萊塢恐龍電影製片人的顧問，或是幫學生編寫運動力學的電腦程式碼。

　　哈欽森的博士學位，做的是關於鳥類和鱷魚腿部和臀部肌肉的經典解剖學研究：

亞歷山大教授解釋如何估計恐龍的原始質量。

　　　　這奠定了我研究恐龍的基礎。我解剖了九隻短吻鱷，還
　　有蜥蜴、蛇、海龜和幾十隻鳥類，並找出所有提供牠們運動動

被骨骼包圍的約翰・哈欽森，一反往常地看來很正經嚴肅。

力的肌肉所共有的模式〔約翰說〕。開始讀博士時，我對生物體的演化方式很感興趣。我並不執著於一個想法，而且很喜歡《侏羅紀公園》的原著小說和電影，牠也看到一個機會，覺得可以利用現代的生物力學方法來測試暴龍站立和移動的方式。最終，我的博士研究生涯都投入在這項計畫上，幸運的是，確實有所成果。肌肉組織在所有脊椎動物中都大致相同，聚焦在這些基礎知識上，對整個研究很有幫助。

這正是現行的親緣關係包圍法的概念（見導言），讓古生物學家得以根據鱷魚和鳥類等恐龍後代來決定牠們腿部肌肉的大部分細節。正如哈欽森在解剖中所發現的，所有的脊椎動物都具有相同的基本肢體肌肉，照這點來看，恐龍的肌肉很可能也大同小異。因此古生物學家只需在骨骼上尋找肌肉留下的痕跡，就可確定這些肌肉的大小，而且這些附

著部位通常很明顯，因此可以很容易測量肌肉的寬度。肌肉的寬度或直徑會決定肌力的大小，而附著點的位置則顯示出其位向，所以可用於計算力量。不過，正如約翰所解釋的：

> ……這不僅是肌肉而已。我們需要了解動物如何站穩牠的腿，牠的體重如何透過腿分散到地面，以及關節運動的順序和肌肉的發動。而且還有各種有不同的移動方式，即所謂的步態。我們知道光是馬就有五種步態，有步行、快步、小跑、慢跑和疾馳。因此現在的問題是，所有動物都會表現出這些步態嗎？恐龍呢？

研究恐龍的移動方式，是時尚和科學的非凡結合。直到最近，我們看待恐龍的方式——無論認為牠們是笨拙而緩慢的爬行類，還是行動矯捷的行動者——都取決於當下的偏見。腳印和骨骼的證據構成對恐龍認識的基礎，而新的電腦演算則讓亞歷山大和哈欽森等研究人員能夠進行測試，找出當中可能成立，或是不可能的假設。現在我們可以確定恐龍站立和行走的方式，還有行動速度，以及牠們是否會飛行和游泳。然後我們還可以將科學與好萊塢的大場面進行比較——他們真的在電影中如實呈現出恐龍的樣貌了嗎？

隨風潮改變的恐龍姿勢和運動模式

世人在重建恐龍的形象時，會受到流行趨勢所主導。我們對恐龍的想像，從巨大的鱷魚到壯碩的犀牛，再來是袋鼠，然後是懂得平衡的高速雙足類，再到今日龐然莊嚴的雙足動物。說到底，這一切都是對骨架的詮釋，為牠們的四肢找一個合理的姿勢，並且從現生動物中選出合適的例子來比擬。我們可以對前人的古老圖像一笑置之——他們怎麼可能會相信有這種生物存在呢？但未來的古生物學家可能也會嘲笑我們今日盡力所做的。儘管如此，我們依舊懷抱希望，期待我們的假設會隨著時

間的累積而改進：正如牛頓所說，「我們是站在前人的肩膀上」。

第一次重建恐龍時，古生物學家認為這應當是一隻超大的蜥蜴或鱷魚。大約是在一八三〇年，吉迪恩・曼特爾（Gideon Mantell）甚至將他的禽龍標本重建為一隻巨大的蜥蜴，體長超過六十一公尺，以四肢行走，身體貼近地面。當時也將其他恐龍想成是巨大的鱷魚，而且是身形低矮的四足動物，不過追捕的獵物可能也行動遲緩。之前在書中提到，理查・歐文在一八四〇和一八五〇年代徹底修改了恐龍形象，將牠們描繪成類似犀牛的溫血動物，身材魁梧，行動可能相當緩慢。

歐文的犀牛恐龍版本並沒有維持多久，因為在北美洲發現的完整骨骼顯示他弄錯了。約瑟夫・萊迪（Joseph Leidy）在一八五八年描述的第一具鴨嘴龍骨架顯然是隻雙足動物，其腿長是手臂的三四倍。萊迪選擇的是一種相當筆直的姿勢，讓這頭動物坐在腳後跟上，任憑尾巴接觸地面；軀幹直直站著，就像一隻警覺的袋鼠。這種站姿頓時蔚為風尚，一直流行到 一九七〇年。在 一八六〇年以後，其他的雙足恐龍圖像在呈現奔跑姿勢時顯得模棱兩可——有些人發覺應該要將這種動物的位向翻轉成水平，將脊椎和尾巴拉長延伸，讓身體在臀部前面以平衡後方的尾巴——比較像是蹺蹺板而不是袋鼠。其他人則堅持展示恐龍在奔跑時身體依舊垂直，將尾巴拖在地上——這是一個不合理的結構，需要折斷尾巴和脖子的好幾個部分才有辦法維持。至於速度方面，這樣的恐龍更像是笨拙的巨蟒，而不是可移動的生物。

一九七〇年，革命降臨，當時兩位年輕的古生物學家，一位英國人，一位美國人，有了同樣的頓悟。在第四章曾提到，鮑伯・巴克將小型的獸腳類恐爪龍（Deinonychus）描繪成一個身體呈水平姿勢的跑者，而彼得・高爾頓也如出一轍地描繪鴨嘴龍科中的鴨龍（Anatosaurus），畫出延水平方向伸展的樣子，他還附加了一句「匆忙」。他們的真知灼見立即為大家所領會，此後再也沒有袋鼠恐龍的身影，除了在那些最便宜的兒童讀物中。在巴克和高爾頓看來，能夠與恐龍比擬的現生動物不是袋鼠，而是一個路跑健將。可能比較接近大多數

早期由曼特爾重建的禽龍的身影象，如同一隻身長六十一公尺長的蜥蜴。

從一八五三年開始，禽龍的形象則是由理查‧歐文繪製的犀牛般的巨獸為主。

人都熟知的卡通人物嗶嗶鳥，牠在美國沙漠中一直遭到威利狼追逐，而牠也是一隻貨真價實的鳥，身形纖瘦，以伸長尾巴和頭的快跑姿勢而聞名。

　　恐龍骨架的發現也支持巴克和高爾頓的看法。首先，發現保存較完

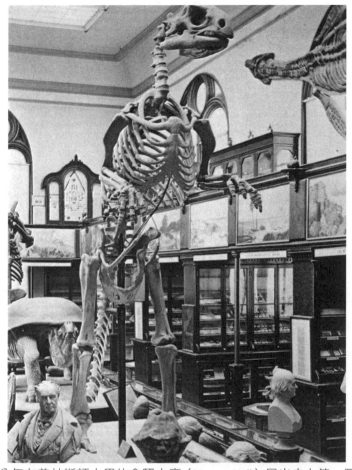

一八九八年在普林斯頓大學的拿騷大廳（Nassau Hall）展出史上第一個完整的恐龍骨架——福氏鴨嘴龍（*Hadrosaurus foulkii*）的複製品。

整的骨架，就可以確定關節的特性。事實上，恐龍的四肢關節就像今日的鳥類和包括人類在內的哺乳類一樣，四肢關節都是相對簡單的。以腿部來說，膝蓋和足踝是簡單的鉸鏈構造，在四足恐龍身上，前肢的手腕和肘部也是如此。而雙足恐龍的手臂則像鳥類和人類一樣，能夠進行更複雜的運動，手腕和肘部都可旋轉，鳥類可以拍打翅膀，人類可以打網球，猿類可以在樹林中換手擺盪。所有這些都是因為髖關節和肩關節的構造使然，允許旋轉和前後運動。

　　恐龍全都演化出直立的姿勢，這是牠們和身軀龐大的祖先的分野。

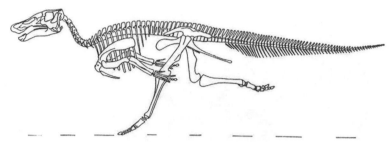

匆忙奔跑的鴨龍，彼得・高爾頓於 一九七〇年繪製的。

在兩億五千兩百萬年前發生二疊紀－三疊紀大滅絕時，所有龐大的爬行動物都滅絕了，在三疊紀取代他們的新群體（見第一章）採取的是直立的步態。今日尚存的爬行動物有小型的蠑螈和蜥蜴，牠們的手臂和腿向兩邊伸出，隨著動物的移動而做出大幅度擺動。爬行時，身體會緊貼地面，也不能長時間的快跑──因為要把肚子挺起來得花很大的力氣，而且步幅有限。而這批新的直立動物可以昂首闊步地快速前進，輕鬆不費力地保持體態的直立。

　　事實上，恐龍一開始基本上就是雙足活動的，牠們不可能是四足爬行。並不是演化出直立姿勢而讓牠們有雙足行走的可能性──這帶來的直接優勢是速度和逃避掠食者──而是因為有了直立姿勢才得以讓獸腳類用雙足行走，發育出巨大身軀以及最終演化出能夠飛行的動物和鳥

爬行（左）和直立（右）
姿勢的比較。

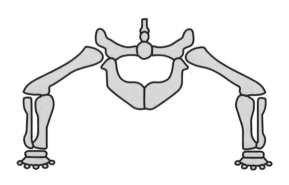

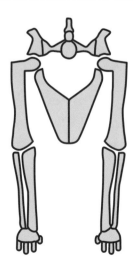

類。蜥蜴爬行時所作出的伸展姿勢，意味著牠們的腳踝、手腕、膝蓋和肘部都比直立姿勢的恐龍和哺乳類的鉸鏈式關節要複雜得多，因為在每一次的伸展步伐中，四肢都得經歷無數次的曲折扭轉。

　　然而，一些關於恐龍運動的最初證據其實是來自腳印，而不是骨骼。

我們可以從腳印和足跡中學到什麼？

　　世人對恐龍足跡的認識已有兩百多年的歷史，儘管早期的研究人員並不確定它們到底是什麼。第一個發表的紀錄可以追溯到一八〇七年，當時居住在康乃涅狄格州阿默斯特（Amherst）的牧師愛德華·希區考克（Edward Hitchcock）在當地的早三疊世地層中的紅砂岩上看到了一些巨大的三趾腳印。一八〇二年，名叫普林尼·穆迪（PlinyMoody）的農場男孩首先發現這些標本，據說，他將它們撬出來，用這些含有足跡的石板做了一個門階。

第一個發現的恐龍腳印，約在一八一〇年於康乃狄克州展出。

　　希區考克為此著迷不已。在接下來的三十年間，他找出更多的標本，且由於在康乃狄克州哈特福德（Hartford）附近開設了許多採石場，專門尋找用於建造房屋的紅色和黃色砂岩，因此更容易找到這些標本。當他們撬開石板時，有時看到的是單獨的腳印，有時是一連串的足跡，且通常至少有五十個，清楚地印在表面上，一左一右地重複一段距離。希區考克開始蒐集這些石板，最終將它們全數捐贈給阿默斯特學院（Amherst College），至今仍有機會在那裡看到它們。他出版了幾本插圖精美的專著來描述他的發現，最著名的一本是在一八五八年出版的《新英格蘭的生痕化石》（*The Ichnology of New England*）。

　　希區考克一直認為這些是鳥的腳印──不可否認，其中一些確實是相當大的鳥。他無法將牠們歸類在現生的任一種爬行類中，例如鱷魚或蜥蜴，牠們通常長有五個手指和腳趾，而且手掌和腳掌是會平放在地面上。康乃狄克谷地的三疊紀地層上的足跡是三趾的，就像現代鳥類一

康乃狄克州阿默斯特博物館的希區考克恐龍腳印板之一；兩塊平板顯示了同一組四個三趾印記的底面（左圖）和脫模（右圖）。

樣。希區考克的神學家友人推測牠們也許是上古時代的生物，可能是諾亞的烏鴉在大洪水之後前來尋找旱地時所留下的。然而，那裡有太多的足跡，而且很多都非常巨大，這說法幾乎不可能──除非那些烏鴉是鴕鳥的兩倍大！

現在我們知道這些足跡是由早期的恐龍所留下的，可能是兩公尺長的近蜥龍（*Anchisaurus*）──在新英格蘭同年代的地層中因其細長的骨骼而聞名。近蜥龍的頭骨很小，就其口中的牙齒來看，研判是以植物為主食，牠有長長的脖子和尾巴，纖細的身體是以幾乎同樣長度的胳膊和腿支撐起來的──牠可能會在四肢行走和後腿奔跑之間切換。至於當中更大的足跡，可能是牠們的親戚大椎龍留下的，其體長達六公尺。這兩種恐龍都是蜥腳形類，是雷龍（*Brontosaurus*）和其他蜥腳類恐龍的祖先。

為什麼這些動物會在康乃狄克留下這麼多足跡？在那個時代，這類動物很可能分布在世界各地，但康乃狄克谷地的岩石沉積條件恰好適合保存，就跟南非一樣，在當地的幾個地方也有類似年代的這類足跡。當時的新英格蘭地區氣候異常炎熱，植被環繞著大湖，湖泊中魚類豐富，像蜥蜴一樣的小動物會在水邊捕食蟑螂和蜻蜓，植食性恐龍則爭先恐後地擠在岸邊尋找豐富的植物性食物來源。

那個時代的正午朦朧而炎熱，這點提醒我們，新英格蘭地區就跟德國和北非一樣，當時都還靠近赤道區，大西洋才剛剛開始推開歐洲和北美。後來在歐洲、北美和非洲的構造板塊間發生的火山噴發和撕裂運動造成了深深的裂縫，就像今天的東非大裂谷。裂谷形成了自然窪地，再當中又會形成大大小小的湖泊，而這會吸引昆蟲、植物和魚類以及以這些食物為食的恐龍前來。

一八五〇年以後，在全世界的晚三疊世、侏羅紀和白堊紀地層中日益發現更多的恐龍足跡。古生物學家逐漸能夠根據腳印大小和腳趾留下的印記形狀來配對，找出腳印可能的主人，比方說，帶有鋒利爪子的三趾腳印可能是獸腳類恐龍或鳥足類的，而腳印若有巨大的圓形標記，則

可能是由蜥腳類等巨型恐龍所製造。

　　正如希區考克指出的，康乃狄克河谷的許多足跡在沉積物中留下了深刻的印子。他推測，當時的地面一定非常柔軟，因為腳印向下深達十或二十公分，穿透了好幾層地層。當時的他無法應用這些驚人的標本數據，但今日的運動專家史蒂芬・蓋茨（Stephen Gatesy）和彼得・弗金漢（Peter Falkingham）能夠應用掃描和數位工程技術。他們重建出足部的循環動作，顯示細長的左腳踏入淤泥中，三個主要的腳趾都盡可能地伸展開來，讓腳掌變寬，然後向下沉入淤泥，直到碰到較硬的淤泥或

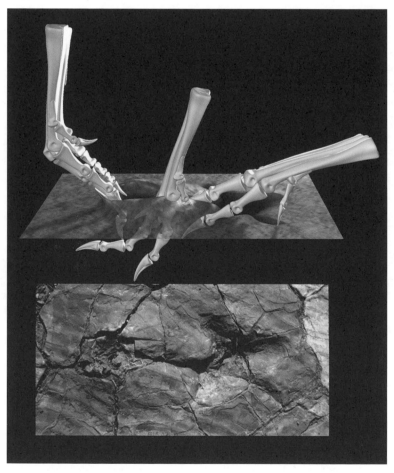

細長的恐龍腳在張開腳趾後踩進沉積物中，然後隨著動物向前移動，這隻腳的腳趾緊抓，將腳掌縮回拉出。

沙子，然後在身體繼續向前時，承受整個個體的重量，腿也跟著前進。之後，換右腳著地，承受體重，並且把左腳拉起來，這時腳趾會緊縮，就好比是那些患有風濕的女巫之手，蜷曲起來，這樣牠們就可以用最小的力氣從黏黏的土地中拉起。

可以在多層沉積物中以及電腦斷層掃描和模型中看到整個足部運動的循環——足部進入，腳趾向外，踏上堅硬的沉積物，隨著動物不斷移動而向前滾動，當另一隻腳開始展開下一個步伐時，腳趾會緊緊抓在一起，然後拉出腳掌。

恐龍跑得有多快？

要計算恐龍走路和奔跑的速度似乎是件不可能的任務，但實際上這是恐龍學中最基本的一項計算。這套方法是由麥克尼爾・亞歷山大於一九七六年提出，他那時注意到在雙足動物和四足類動物身上，似乎有一條運動「規則」可循。這是基於一項相當普通的觀察，即隨著行動速度的增加，步幅也跟著增加——當速度非常快時，步幅會是一般步行的兩三倍。

麥克尼爾・亞歷山大從這項基本生物力學中推得，所有動物的速度和體形間應該展現出一相同關係，也就是說，相對而言，體形愈大的移動速度應變得愈慢。他的靈感來自於一條造船的基本公式，這實際上可擴及所有事物。一八六一年，維多利亞時代傑出的工程師威廉・弗勞德（William Froude）建立出一套對船舶設計至關重要的力學基本定律，在當中他指出，流體對船舶運動造成的阻力，與相對於流體的速度的平方以及阻力面積成正比。麥克尼爾・亞歷山大是第一位意識到這個公式除了船隻之外，也適用於鯨魚的人，而且在修改後，除了游泳之外，也能用在跑步上。他發現他可以用弗勞德數=2.3（相對步幅）$^{0.3}$的公式來描述多種現生動物的行走和奔跑。相對於體形的速度比例就是所謂的「無量綱速度」（dimensionless speed），或者簡稱為「相對速度」。

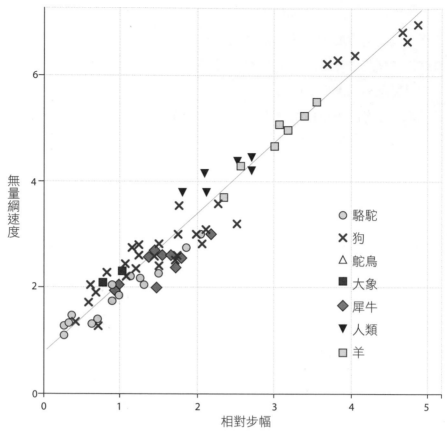

相對步幅與無量綱速度間的關係。

　　這就是麥克尼爾・亞歷山大那篇一九七六年著名論文的基礎，全文只有兩頁，但在當中他提出，我們可以很有信心地從足跡來計算恐龍奔跑的速度。他的論點難以否認——我們有一個能夠適用於所有現代動物的公式[1]。他在人類、馬、狗、大象、鳥類、老鼠……身上都嘗試過，而且屢試不爽。我記得在 一九七〇年代的英國國家廣播電臺《地平線》（*Horizon*）節目中看到他的精采展示，當時他和他有點無奈的家人中斷了他們在北諾福克的假期，在海灘上跑起步來，然後再找來狗和馬，重複同樣的動作，而這位了不起的教授，任憑大把鬍鬚在風中飛

1　$v = 0.25\ g^{0.5} \times SL^{1.67} \times h^{-1.17}$，其中 v 是速度，h 是臀部的高度，SL 是步幅，而 g 是重力（每秒 10 公尺）。

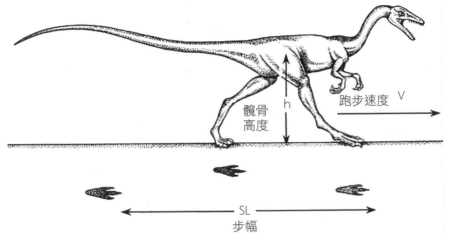

跑步速度 V

髖骨
高度

h

SL
步幅

從步長和臀部高度來估計速度。

揚，拿著尺來測量牠們的步幅。

　　麥克尼爾‧亞歷山大認為可以將他的公式應用在恐龍身上。這是一種以足跡來估計速度的簡單方法——古生物學家有數千條足跡可供查看。典型的速度介於每秒一～三點六公尺的範圍，而當鮑伯‧巴克這類古生物學家開始用更快的速度估計值來證明某些恐龍跑得很快—例如暴龍每秒可達二十公尺—因此必定是溫血的，而且主張，我們無法使用足跡來推估出最大速度，因為沒有一種動物可以在濕泥或沙子跑得那樣快。快跑需要在堅硬的地面，而這類地面是不會保留足跡的。

　　儘管如此，大多數計算出的恐龍速度都不至於太極端。大部分的注意力都集中在暴龍身上，但很難將足跡直接與成年動物配對。二〇一六年發現的幼龍足跡顯示速度是每小時四～八公里（每秒一點三～二點二公尺）之間，對於人類來說，這是快走的速度，但對於體形較大的動物來說，這樣的速度其實很慢。因此，中生代的生命可能是以慢動作進行，而不是賽馬和獵豹的速度。這是科學家對暴龍所能估計出的最大速度，而足跡也符合這樣的推測。

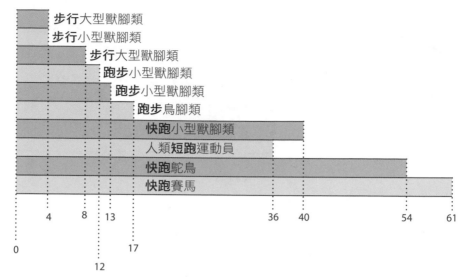

步行大型獸腳類
步行小型獸腳類
步行大型獸腳類
跑步小型獸腳類
跑步小型獸腳類
跑步鳥腳類
快跑小型獸腳類
人類**短跑**運動員
快跑鴕鳥
快跑賽馬

0　4　8　12　13　17　36　40　54　61

恐龍步行和奔跑速度與現代動物的比較。（單位：公里／小時）

　　要如何將這些速度估計值納入更詳盡的運動模型呢？當然，數位模型必須遵守物理定律，而且還要符合化石足跡的觀測數據。就跟所有其他生物力學專家一樣，約翰・哈欽森也必須從這些首要的原則著手。他回憶道那段撰寫博士論文時的歲月：

　　　　解剖和參觀博物館是一項繁重的工作。在完成後，還得深入研究運動物理學，這令人望之生畏，尤其是想到對於暴龍還有很多未知。我必須想出一種方法來將這些未知因素納入考量，同時還要能夠測試暴龍是如何移動的。有時，我真的快要放棄尋找答案！

數位化恐龍：牠們的腿是如何運作的？

　　哈欽森並沒有放棄。他知道工程師在他們的工作中會用上很多常識，但他們也會把工作做得很周延。當他和史蒂芬・蓋茨合作，思考恐龍真正的姿勢時，他們決定把各種可能性都納入考量，並選擇暴龍當作模型。因此，他們製造出一系列驚人的姿勢——成千上萬個（請參閱背

頁所挑選的幾個）。有些看起來很合理——邁步時，腿抬至中等高度；但他們也嘗試了「俄羅斯哥薩克」（Russian Cossack）的步態，這是指動物向地面蹲下，直至耳朵靠近膝蓋的位置，然後向前推進，接著是精靈般的腳趾，隨著身體一起拉高，腿也隨之移動，幾乎是像芭蕾舞者那樣踮著腳尖行進。

可以立即排除這類極端情況，因為這樣的動作需要巨大的額外力量來保持雙腿挺直，或維持蹲伏的姿勢。這裡的關鍵是「地面反作用力」——這是一種垂直向上的作用力，與體重相等但施力方向相反。若是這樣的力在垂直方向穿過膝蓋前方，好比說當四肢伸得筆直時，那動物就會往後倒；若是這個力離膝蓋太遠，那麼膝蓋周圍會產生過大的旋轉力，任何合理大小的腿部肌肉都無法抵抗。在這種情況下，可以排除a、b兩種姿勢，而c或許可行。

經過多次實驗後，哈欽森和蓋茨確定出一組核心姿勢和步幅，這些姿勢和步幅在大多數人看來，多少都是合乎常理的。然而，這項實驗其實很有幫助，因為它是基於這些姿勢是否會浪費能量的邏輯來說明為什麼應該要排除其他的可能性。接下來的問題則是，能否單靠這樣一種基於首要原則的生物力學方法來決定最大跑速。我們永遠無法跟著一隻正在奔跑的暴龍，幫牠測量速度。但如果能根據腳印來計算速度，另一方面就骨骼的基本功能來考量，兩者若是能得出相同的答案，我們便可能會認為這一模型是正確的。這不是一種做科學的完美方式，但它滿足了常識的要求並且可以說是構成了證據——至少就法律意義來說。

哈欽森的想法在二〇〇二年發表出來，寫在他與瑪麗安諾・賈西雅（Mariano Garcia）的共同著作，文中表示他們利用對骨骼和肌肉的認識來估計速度。在肌肉量和速度之間存在一標準關係，這是基於肌力與肌肉橫切面成比例的假設。當我們比較短跑運動員和非運動員的腿時，可以清楚看到這一點——短跑運動員的伸長肌是跑步的主要動力，其直徑可能是正常、健康者的兩倍。同樣地道理也可用在其他動物上——與其他狗相比，靈緹犬和惠比特犬身上也都是肌肉。

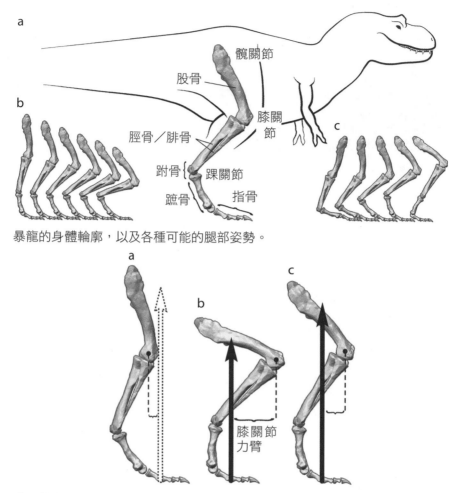

暴龍的身體輪廓，以及各種可能的腿部姿勢。

膝關節力臂是膝蓋周圍的旋轉力，姿勢 c 顯示用力最小時的膝蓋正確位置。在 a 中，腿太直，而在 b 中，腿又太彎。

　　肌肉量與力量或速度的關係與體重成比例。體形較小的動物要達到快速所需要的肌肉相對較少（而肌肉本來也與體形成正比）。哈欽森以雞當作是跑得快的小動物例子。這似乎不是一個很好的選擇，但雞的構造確實是為了在地面上快跑而設計的，任何曾經想抓過雞的人都可以證明這一點。一隻雞重約一公斤，哈欽森又算出主要的腿部肌肉占體重的百分之十。然後他計算了一隻六公噸重的雞（相當於暴龍的重量）所需的腿部肌肉組織的體積，答案是大約需要十公噸重的腿部肌肉，即該動

物體重的兩倍（100%×2 條腿=200%），才能達到與雞相同的速度。這是不可能的──沒有動物可以擁有兩倍的體重的腿部肌肉。甚至連一半都不可能，因為還需要製造其他器官，才能維持一動物的功能。

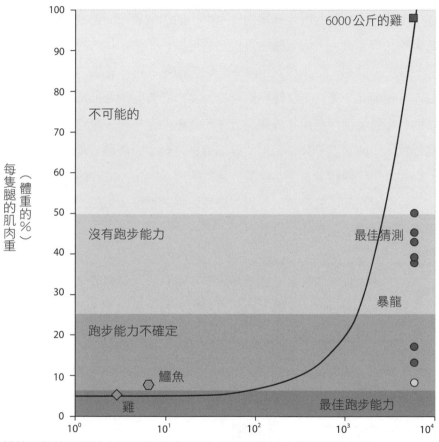

計算可能的運動速度以及隨著體重增加要達到該速度所需的肌肉量。

在一張凸顯他們研究的著名圖表中，哈欽森和賈西雅展示出六公噸重的雞與暴龍保持同速的狀況。他們的計算是，暴龍頂多將牠六公噸體重的三成分配給腿部肌肉，這意味著牠可以像一臺嬰兒推車，可稍微調整一下速度，但時速最高僅達到十六～三十七公里。而這些還是絕對最大值，實際速度很有可能不到這些值的一半。回想一下之前的足跡數據，從那裡推估出的速度是在每小時四～八公里。這兩項計算相當接

近，這意味著獨立的科學觀察為此提供良好佐證，一邊是來自是化石足跡，另一邊是關於身體尺寸縮放和腿部肌肉相對尺寸的生物力學中的公認規則。

就哈欽森和他的團隊最近的研究來看，這方面還有很多需要探究。在一項二〇一八年對現代鳥類的研究中，他們證實了一個過去尚有爭論的觀點，即事實上，大多數的現代鳥類可以很順暢地從一種步態轉換到另一種——例如，從步行到跑步——只需加速即可，相較之下，人類和許多其他哺乳類要從走路轉換到跑步，這中間會有明顯的變化。將這套新的鳥類運動模型應用在暴龍身上，預測出的結果是，牠會以穩定的斜度彈跳，步幅有四公尺長，但始終都會維持至少一隻腳著地（牠沒有在鴕鳥和賽馬等快跑者身上看到的「懸空階段」〔airborne phase〕）。

這些近期的研究顯示，學界對麥克尼爾・亞歷山大四十年前開創的領域更加有信心。約翰・哈欽森是這樣說的：

> 我們現在在模擬恐龍運動方面可以做得比過往僅靠直覺來得好。結合腳印、骨骼、生物力學的證據，再與現生的動物形式相比較，這讓我們能夠對恐龍可能的姿勢和步態進行測試。我們甚至可以判定現代動物無法做到的移動方式——但許多恐龍可以做到。

暴龍如何使用牠的手臂和腿？

暴龍的腿顯然主要是用來支撐牠巨大的身體和移動，或許也用來壓制獵物。今天，禿鷲和其他腐食性鳥類在撕扯動物屍體時，會用腳來將其固定。非洲祕書鳥（African secretary bird）——因為兩隻耳朵後面長有一根長羽，看似祕書用的羽毛筆，因此而得名——在追逐蜥蜴和蛇時，會用腳猛烈地拍打獵物，然後用喙殺死和撕裂牠們。貓頭鷹和老鷹也是如此，會用強大的腳爪抓住獵物，然後在撕下肉時用腳按住獵物，阻止牠蠕動掙扎。

鳥類必須用腳來抓住獵物，加以制服，那是因為牠們不能用翅膀來抓。然而，恐龍因為站立起來，以雙足行走，空出牠們的手臂，而且早期獸腳類動物中在咬食獵物時肯定會用手抓住的。同樣地，早期的雙足類植食性動物，如蜥腳形類和鳥腳類的基群，也能用手去抓樹葉。大多數後來的植食性植物都變成四足類，所以手臂變成柱狀，且手指縮短還配備有小蹄。牠們的前臂已經無法抓握了。這些蜥腳類、角龍類、劍龍類、甲龍類和鴨嘴龍類的恐龍幾乎必須完全靠嘴來處理牠們的植物性食物，牠們的手臂，除了行走以外，失去了做任何事情的能力。

一隻現代的祕書鳥在壓制眼鏡蛇時顯得毫不畏懼。

大多數獸腳類動物的手指數量從五個減少到三四個，甚至是兩個，這在**暴龍科**的某些物種身上可以見到。與此同時，手臂的整體尺寸變小，在暴龍科中，手臂的長度僅有腿的兩成，而早期獸腳類，如腔骨龍（*Coelophysis*）為百分之五十，人類則是百分之七十。這些手臂到底是做什麼用的？如第六章所述，這股手臂縮短小的趨勢在手盜龍類中出現

學 名　暴龍（*Tyrannosaurus rex*）

以人類來當比例尺，可以更加體會到暴龍的體形有多巨大。

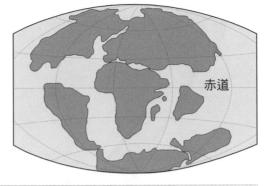

赤道

命名者	亨利·奧斯本（1905）
年代	晚白堊世，68~66百萬年前
化石地點	美國、加拿大
分類	恐龍總目：蜥臀目：暴龍科
體長	12.3公尺
重量	7.7公噸
鮮為人知的事實	有一個暴龍的標本，暱稱為蘇，那是來自牠的發現者蘇·韓綴克森（Sue Hendrickson），她在一九九七年以 八三六萬美元的價格賣給了芝加哥的菲爾德博物館（Field Museum），這是有史以來價格最高的恐龍之一。[1]

逆轉，牠們是以細長的手臂來飛行。但是暴龍卻為短臂所困，並且在從幼年發展到成年的過程中，整個比例還會變得更小（就像腿一樣），正如哈欽森及其同事在二〇一一年的一項研究中所顯示的。

暴龍纖細的小臂引起了很多猜測。若是暴龍是用牠寬闊外開的腳按住死屍，或殺死獵物，那麼牠們的手臂在狩獵時會發揮任何用途嗎？普遍的共識是不會，因為這雙手連嘴都碰不到——所以即使暴龍用手抓起一塊美味的食物，也無法送到口中享用。其他對手臂的想法有，醒來時可用手臂將自己推起來，離開地面，或是在咬死獵物時將其按住，甚或是逗弄異性，吸引牠們來交配。這些想法都無法加以檢驗，不過就手臂的槓桿力學研究來看，它們是很強壯的，即使小得可笑。至於它們的功

1　二〇二〇年十月，一隻名為STAN的暴龍，以31,847,500萬美元成交，賣給阿布達比自然歷史博物館。

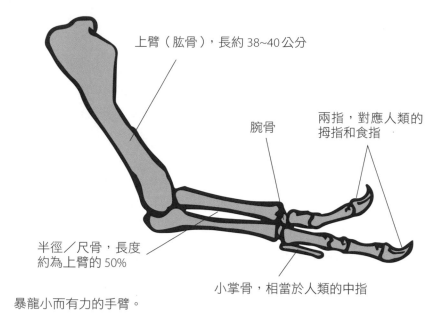

上臂（肱骨），長約 38~40 公分

腕骨

兩指，對應人類的
拇指和食指

半徑／尺骨，長度
約為上臂的 50%

小掌骨，相當於人類的中指

暴龍小而有力的手臂。

能，至今仍然是個謎，是恐龍學中的一大難題，有待未來的研究人員來探討，想必會樂在其中。

不過在另一種手臂短的巨型獸腳類動物身上，這可能是截然不同的故事。在阿根廷的晚白堊世地層中發現的薩氏食肉牛龍和暴龍沒有相近的親緣關係。這種恐龍的手臂退化得更多，只有後肢長度的百分之十二左右，腕骨也大幅減少。事實上，科學家以「退化」（vestigial）來描述牠的前肢，意味著它幾乎不存在——體積縮小到幾乎沒有任何功能，就像今天不會飛的鴯鶓和奇異鳥的翅膀一樣。也許薩氏食肉牛龍已經放棄用牠的手臂和手來抓東西，而是用長在兩邊的一簇羽毛來旋轉——牠們宛如白堊紀時代的異國舞者，試圖以此來吸引異性。

如果暴龍和薩氏食肉牛龍沒有在晚白堊世滅絕，演化到最後，這些手臂可能會消失於無形嗎？

恐龍會游泳嗎？

所有的動物都會游泳，貓也不例外。牠們可能不喜歡，但在必要時

學　名　薩氏食肉牛龍（*Carnotaurus sastrei*）

命名者	何塞·波拿巴（1985）
年代	晚白堊世，72~69百萬年前
化石地點	阿根廷
分類	恐龍總目：蜥臀目：阿貝力龍科
體長	9公尺
重量	1.6公噸
鮮為人知的事實	薩氏食肉牛龍的頭頂長有一對角，可能是雄性用來相互撞頭競爭的。

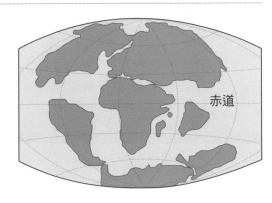

赤道

還是會游。因此，恐龍沒有理由不會游泳，尤其是在進行長途跋涉的遷移時。目前不確定是否所有的恐龍物種都會遷徙，但就目前對於現生大型哺乳類的認識而言，似乎很有可能。例如，今天大家都熟知馴鹿和大象會進行長期遷徙，因為牠們的食物來源有季節性變化，在面臨這問題時，必須去尋求足夠的食物。

在白堊紀時，北美洲分為兩塊陸地，一塊在東邊，另一塊在西邊，進入西部內陸海道（Western Interior Seaway），這會穿過墨西哥州和德州，到達艾伯塔省和西北領區。以熱衷尋找恐龍足跡而聞名的馬丁‧拉克萊（Martin Lockley），出生於英格蘭，但長期居住在科羅拉多州，他在那裡找出許多他稱之為「恐龍大型足跡遺址」（dinosaur megatracksites）的點，每處都有數千個腳印，主要是以足跡的形式出現，位於這片內陸海的西部海岸線上。

巨型足跡遺址記錄了成群的恐龍如何在一個季節期間向北和向南跋涉，可能走上兩三千公里的路，以尋找茂密的植物。據推測，在遷徙過程中，恐龍群得游過河流，就像今天的馴鹿和牛羚一樣。我們只能想像恐龍群經過時的壯闊畫面：成體每隻重達五十公噸，邁開牠們的大腳，

科羅拉多州的恐龍嶺（Dinosaur Ridge），此處發現有大量恐龍足跡——大部分都朝著同一個方向。

每隻腳都像樹幹一樣粗，轟隆隆地踩在地上猶如雷鳴，還會揚起大片塵土。幼龍，有些像牧羊犬一樣小，為了安全起見，牠們會待在移動的恐龍群中間，但可能會在父母的腿下亂竄走動。

　　一些罕見的足跡似乎支持恐龍會游泳的論點。其中最奇特的一組是

西部內陸海道的地圖。恐龍沿著拉拉米迪亞大陸的東海岸向北和向南跋涉。

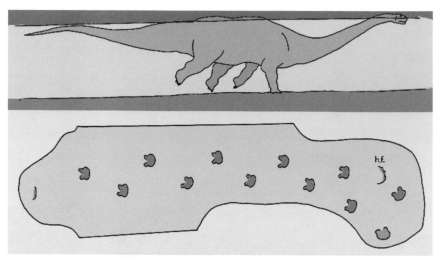

最有可能的解釋是蜥腳類恐龍在游動時僅用手滑動所留下的痕跡。

由海盜龍收藏家發現的羅蘭·博德（Roland T. Bird）於一九四四年發表的。他在德州的白堊紀地層發現了一系列大型的、只用手的蜥腳類恐龍腳印，並推測該動物正在深水中移動，其後肢和尾巴漂浮起來，並利用手臂在水中划動，或是為了改變方向而用手去戳河底，因為後肢在後面僅扮演槳的功能，以類似狗爬式的方式擺動。另一個可能的解釋是蜥腳類恐龍是在用雙手保持平衡，同時在做一些非常需要高度體操技巧的動作。這樣的提議雖然很有趣，但由於這動物的後半部實在太過巨大，因此不太可能真的這樣行動。此外，即使恐龍是一個了不起的體操運動員，若是牠所有的重量都完全靠手臂來支撐，肯定會在沉積物上留下很深的印記，而不是現在看到的淺痕。韓國和中國也相繼發現這類僅留下手印的蜥腳類足跡，因此這可能是一種普遍的行為。

羅蘭·博德曾經為美國自然史博物館進行採集收藏，他在德州的格倫羅斯（Glen Rose）附近的帕魯西河（Paluxy River）河岸上發現了蜥腳類恐龍的腳印。他是從當地人那裡聽說這個地方，他們說那裡的農民正忙著從這些古老的岩石上挖掘人類的腳印，然後把賣給容易上當的遊客。這將是人類和恐龍曾經並存的證據！博德花了很多精力在攝影和繪圖上，並且為美國自然史博物館挖掘帕魯西河岸的足跡，並盡力向農民

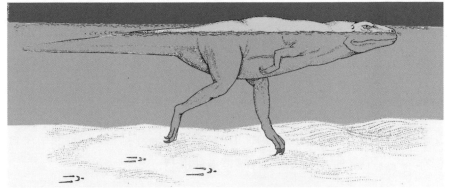

一隻意志堅定的獸腳類在深水中游動，在河床上留下輕微的划痕。

解釋這些腳印到底是什麼。後來發現，那些所謂的「人類」腳印其實只是一些不完整的零星腳印，通常是三趾恐龍腳印中的一個腳趾，但直到最近，這些發現仍然常常為人引用，將其當作是「創造科學」的證據。

也有出現獸腳類動物游泳痕跡的報告，包括在康乃狄克州的早侏羅世地層中的刮痕，那是漂浮的巨龍類動物為了要保持向正確方向移動，所以偶爾會用伸出的腳趾在河底輕拍時留下的。黛布拉‧米克爾森（Debra Mickelson）報告了在懷俄明州晚侏羅世地層中發現的一系列獸腳類足跡，這是首次展現出有一鴕鳥大小的動物在淺水中行走時，留下正常的足跡，然後在移動到深水區時，身體開始漂浮，落在腳上的重量變少，腳印變得較淺，最後，當牠開始游泳時，則留下腳趾尖劃過的擦痕。

恐龍可能不像鱷魚或海豹那樣，適應出特別好的游泳能力。比方說，牠們通常都沒有可在水中拍打的窄長尾巴，或是融合為蹼狀的手指和腳趾以及槳狀的四肢。儘管如此，正如之前所提，今天幾乎所有的動物都可以游泳，即使沒有展現出特殊的適應能力——想想馬和牛也可游泳，只需在水下拍打牠們細長的腿，就能渡過湍急的河流。

恐龍會飛嗎？

鳥類可以飛，翼龍也可以飛，翼龍這種飛行的爬行類是恐龍的近

親。直到一九九〇年代，大多數古生物學家都認為恐龍這一群動物不會飛。然而，正如在第四章中所提到的，在中國發現有羽毛恐龍後，一切都改變了。事實上，約翰・奧斯特羅姆在 一九六九年描述恐爪龍時就有足夠的證據證明恐龍會飛行，但他不能這麼說。他對著恐龍的長臂發想，認為它們可能是捕食行為所必需的，例如抓取或與獵物搏鬥。他和鮑伯・貝克甚至推測恐爪龍強壯的手臂上可能長有羽毛，只是羽毛沒有保存下來，但其他古生物學家都嘲笑這種推測。

手盜龍的多樣性，或「手盜龍蒙太奇」。

一九八六年，賈克・高提耶將這群關鍵的獸腳類動物，包含恐爪龍、鳥類和牠們的近親，命名為手盜龍類（Maniraptora），這個名字取得很好，意思是「以手捕獵者」。他指出，恐爪龍及其近親與鳥類共享有長臂和其他特徵，在這方面，牠們完全與獸腳亞目演化的總體趨勢相反，獸腳類動物在長時間的演化中手臂變得愈來愈小——最後完全無用，正如我們在暴龍和薩氏食肉牛龍身上所見到的。

在中國日益發現更多帶羽毛恐龍的標本，這證實了早先的推測，即

手盜龍的細長手臂上確實布滿了大而複雜的羽毛，相當於今天鳥類翅膀上的初級羽和次級羽。這些恐龍會飛。但什麼樣的動作才算是飛行呢？這裡有個要點，必須明白除了跳躍和墜落到地上外，飛行包括各種在空中移動的方式。今天，有許多四足類都會飛，不僅是鳥類和蝙蝠而已，那些腳趾間長有膜的青蛙，可以橫向擴張身體的蛇，體側下方有膜而且有細長肋骨支撐的蜥蜴，以及許多手臂和腿之間有膜的哺乳類。這些動物都可以飛，但和鳥或蝙蝠所從事的撲翼飛行不同。然而，當牠們從一棵樹跳到另一棵樹時，牠們延長了可以行進的距離，這就是一種飛行的形式。如果牠們的飛行主要是減慢下降速度，通常稱為跳傘式飛行；或是在下降過程中繼續沿著水平方向移動，這一般則稱為滑翔式飛行。

　　而像近鳥龍和小盜龍這樣長有羽毛的手盜龍類，就跳傘式或滑翔式飛行的意義來說，是可以飛行的。目前已經有針對牠們飛行方式以及飛行效果的實驗，通常是使用風洞模型，有時也會用到數位模型。例如，經營帆船衝浪板業務的工程師科林・帕爾默（Colin Palmer）就以一個小盜龍模型來進行實驗。他用結構泡沫製作了一個等比例的模型，並在其上塗上樹脂，形成一光滑面，接著在手臂和腿上黏貼從現代鳥類身上蒐集到的羽毛，而且是按照化石中發現的排列方式。他將這具模型送去南安普敦大學2×1.5公尺的風洞進行測試，那裡通常是用來測試汽車和飛機零件的空氣動力。帕爾默放置好模型後，調整風速、流動方向和模型姿勢，好讓四肢下垂，或是向側面伸出。這確實對滑翔產生影響，而腿部向下的姿勢能讓這具小盜龍模型滑翔得更遠。更詳細一點來說，對小盜龍而言，最好的滑翔策略是從棲息處向下跳，雙腿向兩側展開，然後在進入滑翔階段時讓它們下降到懸空位置。

　　為什麼小盜龍沒有發展出動力飛行？帕爾默及其同事對此的結論是，若移動的地方是在二三十公尺高的樹上，並沒有演化出動力飛行的優勢。小盜龍的前肢和後肢都長有羽毛，而且一般推測牠具有不錯的視力和協調性，因此光是靠滑翔就可以順利著陸，不會有撞到樹的問題。飛行的下一步是耗費很多能量來上下擺動翅膀，正如同在始祖鳥等早期

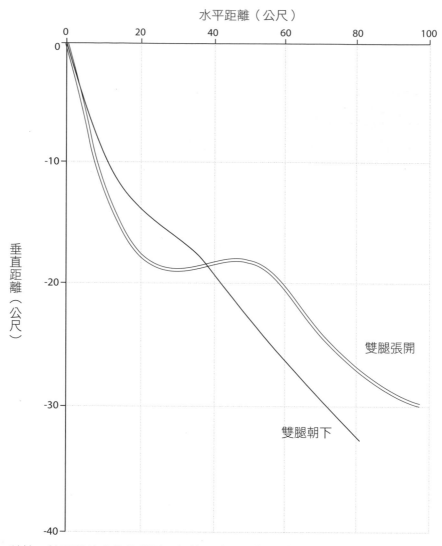

科林‧帕爾默的小盜龍模型，根據腿的不同位置（腳懸垂或腳捲起）所模擬出的移動距離。

鳥類身上看到的，這需要大量的胸肌和大量的營養食物。在晚侏羅世和早白堊世的森林中，可能棲息著有數十種小型的獸腳類動物，有的在空中飛行，腿朝上或向下，捕捉樹枝間甚至翅膀上的昆蟲獵物，有的則大膽地跳躍，以躲避牠們的掠食者。

鳥類的飛行是從地面向上，還是從樹梢向下？

在第四章已經討論過羽毛的演化方式，以及像小盜龍這樣滑翔飛行的恐龍已經擁有現代鳥類所有的特化飛羽。這些中國化石解決了那些我學生時代在空氣動力學上的爭議。過去有專家主張，採取滑翔式飛行的動物不可能進行撲翼飛行——他們說這是因為缺少肌肉和特化的骨關節，他們指出現代採行滑翔飛行的動物，好比蜥蜴，牠們有延長的肋骨和皮膚，還有狐蝠，在其手臂和腿之間長有可以伸展開來的皮瓣。當然，這些滑翔飛行者無法從一種空氣動力學結構轉換為另一種，好比鳥或蝙蝠的手臂所支撐的翅膀。這些研究人員還認為，鳥類的飛行是從地面開始演化的——奔跑時跳躍，然後拍打翅膀來增加跳躍的範圍。我一直認為這是一個瘋狂的想法。

好吧！小盜龍和牠的親戚有合適的翅膀，實際上有四個，內部都襯有複雜的飛羽。我們在第四章中看到的始祖鳥，仍然被認為是第一隻鳥，牠的體重似乎很輕——只要稍微增加翅膀的面積，就可以支撐體重，而加強胸部區域的主要肌肉，也就是胸肌，就足以為翅膀提供動力。始祖鳥可能沒有一些現代鳥類的巨大胸肌，但牠的飛行能力可能已經足夠讓牠飛上樹梢，或是進行一公里左右的短程飛行。而這就足以逃離掠食者，或者跳到新的小樹林叢，在樹頂上尋找爬行和飛行的昆蟲。

所以到底是從地面起飛，還是從樹梢跳下，又或是介於兩者之間？我認為中國的化石證據強力支持飛行源自於「樹梢跳下」的模型。正如任何物理學家都會告訴你的，「利用重力，笨蛋！」為什麼會跑的恐龍要對抗重力，從地上奮力跳起來捕捉昆蟲，然後不知透過某種方式演化出更先進的飛行能力？手盜龍很有可能是因為攀爬和懸掛在樹上，而產生體形變小、手臂伸展和肌肉變得有力的直接適應。當牠們體形較大的表親，如異特龍和暴龍的祖先在地面上四處亂撞，追捕大型植食性恐龍時，小盜龍及其同類則在樹上爬來爬去，捕捉昆蟲和蜘蛛以及蜥蜴、青蛙和早期的哺乳類。近來在緬甸蒐集到的琥珀顯示出侏羅紀和白堊紀具

有豐富的樹棲動物群。

飛行起源於「樹梢跳下」，這個理論認為侏羅紀小型的帶羽毛獸腳類恐龍已經會騰躍和展示，利用明亮的羽毛顏色來求偶，也許還有部分偽裝的功能，可以隱身在斑駁的陽光下。牠們用有力的雙手抓住樹枝，從一個樹枝跳到另一個樹枝上，而那些手臂上的羽毛稍微細長者更具優勢，能夠大膽地跨越幾公尺的距離，跳到另一棵樹上去。而演化偏愛會跳躍的，因為牠們會獲得更多食物，或是更容易逃離掠食者。羽毛更長，手臂更長、更硬，這都讓牠們的翼變得更有效率，而且會延長飛躍的距離。然而，無論滑翔式的翼手如何有效率，只要有重力，動物還是會向地面落下，因此任何可以擺動翅膀的滑翔飛行的恐龍，即使是輕輕拍動，也多少可以抵消向下的拉力，延長其飛行時間。

當然，這樣說可能過於簡化，現在許多生物力學專家專注於飛行能力與生長的關係，以及幼龍的可能運作方式。例如，艾希莉・希爾斯（Ashley Heers）和肯恩、戴爾（Ken Dial）探討了當今陸棲鳥類的飛行能力如何隨年齡變化。在對石雞（*Chukar partridge*）進行的一系列實驗中，他們發現非常年幼的個體會四處走動，並且會利用尚未發育完全的短翅膀來輔助跳躍，以及在樹幹上奔跑。

研究人員特別專注在這些鳥類中所觀察到的特殊運動模式，稱為「機翼輔助的傾斜奔跑」（wing-assisted incline running），這在某些方面可以用來挽救之前「地面飛起」理論的最佳證據。即使是還不會飛的年幼石雞，也可以藉由同時跳躍和拍打牠們粗短的小翅膀來提高行動速度和機動性。然後這些研究人員將石雞模型轉移到早期的獸腳類恐龍身上，提出這些小恐龍在侏羅紀森林周圍橫衝直撞，並且像貓一樣，一鼓作氣地爬到樹幹的一半處去捕捉昆蟲，然後就掉下來。他們認為，長時間下來，這導致了完整的撲翼飛行和真正的鳥類演化。

電影中的恐龍──他們做對了嗎？

早在一九九五年，英國國家廣播電臺就邀請我擔任他們《與恐龍同

行》（*Walking with Dinosaurs*）的這部新紀錄片系列節目的顧問，我們一共有六位。我那時就很驚訝地發現動畫師和物理學家間竟然有這麼密切的聯繫。事實上，這正是古生物學在整體上從推測轉變到科學的一個實例。如果影片製作人在十年前開始這項工作，除了對大象和鴕鳥等大型現代動物奔跑和行走的一般觀察之外，我們幾乎拿不出什麼來討論。但現在已經不可同日而語，我們有了生物力學和數位模型。

　　我的博士生唐・亨德森（Don Henderson）現在於加拿大阿爾伯塔省擔任皇家泰瑞爾博物館的恐龍研究員，就運用他純物理學的背景，根據牛頓力學的第一運動定律來計算恐龍的腿部運動。他決定將腿的每個部位視為一個獨立的單擺，分別從從髖關節、膝關節和踝關節處垂下。然後，他解開了一組三聯方程式，這些方程式是在描述大腿骨、脛骨和細長的踝骨向前和向後擺動的距離，但都需要在每一步結束時整齊地接觸地面。他的大部分計算不是超出地面就是不及地面，而這顯然是不可能的。他只接受在每一步結束時腳正確接觸地面的情況。

　　然後亨德森進入 3D 模型，將走路的臀部與兩條腿視覺化，建立從下方仰視的畫面。雙足動物走路時，身體會左右搖晃以保持平衡，這時與地面的接觸點會形成一個三角形，從右到左再到右。祕訣是將重心保持在前進的三角形內。重心是在 3D 樞軸點上，這位於臀部前方的下腹部區域。在此樞軸上平衡模型，它就不會向前傾或向後倒，也不會向左或向右傾斜。如果重心移到這個步幅三角形之外，動物就會摔倒。

　　看過亨德森的棒狀恐龍動畫模型後，我們就去了位於倫敦市中心的框架動畫特效公司（Framestore）的工作室。在那時候，他們用來製作擬真恐龍的動畫軟體非常麻煩，需要幾組市場上最大的麥金塔電腦來處理數據。動畫師會以四個流程來製作影片，至今仍然是如此。首先，他們製作出故事板和背景場景的現場影片。在恐龍要推樹的地方，讓技術人員去推樹。在恐龍於河流中嬉戲的地方，則是由一名助理穿上一雙大靴子，在水中嬉戲，再將影片中的人刪除。其次是以在背景中移動的棍子模型來描繪恐龍的動作。第三個步驟是將用以表示四肢和身體肌肉的

灰色圓柱體掛在棍子模型上，就像是穿上一套不可思議的寬鬆盔甲——懸掛的方式要確定在棍子模型移動時它們保持不動。最後一步是打造皮膚，這跟老式的獅子地毯做法一樣，會將皮膚攤開，仔細地塗上所有所需的鱗片、羽毛和顏色。然後將這張「地毯」披在身著灰色盔甲的恐龍身上，這時動畫師得祈禱它能牢牢黏住。在早期，這身外套有時會在幾幀畫面後，就從棒狀恐龍身上脫落下來，造成骨肉分離的慘劇。

動畫繪製出的異特龍皮膚，用以覆蓋在棍子模型上。

不過，這些都不是重點。框架動畫特效工作室的動畫師並沒有像唐那樣仔細地研究第一運動定律的可行性，不過他們還是做對了。正如這項計畫的負責人麥克・米爾恩（Mike Milne）所解釋的，「我們花了很多時間觀察現代動物的動作，所以我們知道什麼是合理的。動物的腳步必須輕盈、平衡，並且在移動時要與其預期的體重成比例。這就像是玩接球遊戲時瞄準或接球的直覺——並不需要真的去計算速度和軌跡；你就是會知道它要往哪個方向去。

一九九九年播放《與恐龍同行》的節目時，當中的各種細節都有人批評，但沒有人說這種運動是不可能的。這都要歸功於動畫師，以及他

們懂得要去找亨德森這類生物力學專家進行審查的良好判斷。所有缺陷最後都歸咎在預算和電腦演算上——高品質的恐龍動畫成本很高，但是BBC沒有好萊塢電影製片人的預算。

當時動畫師發現很難讓那些漫步在侏羅紀景觀中的動物看起來很沉重。只要隨便看一部有恐龍的動畫電影就會明白——牠們的腳通常看起來好像在離地面幾吋的地方盤旋，而不是真正地踏出驚天動地的步伐，留下深深的腳印。動畫師只能添加低沉和帶有衝擊性的音效和音樂，或是加上一團灰塵，不然就是將牠們的腳藏在植物後面。儘管如此，這些動作的效果驚人地好——我還沒提到他們是如何正確地掌控身體的擺動。抬起左腳時向右擺動，抬起右腳時向左擺動；動畫師確保這些動物遵守亨德森提出的重心位於步伐中心的三角規則，不過他們是本能地這樣做。尾巴也會隨著身體的起伏適時擺動，製造出從頭到尾的波動，以此來調整平衡。當動物走路時，頭會左右上下地擺動——去看看鴿子或野雞走路時點頭的樣子就可明白。肌肉都在正確的位置收縮隆起。

至於每次製作恐龍動畫影片時，總是會遇到古生物學家的碎念和嘮叨——關於這一點我只能說，「放輕鬆，他們做對了百分之九十九，而且十分令人驚訝的是，他們能夠掌握一組微妙的指令來製作一些看似合

Walking with Dinosaurs © BBC WORLDWIDE

可從這張宣傳海報中看出《與恐龍同行》所造成的轟動。

理的東西。」如果他們犯下嚴重的錯誤，我們肯定會知道，即使沒有古生物學或生物力學方面的訓練。想想過去那些用定格攝影動畫製作的塑膠恐龍電影，或者更糟的那種，在蜥蜴身上裝帶硬紙板做成的頭冠和尖刺，讓牠們看起來像某種尚未被發現的糟糕恐龍！

....

能夠確定恐龍如何移動是很重要的。我們已經看到科學家和藝術家的早期作品如何受到對正確姿勢看法的改變所影響。適當的生物力學方法顯示恐龍必須保持正確的平衡，而且牠們的身體在行走時必須左右搖擺。基本的要點是，許多早期的工作所重建的是一種不可能的運動模式，動物若真按照這種模式移動，可能會一腳跌到鼻子上，或側身倒下。

在這方面，麥克尼爾・亞歷山大起了頭，而哈欽森則將這份研究帶入電腦數位模型的現代世界。這些方法已經顯示出合理的姿勢以及步行和跑步的方式，並指出哪些是不合理的。這套方法還能夠讓研究人員計算速度和步態——一隻恐龍是否可以奔跑或疾馳，或者牠的最快速度僅能在堅定的步行中達到？還有很多其他關於運動的問題，例如暴龍手臂的功能，以及恐龍如何游泳和飛行，這些研究都在進展中，不過還有待更多的發現。

上述這一切讓古生物學家直接與電影製作人接觸，而且大多數的時候，電影製作人都能正確呈現。《侏羅紀公園》系列作品中最新推出的《侏羅紀世界：殞落國度》（*Jurassic World: Fallen Kingdom*，2018）依舊是部出色的作品，當中有敏捷、沉重和逼真的恐龍在畫面上跑來跑去——遺憾的是，有些理當披著羽毛的恐龍仍然沒有羽毛，不過這是製片人基於影像風格而做的決定。

哈欽森在回顧他最近的研究時，這樣提到：「我們還不知道中生代恐龍是以慢動作行進，還是達到現代的速度。」不過，他堅信自己所做的是可檢驗的科學：

事實上，我們在演化生物力學中所做的是科學。我們從基本的（但至關重要的）描述性研究（「那是什麼？」）進入一般問題（「那是如何運作的？」），再到特定的假設檢驗（「這可能是對的還是錯的？」）。我們強調科學是一個持續的過程，盡可能地以不斷改進的方法和證據來探討我們和其他人過去的研究。在必要時，我們會承認錯了，也承認有不確定性或變化的存在，但也接受為了取得進步我們有時必須依靠主觀性當作前行的拐杖。然而，我們行走之地是科學本身，是清晰、可重複的數據和工具，是共享和專業精神，以及開放的態度。

第九章
大滅絕

　　六千六百萬年前，一塊巨大的岩石撞上地球，造成恐龍滅亡。這塊岩石基本上可說是一顆小行星，或是大隕石。它的直徑長達七公里，相當於整個曼哈頓的大小，當它在今日墨西哥猶加敦半島（Yucatán peninsula）的海岸附近撞入地殼時，炸出了一個深洞，導致地殼破碎，影響的深度和半徑遠超過隕石坑本身（見彩圖xix）。

　　撞擊的動能超過一百億兆公噸，這是目前全世界所有核武能量加總起來的一千倍。在撞擊過程中，小行星整顆蒸發消散，同時往下方和側面的岩石發送出強大的衝擊波。

　　在一兩秒鐘後，小行星就達到其能量所能及的最深處，這時便產生一巨大反應。大量遭擊中的岩石被推往上方和側面，形成一個向外擴大的錐形隕石坑。較大的岩塊又落回隕石坑及其邊緣，但是那些較小的巨石、熔化物質和隕石坑地殼處的混合物形成的岩塵，還有小行星本身的殘渣，形成一股巨大的噴射流，以高速從側面噴出。

　　當時，赤道周圍會有東風，就像今天一樣，這是由地球向西的自轉運動所引起的，這些風吹起隕石坑口西邊的塵埃和岩石碎片。從隕石坑噴出的一堆碎石和炸彈，在隕石坑邊緣形成厚厚的灰塵層，接著被風吹到大氣層上層，循環到全世界。

　　這衝擊還產生兩個長遠的效應。首先，撞擊地點熔化的岩石形成了小玻璃珠，每顆大約一公釐寬，數十億顆這樣的珠子就飛上天際，大量降落在整個大地和海洋中。熔岩之所以會變成圓珠的形狀，是因為在空中旋轉時會冷卻下來，而這時在空氣中的傳送速度會把它們形塑成珠子。

這顆小行星在加勒比海邊緣撞上地球，因此產生了巨大的海嘯。海嘯形成了幾十公尺高的水牆，以噴射機的速度前進，大約每小時八百公里。幾百公里外的墨西哥和德州海岸遭到大浪的破壞，海水掀起岸邊的岩石和所有生物，最後傾倒下來，滿目瘡痍。在更遠的地方，海嘯的高度和力道則漸漸消失，因此遠在歐洲的恐龍可能只看到海灘上泛起輕微的漣漪。

海嘯會摧毀在原始加勒比海（proto-Caribbean）沿岸的一切，範圍可能擴及到數百公里的內陸。任何在此區活動的恐龍都會驚醒，被粗暴

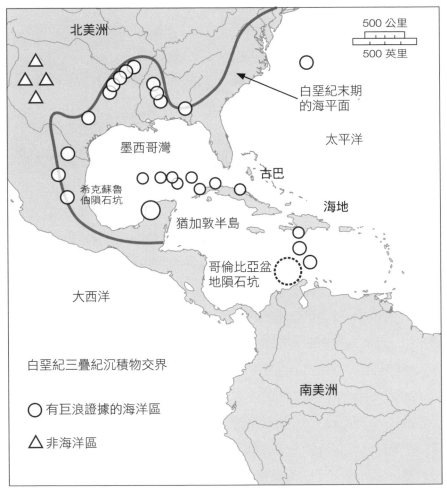

原始加勒比海地圖，顯示出白堊紀末期的海岸線、海嘯層以及撞擊地點的證據。

地拋上天，然後摔回地面。撞擊產生的其他殺戮效應還有從天而降的巨石雨——但這可能不會殺死太多恐龍，因為這些岩石大部分會落回大海。然而，礫石大小的顆粒，包括玻璃熔珠，確實會在陸地上移動，它們就像巨大的霰彈槍一樣，猛烈地掃射過所經之處的大地和任何恐龍。

接下來是第二次的震動脈衝，在形成碎片錐後的幾秒鐘開始。一個巨大的火球從隕石坑的位置向上射出，這是由小行星的蒸發物質所組成，它們在撞擊所釋放的巨大能量中吸收了熱量。在第一階段的碎片落下後，火球往側邊膨脹，燃燒了沿途的所有動植物，留下一片黑漆漆的地景。同樣地，就像物理性爆炸一樣，火球不可能環繞地球，但它還是摧毀了北美洲和加勒比海地區。所以，火球可說是第四個的殺手（繼岩石、熔珠和海嘯之後）：對任何擋在它去路上的生靈都絕對是個壞消息，但這仍然不足以導致全球性的滅絕。

真正的殺手其實是那些看似無害的塵埃，飄浮在數公里之外的大氣層上層。隨著海嘯、落石和野火從隕石坑口席捲而出，大量的黑色塵埃雲隨著風動，被吹到整個北半球。可能還覆蓋了部分的南半球，也或許是全部。全球的風動模式並不見得會讓整顆地球籠罩在塵埃雲之下。

塵埃雲可能在撞擊後幾天才會達到最大濃度，可能會一直在地球上灑下細小的塵埃顆粒，而且需要數年的時間才會完全煙消雲散。不過，這可不是一般的雲。它包含數百萬公噸的塵埃，隨著雲層的蔓延和塵埃逐漸變厚，下方的地球陷入了完全的黑暗。由於這些雲層完全阻擋住太陽光，有大約一年的時間，光或熱都無法通過大氣層。現在看來，這可能才是造成大滅絕的頭號殺手。

除了所有這些細節外，我們還知道撞擊是在六月發生的……稍後會再詳細討論這一點。

這些六千六百萬年前的災難事件塑造出現代世界的形態，包括以鳥類和哺乳類主導的現代生態系。在一九七〇年代我讀地質學時，這世界對這一切完全不認識——實際上，若是有人提起可能發生這類大災難，都會遭到嘲笑。行文至此，我們看到了世人對導致恐龍消失的大滅

絕的理解是如何轉變的，這過程相當令人感到不可思議，從拒絕、推測，再到累積出大量的科學知識。這是如何發生的？

邁向接受大滅絕之路

現在看來，整起戲劇性的破壞故事昭然若揭，而且還有大量證據的支持。然而，在我還是學生的時候，根本沒有人考慮過大滅絕的可能性。當時的說法是恐龍在數百萬年的時間中逐漸滅絕，因此，就某種意義來說，恐龍是在白堊紀到六千六百萬年前的古近紀這段過渡期間漸漸消亡的。現在回想起來，這似乎很不可思議——何以當時的地質學家和古生物學家會誤解岩石和化石紀錄所展現的內容呢？

我認為，一九七○年代的地質學家和古生物學家之所以不想談大滅絕有以下三個原因：對災難的恐懼、對數字的恐懼以及對遭受嘲笑的恐懼。

查爾斯‧萊爾（Charles Lyell）在一八三○年代曾教導當時的地質學家，地球過去並沒有發生過災難。在他深具開創性的《地質學原理》（*Principles of Geology*）一書中，他以他律師的陳述技巧，搭配廣泛的野外實察研究，開創出新的地質科學。這門科學是他在他的家鄉蘇格蘭，以及日後前往英格蘭、法國和義大利的觀察所寫，他的主要論點是，地質學家必須使用純粹的觀察和現代過程的觀點來解釋地球的歷史。為了增加刺激感，他善用在律師陪訊中的技巧，提出一種相反的觀點，並將其稱為災變論（catastrophism），並且舌燦蓮花地誇誇其談，以支持他自己提出的均變論（uniformitarianism）原則，即地質過程是以統一的速度發生，正如我們今天所觀察到的。萊爾是高度的理性主義者，他把他的對手，包括法國自然學家喬治‧居維葉（Georges Cuvier）在內的其他人描繪成會以超自然力量來解釋地球歷史的危險、狂熱分子——在居維葉這個例子中，由於萊爾在他《地質學原理》的最後一卷出版時（一八三二年）就去世了，所以這理論就毫無阻撓地成為主流。

在學生時代，我們都有學萊爾的均變論，就跟今天所有的地質學家

一樣。想當然爾，我們應該要觀察現代火山、河流和海灘是如何運作的，這樣才能解釋這些是如何造成與保留古老岩石。然而，萊爾走得更遠，還聲稱不僅這些過程相同，而且在量級或規模上也大同小異。他認為過去的火山並沒有比今天的大——但現在的批評者指出這觀點太偏頗。為什麼呢？僅僅依靠人類經驗來當作參照框架是一種不自然的縮小——我們現在知道，過去有發生過多次巨大規模的火山爆發和隕石撞擊，其規模遠遠超過人類所觀察過的，或者至少是觀察到並記錄下來的。儘管如此，在一九八〇年代之前，萊爾的均變論觀點都一直主宰著整門地質學。

　　古生物學家一直對數字感到害怕。我記得自己年輕時還在當講師，有一次參加了英國皇家學會在一九八八年於倫敦舉行的特別會議，主題是滅絕，我們聽了二十位世界專家的演講，其中一些講者還從美國飛來。最著名的受邀學者是芝加哥大學的大衛・勞普（David Raup），他的演講是關於外星原因造成滅絕的證據，在我聽來非常合理。他正在研究要如何解釋化石紀錄中的物種滅絕。他採用了一種數值方法，是針對模擬數據進行重複隨機採樣，以此來顯示缺失的地層和缺失的化石會如何產生誤導。演講結束時，一位英國教授站起來說：「我們不希望這些北美的瘋狂想法進來」，其他人也持相同論調。我對此感到很震驚，本該挺身為勞普辯護，但這些批評獲得觀眾的幽默回應，也許還帶有支持意味。勞普是位十分傑出又溫和的紳士，幾十年來一直以精明巧妙的方法引領古生物學這個領域轉化為科學，他當時誓言不再訪問英國。

　　這種毫無道理的攻擊背後到底存在著怎樣的邏輯？是我們帶有一點國族主義（「我們不希望這裡有外國想法」），還是有點保護主義（「這些是我的化石，我才是專家；你不能使用我的數據」），以及理所當然地對數據的恐懼。不過，勞普顯然是對的，而他的批評者是錯的。古生物學應該和其他任何學科一樣，是一門科學，神祕主義或毫無根據的權威主張是不會有立足之地的。

　　第三個恐懼是對嘲笑的恐懼，這與災難論有關，也與長久以來種種

關於恐龍死亡的理論有關。我自己做過一番統計，從一九二〇年代以來，出現在科學期刊上關於恐龍滅絕的「理論」（見附錄）超過一百種。這些從環境災難（太熱或太冷、太濕或太乾）到飲食問題（毛毛蟲吃掉所有的植物，哺乳類吃掉所有的恐龍蛋，或者新植物讓恐龍便祕），到莫名所以的假設（恐龍太大隻，因而罹患關節炎；牠們的大腦萎縮了；牠們的角和頭甲太過笨拙；牠們奇怪到無法演化；牠們得了愛滋病）。隕石或彗星的撞擊似乎同樣愚蠢，因此比較安全的方式，就是低下頭來說滅絕研究對任何有理智的研究人員來說都太危險了。

今日，科學家和公眾對大滅絕的概念都有更好的理解。事實上，大滅絕堪稱是地球科學中最重要的一項發現。地質學家和古生物學家是唯一能夠解讀這批大量數據的人，而任何對現代生物的研究都無法預測出大滅絕。這些事件對演化的影響十分深遠，而且重要性不容小覷。仔細想想，這其實也有正面效應——我們總是將鳥類和包括我們自己在內的哺乳類等「現代」群體的成功，歸因於造成恐龍終結的重大事件，這將世界解放出來，得以進行生態系重組。

這樣的觀點的在一九八〇年左右發生轉變，從害怕談論大滅絕到接受這想法，而這靠的是一位諾貝爾物理獎得主，他打破古生物學家那顆自得意滿的繭，將他們拉出來。

一九八〇年撞擊理論的衝擊

一九八〇年六月六日重擊落下，也就是在那場勞普遭到狠批的倫敦研討會的八年前。當時我還是在新堡大學讀博士，竭盡所能地廣泛閱讀種種關於恐龍演化和滅絕的文章。那天，有一篇題為「白堊紀－第三紀滅絕的外星原因」（Extraterrestrial cause for the Cretaceous–Tertiary extinction）的文章發表了。當中提到：

有一個假設可以解釋生物滅絕和在地層中觀察到的銥。一顆撞擊地球的大型小行星會在大氣中注入其質量六十倍的粉狀

石粒塵埃；這些塵埃有一小部分會在平流層中停留數年，分布到世界各地。由此造成的黑暗會抑制光合作用，預計所造成的生物後果與古生物學紀錄中觀察到的大滅絕非常吻合。

這篇文章是由路易斯・阿爾瓦雷斯（Luis Alvarez）領導的團隊所發表的，他在一九六八年因發明一種成像方法，能夠捕捉那些在新發展出來的氫氣的氣泡室中的粒子間的相互作用而獲得諾貝爾獎。他因為在實驗室中建造讓人意想不到的設備，而使他的才華和技巧備受尊敬。當他認為科學家只是貧乏的思想家時，他也會相當粗魯地回應。例如，一九八八年《紐約時報》的一位記者透過電話採訪他，阿爾瓦雷斯說：「我不喜歡說古生物學家的壞話，但他們真的不是很好的科學家。他們比較接近集郵人士。」可想而知，這類言論無論是真是假，都不會讓他受到恐龍社群的喜愛。

阿爾瓦雷斯團隊還包括他的兒子——地質學家華特・阿爾瓦雷斯（Walter Alvarez），以及地球化學家法蘭克・阿薩羅（Frank Asaro）和海倫・米歇爾（Helen Michel）。這項發現主要靠的是路易斯・阿爾瓦雷斯所發明的一種測量稀有銥元素的方法，這元素的化學性質與鉑相關。銥在土壤和岩石中很微量，可能是一些火山熔岩的一小組成，但在太空中的含量要高得多，高出七百二十倍。因此，在地球表面發現的大部分微量銥都來自地外，主要來源是流星雨期間落在地球表面的小隕石（tektite）。

阿爾瓦雷斯父子檔的想法是利用穩定（但微量）的銥當作定時器，以此來判定岩石的年代。長期以來，地質學家已經注意到岩石的厚度和時間的長短不一定有正相關，這主要是基於兩項因素。首先，有些岩石沉積得非常快，有些則非常緩慢。一個極端的例子來自深海，泥漿通常以每世紀幾公分的速度堆積，但有時會因為地震引發的災難性濁流而中斷，有可能在一天內就傾倒數百公尺厚的沙子和石頭。其次是岩層間會有缺失，而我們並不知道這段空缺可能有多長。要是有一個時間尺度，

好比說可進行測量的銥塵流入量，那麼地質學家至少可以解決第一個問題。

　　華特・阿爾瓦雷斯選擇了義大利中部，在佩魯賈（Perugia）附近的古比奧（Gubbio）一處地層，他知道那裡有數百公尺長的白堊紀末期和古近紀早期的海相石灰岩，這些石灰岩已經透過微化石確定了年代。抽樣顯示地層中靠近底部和頂部的銥濃度相似，這意味著此處的石灰岩是以穩定的方式在沉積。不過在中間，也就是距今六千六百萬年前的白堊紀－古近紀的邊界處，出現了一個峰值，是正常值的十倍──從十億分之零點六上升到十億分之六（這樣微小的量需要非常靈敏的測量儀器）。而這裡就是阿爾瓦雷茲父子展現其聰明長才的第一個地方，他們轉個方向跳了一大步。若是他們堅持自己提出的假設，他們會說這個邊界層的濃度高，意味著這一層需要比其上方或下方多出十倍的時間才能

阿爾瓦雷斯父子。路易斯（左）和華特用手指著義大利古比奧地層橫剖面上出現銥值尖峰的白堊紀－古近紀邊界。

沉積出這一公分的沉積物，因此這當中的銥含量是其他地方的十倍。但他們並沒有這麼做，而是大膽地提出一個想法，認為這意味著有大量來自外太空的銥突然快速到達：因此可以推估是一顆巨大的隕石。

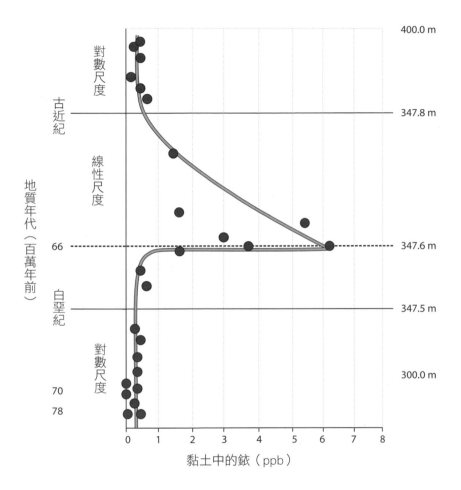

在他們的論文中，路易斯．阿爾瓦雷斯及其同事隨後將這一觀察結果當作建立其他假設的基礎。他們確實與在丹麥的斯泰溫斯陡崖（Stevns Klint）的另一套地層進行了交叉檢查。他們的推論是，如果一顆大隕石，或是一顆小行星，毀滅了恐龍，那一定是因為它造成足夠多的塵埃雲環繞著地球，他們根據這個假設進行了反算。下面是他們的公式：

$$M = 0.22f / sA$$

其中M是小行星的質量，是由已知的其他因素計算得出：s是撞擊後地表的銥密度（8 ×10⁻⁹ 克／平方公分）；A 是地球的表面積；f是隕石中銥的豐度比例（從現代隕石中得知是 0.5 ×10⁻⁶，）；而0.22是一八八三年喀拉喀托火山（Krakatoa）噴發時，進入平流層的物質比例。因此，他們計算出 M = 340 億公噸，相當於一顆直徑為七公里的小行星（值得注意的是，這正好是發現的實際撞擊坑的估計大小），並預測了一個二十倍大的隕石坑，約一百五十公里長。

這就是小行星撞地球模型的源起，在這個模型中，一顆直徑約七公里的小行星在撞上地球後，瞬間蒸發，大量灰燼雲被拋入大氣層高處，環繞地球，阻擋陽光，因此，綠色植物無法再進行光合作用，陸地和海洋中的生命也隨之死亡。

這篇文章發表後引起軒然大波，激怒了地質學家──這個瘋狂的物理學家憑什麼告訴我們該怎麼想？我們都知道地球從未遭到小行星撞擊；這違背了萊爾和均變論。

古生物學家也覺得受到挑釁。鮑伯・貝克說出許多人的心聲：「那些人簡直傲慢到令人難以置信的地步。他們對動物的實際演化、生活和滅絕方式幾乎一無所知。然而，儘管地球化學家在這方面很無知，他們還是覺得，只要啟動一些奇特的機器，就徹底革新了科學。」貝克錯了，就跟當時的很多（也許是絕大部分）的地質學家和考古學家一樣。

週期性與核子冬天

六千六百萬年前遭到小行星撞擊的想法立即引發另一個可能更令人吃驚的問題。既然發生過一次這樣的撞擊，為什麼不會再多發生幾次？這問題是由大衛・勞普和他的同事傑克・塞普科斯基（Jack Sepkoski）在一九八四年根據他們對化石紀錄的初步分析所提出的。他們專注在過去兩億五千萬年的地層，並繪製這段時間的滅絕規模變化。他們原本期

望看到的是時高時低的滅絕率，但很驚訝地發現滅絕的高峰值看起來會規律性地重複出現。原始的測量顯示，峰值每兩千六百萬年會重複一次，但勞普和塞普科斯基必須對此進行測試，因此他們應用一套數值分析來評估這套模式是否有可能僅是隨機出現的——結果發現這種稱為週期性（periodicity）的重複模式的發生概率顯著的高。

天文學家對勞普和塞普科斯基的數據感到興奮不已，因為任何達到兩千六百萬年時間尺度的週期性或重複模式現象都可能是受到天文因素所驅動。天文學家對此提出三個主要理論：整個太陽系像一片搖晃的盤子，會上下傾斜；或是由太陽的姊妹星涅墨西斯（Nemesis）造成的；或是說在太陽系邊緣有第十顆行星X的存在。這三種情況的擾動都會影響到太陽系的邊緣，那裡是奧爾特（Oort）彗星雲所在的位置，這些擾動會讓彗星飛入太陽系中心，會有一顆以上的彗星撞上地球。

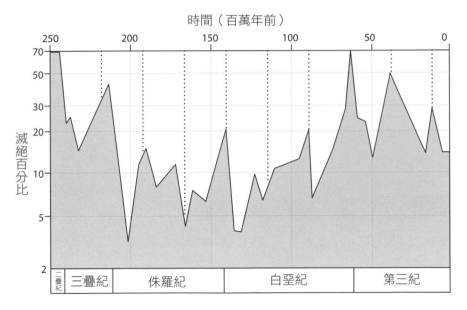

勞普和塞普科斯基提出的大滅絕週期為兩千六百萬年。

若真有週期性模式存在，那就可以預測下一次撞擊地球的時間。上一次是發生在一千四百萬年前，所以下一次是發生在一千兩百萬年之

後——這是檢驗這項假設的好方法。我還記得，當時與一起得知這事的古生物學家同行都對此感到驚訝和略微敬畏，竟然有人從我們對化石紀錄的知識中抽取出相對簡單的天氣圖，然後就可以延伸出關於地球和宇宙運作的驚人的推測。

從一開始，地質學家和古生物學家就紛紛指出這推理過程中的缺陷。週期性信號取決於地質紀錄的特定年代，只要稍有變動，一經修改就會破壞掉兩千六百萬年的規律。他們還指出，最後一次事件幾乎沒有任何數據可以支持——而這理當是地層紀錄中最為清晰的，畢竟它最接近今天。此外，在侏羅紀和白堊紀時，事件難以與規則的週期相互配對，這樣的週期關係中斷了。這些爭論還在繼續，在二〇一六和二〇一七年間，相繼有人發表文章，重新提出這個想法，但大多數人已經放棄了週期性的想法。

阿爾瓦雷斯模型所預測的另一個結果更具吸引力，那就是核子冬天（nuclear winte）。在阿爾瓦雷斯的文章發表三年後，幾位氣候學家開始推估若是發動全面核戰會產生怎樣的影響。理查·圖爾科（Richard P. Turco）在一九八三年創造出「核子冬天」一詞，用以描述大規模轟炸的主要結果，即塵埃飛入大氣層高處，遮蔽太陽，阻礙陽光造成的暖化效應，導致天寒地凍。很快地，氣候學家、模型建構者和未來學家都指出這與阿爾瓦雷斯滅絕模型的相似之處，這時，所有的假設都被接受了，包括白堊紀末期地球受到撞擊，以及碰撞釋放引發的巨大能量，產生類似地球核武爆炸的後果。週期性的說法可能已經蒙塵，但核子冬天以及在碰撞後造成恐龍滅絕的想法則嶄露頭角。然後，隕石坑找到了。

殺手隕石坑

撞擊理論、週期性和核子冬天等想法讓科學家和公眾開始談話，一九八五年，BBC製作了《地平線》（Horizon）這個節目，討論白堊紀末期地球遭受小行星撞擊一事。記者問了一個相當明顯的問題：那凶器呢？隕石坑口在哪裡？在那個時候，地質學家也許只能支吾其詞地說這

個隕石坑很可能以某種方式消失了，但這答案並不是非常令人滿意。然而，即便如此，調查工作仍在進行，依循蛛絲馬跡尋找隕石坑所在的位置。

地質學家過去就曾注意到，在墨西哥沿海地區和德州布拉索斯河沿岸的岩石剖面有些異樣，在白堊紀－古近紀的交界處存在有奇怪的擾動岩石單元。在排列整齊且平坦的石灰岩和泥岩層中，出現顯然遭到任意傾倒而入的石灰岩。這些稱為風暴層（storm bed）甚或是海嘯層（tsunami bed 或 tsunamite）。對此的想法是，這裡的岩石被撕成碎片，並沿著原始加勒比海的海岸線傾倒而下，沿著一條穿過墨西哥和美國南部的弧線往內陸而去。如果這些地質學家是對的，那就意味著過去這片海洋曾發生撞擊，向外輻射出巨大的衝擊波，以數十公尺高的海嘯鋒，拍打海岸，粉碎新沉積的地層。

一九九一年出現了下一條線索，地質學家弗妻宏庭‧毛拉斯（Florentin Maurrasse）和高塔姆‧森（Gautam Sen）在加勒比海海地島上的貝爾拉克（Beloc）對白堊紀－古近紀交界的岩石剖面進行仔細研究。他們指出，在這個地方，這層交界厚達七十二點五公分，而不是在歐洲的古比奧和斯泰溫斯陡崖所發現的一公分。地質學家讀到這麼大的厚度數值，認為這表示此地與小行星撞擊的地點應當不遠。在下層的沉積物中充滿了化學成分奇特的玻璃狀小球——學者研判這是撞擊玻璃（impact glasses），是在距撞擊地點一定距離外，因為高壓和高溫作用所形成的。這些小玻璃珠被拋向高空，與其他撞擊碎片一起在大氣中，分散到約一千公里處。玻璃珠通常是被火山拋出來的，而它們具有玄武岩或安山岩這類火成岩的化學成分，與熔融熔岩相同。但是貝爾拉克的玻璃珠很詭異，具有石灰石和天然岩鹽的化學成分——換句話說，它們是在這些岩石熔化時形成的，這對當時未知的撞擊地點的地質特性提供了直接的線索。

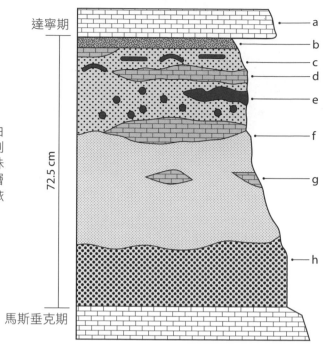

達寧期

72.5 cm

馬斯垂克期

a
b
c
d
e
f
g
h

在海地貝爾拉克的白堊紀－古近紀地層剖面，顯示出小玻璃珠（地層 h）、海嘯層（地層 b~g）以及銥質黏土（地層 a）。

　　在貝爾拉克地層的更高處，研究人員注意到有一層海嘯層，上面有受到擾動的石灰岩岩石，再來是最上面的一公分厚的塵埃層，當中富含銥。這個頂層被稱為撞擊層（impact layer），而這就是離源頭更遠的地方，好比說在古比奧所發現的一切。研究人員發現在貝爾拉克地層的交界岩床底部有兩層厚厚的分層，這只會在靠近撞擊地點的地方產生，他們對此的解釋是，這反應出兩種不同的現象，一是許多玻璃珠被拋擲到空中後迅速落入海中或陸地上，以及之後的海嘯層。這顯示發生一次撞擊時會產生兩次撞擊波，第一個夾帶著玻璃珠衝入空氣，第二個則在水中傳送，速度要慢上許多。

　　事實上，地質學家艾倫‧希爾德布蘭（Alan Hildebrand）及其同僚早已確定出隕石坑的位置，而且在幾個月後，在一九九一年就發表出來。希爾德布蘭是利用墨西哥國家石油公司（Pemex）於一九六〇年代鑽探時的鑽孔舊記錄定位出撞擊點。他們當時在希克蘇魯布村附近的猶加敦半島深處發現了異常結構。墨西哥國家石油公司在遇到熔岩時很快

就發現這裡不是蘊藏原油之處，因此放棄了開挖計畫。然而，看在尋找
隕石坑的希爾德布蘭德眼中，他認為熔岩是受到高壓撞擊的典型特徵，
在隕石撞擊地球並深入地殼時，隕石本身會不斷蒸發，同時熔化該處的
基岩。

　　希爾德布蘭德最初的地球物理調查後來得到近期研究的證實。熔岩
樣本的分析給出與白堊紀－古近紀交界相應的準確年代，而在一九九
七、二〇〇二和二〇一六年的進一步地球物理調查和鑽探，又提供更多
詳細的訊息。正如以貝爾拉克玻璃珠所做的推測，這個隕石坑確實是在
白堊紀最近期的石灰岩和岩鹽中形成的。震測剖面圖顯示，隕石坑中心

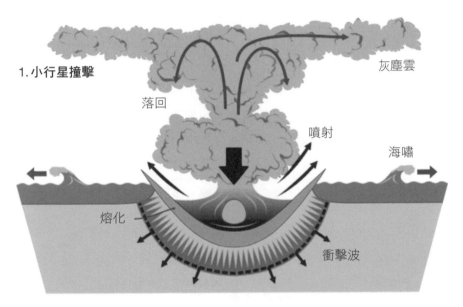

1.小行星撞擊　　　　　　　　　　　　　　　　灰塵雲

落回

噴射

海嘯

熔化

衝擊波

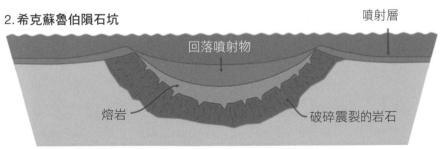

2.希克蘇魯伯隕石坑　　　　　　　　　　　噴射層

回落噴射物

熔岩　　　　　　　　　　　　　破碎震裂的岩石

小行星撞擊地球時會發生一連串事件，首先會穿透地表並汽化蒸發 (1)，然後彈
回，留下隕石坑和碎片場 (2)。

包括一個直徑約八十公里的碎石內環。這是所謂的「峰環」（peak ring），在其他行星的大型隕石坑中也有觀察到內部如山的環。在隕石坑的邊緣則是坍塌的岩石區，即梯田區（terraced zone），延長到直徑一百三十公里處，標誌著原始隕石坑口倒塌的壁。研究人員在更遠的地方，約是在直徑一百九十五公里處，發現了一個主要斜坡，一路向下延伸三十五公里，進入地殼和地函。這個外環就像是在金星等其他行星的隕石坑中看到的，這是第一次在地球上的隕石坑中發現這樣的特徵。

在希克蘇魯伯隕石坑保存下來一連串事件序列，即阿爾瓦雷斯及其同事在一九八〇年所預測的，就是一顆直徑七公里的小行星撞上地球，深入地殼並蒸發。幾秒鐘之內，發生了大小相等且風向相反的後座力，將巨大的能量垂直向上發送，並向外輻射，形成了隕石坑外壁。向上的後座力將隕石坑的邊緣帶到數百公尺的空中。由於隕石坑口的大小和坑壁的高度，在重力作用下迅速坍塌，形成了外壁和內壁。中間的峰值環是後座力的一部分。就像水滴撞擊水面的反彈會向上噴出一點水，然後再回落一樣，反彈階段和隕石坑的形成也是如此。

隕石坑的物理原理和物理後果非常顯而易見，諸如遮蔽太陽光以及隨之而來的光合作用停擺和全球凍結。但「生命是如何滅絕的？」這個

典型的水滴反彈，展示出撞擊造成的反彈是如何導致類似之後會坍塌的中心結構。

問題則還不那麼明確：不過這些效應足以消滅恐龍。此外，印度此時發生了大規模的火山噴發，即所謂的德干熔岩（Deccan Traps），這些火山在小行星撞擊之前的五十萬年就開始噴發了，而火山的噴發在這個區域造成暖化和酸雨。此外，在撞擊發生前大約三千萬年，氣候已開始冷化，這會對恐龍的生存造成壓力，恐龍可能比較喜歡溫暖的氣候條件。這些長期和短期危機在撞擊前的相互作用為何仍然存在爭議。

不過，正如本章開頭所指出的，學界對於小行星撞地球的時間並沒有什麼爭論——甚至可以推估到實際的月份。

我們如何知道撞擊是在六月份發生？

美國地質調查局（United States Geological Survey）的資深古植物學家傑克·沃爾夫（Jack Wolfe）將其整個職業生涯都投注在晚白堊世化石植物的研究上。一九八〇年代，他在懷俄明州一個名為茶壺山（Teapot Dome）的地方查看地層，那時他意識到眼前這片景觀記錄著整個晚白堊世撞擊故事的每一分鐘。茶壺山的地層跨越兩個地質年代的交界；那裡有交界時期的黏土，雖然厚度僅有兩公分左右，但沃爾夫發現，他可以將其一公釐，一公釐地剝開，一窺究竟。而且，憑藉他對化石植物的卓越認識，他還可以確定在整個撞擊事件期間的溫度變化。

茶壺山地層將整起事件記錄在一古老的蓮花池中。在晚白堊世，蓮花似乎蓬勃發展起來，沃爾夫發現數十片葉子和莖，隨著池塘的淤積而被掩埋。在白堊紀－古近紀交界處，他首先發現了一個含有玻璃珠和塵埃的薄層。這標誌著撞擊爆炸後的第一階段。在幾公釐之後，就出現一層枯死的蓮花葉子。在顯微鏡下，沃爾夫看到葉子中的細胞已經破裂。這是凍結的明確證據——樹汁突然間凍結。由於冰的體積比水大，所以冰晶會刺破細胞壁。

在凍結層上方是第二層的塵埃層，這層包含了高濃度的銥。然後沉積基層又恢復到正常狀態，又出現蓮花，溫度也恢復到二十五度左右。如果化石植物有現代近親，古植物學家可以非常準確地定出古代溫度，

因為現代植物對溫度和水分的要求非常特殊，也可以假定其遠古時代的近親需要這些條件。這是一種判定白堊紀氣候非常準確的方法。不過，沃爾夫究竟是怎麼確知撞擊是發生在六月份的？

他是藉助萊爾的均變論原則，將化石蓮花與現代的進行比較。茶壺山的蓮花化石恰好是現代池塘中萍蓬草（*Nuphar*）的近親，屬於睡蓮科（Nymphaeaceae）。這種蓮花在發育的特定階段瞬間遭到凍結，沃爾夫將它們的花蕾和花的狀態，與同屬的現代蓮花比較，就此推估出凍結是發生在六月。這是個巧妙的例子，展現出科學家如何利用均變論原理來進行一項令人讚嘆佩服的偵探工作。

恐龍是突然滅亡，還是漸進滅亡？

我們現在知道所有的恐龍——除了一些鳥類——是在六千六百萬年前的大災難後滅絕的。牠們是在那一聲巨響後瞬間消亡？還是本來就已經苟延殘喘？換句話說，在小行星撞擊並消滅牠們之前，恐龍是否安然度日？還是早就有跡象顯示牠們已走上衰退之路？許多經過充分研究的地層都支持突然消失的滅絕模型，這些地層的年代一路延伸到晚白堊世，例如著名的蒙大拿州地獄溪層，那裡的恐龍有暴龍、三角龍（*Triceratops*）和甲龍一直到晚白堊世都可發現其蹤影（參見彩圖 iii）。沒有跡象顯示這些動物群的多樣性正在減少，或是物種正在消失。然而，這問題真的只是在長期衰退或瞬間消失之間做選擇嗎？還是說，可能存在第三種模式？

我們發現的證據顯示這兩者兼而有之。二〇〇八年時，我所指導的學生格雷姆·洛伊德（Graeme Lloyd）領導了一項研究計畫，在當中我們發現了第一條線索，之前在第二章有簡介過這項研究。我們的目標是建立一棵恐龍的「超級樹」，這其實只是用個時髦的術語來總結當前所有恐龍物種的最佳知識，建構出一親緣關係樹。葛萊姆在現有文獻中爬梳彙整了約兩百棵樹的數據，最後我們製作出一棵大約涵蓋四百二十個物種的超級樹。然後我們計算了當中多樣化的速率，結果相當令人驚

學　名　恐怖三角龍（*Triceratops horridus*）

命名者	歐斯尼爾‧馬許（1889）
年代	晚白堊世，68~66萬年前
化石地點	美國、加拿大
分類	恐龍總目：鳥臀目：角龍科
體長	8公尺
重量	14公噸
鮮為人知的事實	三角龍是南達科他州的官方版的州化石，也是懷俄明州官方版的州恐龍。

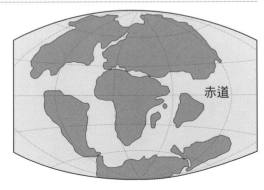

赤道

學　名　大面甲龍（*Ankylosaurus magniventris*）

命名者	巴納姆・布朗（1908）
年代	晚白堊世，68~66百萬年前
化石地點	美國、加拿大
分類	恐龍總目：鳥臀目：裝甲總科：甲龍科
體長	7公尺
重量	4.8公噸
鮮為人知的事實	牠的尾槌重約20公斤，衝擊力可能高達2,000牛頓，相當於200公斤的質量。

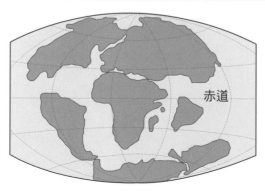

赤道

訝，我們發現恐龍在其歷史的前六千萬年中完成了大部分的快速演化。在晚侏羅世和白堊紀期間，沒有發生什麼重大變化，我們認為恐龍在最後的五千萬年中，多少失去了演化的動力，除了兩個特化出以植物為主食的族群，鴨嘴龍類和角龍類（ceratopsians）。

二〇一六年我在參與另一項更進一步的研究調查時，再次提出了這個想法。我們想找出在整部恐龍演化史中深植於當中的動態。我們與雷丁大學的坂本學（Manabu Sakamoto）和克里斯・凡蒂提（Chris Venditti）一起合作，將所有恐龍物種的放在一起，製作一棵更大的超級樹，並且儘可能地準確定年。然後我們進行計算，以確定在中生代期間恐龍的種化（speciation）和滅絕速率是穩定、加快還是減緩。我們在尋找三種可能結果中的一種：種化和滅絕的總體平衡會是不斷加快、趨於平穩，或是變慢。

我們使用的是貝葉斯（Bayesian）統計方法，這是用一個初始模型來進行計算，然後運算數據數百萬或數十億次，評估這個初始模型與數據的擬合程度，這種方式可允許我們考量每個可能的不確定因素，並且反覆調整模型，讓它與數據更吻合。在這個例子中，坂本將種種不確定因素納入模擬，如岩石的定年、紀錄中的空缺、親緣關係樹的準確性以及許多其他問題。結果可說是一目瞭然：對所有恐龍來說，以及恐龍三大類群（獸腳類、蜥腳形類和鳥臀類）中的每一群，直到一億年前都展現出活躍的演化，種化速率超過滅絕，然後牠們都在大約白堊紀末大滅絕事件前的四千萬年前結束這樣的態勢，轉入衰退期。只有鴨嘴龍類和角龍類這兩群展現出日益提升的多樣性，如我們之前所提。

我們二〇一六年的那篇文章一直充滿爭議——一些研究人員明白當中的要點，但其他人卻對此產生誤解。我們的結果並不是在說世界各地都是如此，還是有例外，比如說地獄溪層，當地的多樣性仍然很高，也不是指所有恐龍群體都處於好比自由落體的高度衰退狀態。這裡還得考量時間尺度的層面——我們看到的是在四千萬年的過程中逐漸下降的趨勢，但在不同區域和較短的時間尺度上，多樣性則會因各地的具體條件

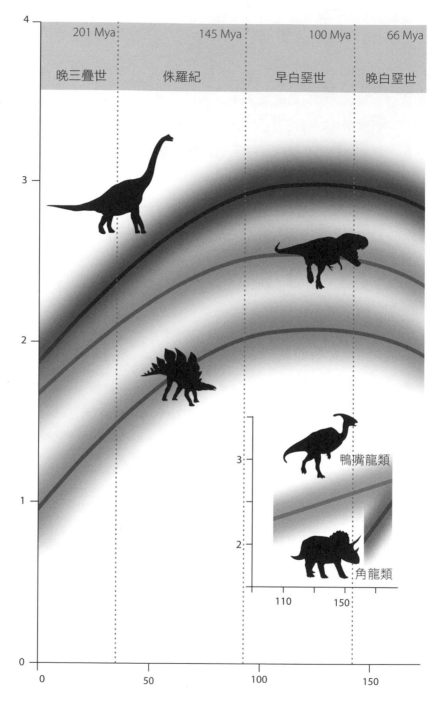

在白堊紀最後的四千萬年間，三大類恐龍——蜥腳形類（上）、獸腳類（中）
和鳥臀類（下）皆展現出長期衰退的趨勢。

繼續起落。

　　另外還有一個更廣泛的含義，那是關於恐龍是否還會繼續演化下去。一旦落入這種充滿想像空間的假設思維中，就很容易會有下面這樣的念頭：要是小行星沒有撞上地球，今天的世界會是什麼樣子？一位加拿大古生物學家甚至重建出現代恐龍人（dino-man），一種頂著大腦袋但是沒有尾巴的人形恐龍，能夠擺出人類的姿勢。然而，我們的研究顯示，即使沒有小行星的撞擊，恐龍也可能無法存活到今天。在四千或五千萬年前，氣候冷化、植被變化還有各個大陸構造的變化，這些條件可能還是會摧毀牠們。

世界性的殺戮

　　本章開頭概述了小行星撞擊後所發生的一系列事件。目前，我們尚不清楚這場危機在全球蔓延的速度有多快，而且這產生的效應因地而異。在距撞擊點幾百公里的範圍內，會見到撞擊後立即激發出的一道耀眼閃光，且幾秒鐘後發生大地震，因為小行星會撞入地殼並蒸發。然後殘渣形成的碎片錐會向側面噴發出去，形成不斷擴大的圓圈。這股衝擊波的力量會摧毀撞擊點方圓五百公里內的一切，包括暴龍、三角龍或甲龍等任何恐龍。爆炸帶動的岩石也會將樹木和動物擊倒在地。再往遠處一點，大塊的岩石老早就掉落到地上，但不斷擴大的衝擊波卻可持續數千公里。在隕石坑口周圍的海洋，形成了一場巨大的海嘯，這可能不至於殺死海中的生命，除非是在海岸附近。在那裡，大海會從淺灘吸回海浪，珊瑚礁、跳動的魚類和海洋爬行類都裸露出來，然後巨浪沿著一條寬闊的弧線穿過墨西哥東部，襲擊原始加勒比海的海岸，然後穿過德州向上掃去，席捲美國南部至佛羅里達州。岸上的任何動物，包括恐龍在內，都會淹死，而牠們的屍體就這樣成堆散落著，當中還夾雜一堆鬆散的岩石和樹木。

　　衝擊波和隨後的火球很可能橫掃北美大部分地區，所經之處的動植物無一倖免。在更遠的地方，例如在歐洲、亞洲和非洲，可能會感覺到

撞擊的閃光，然後，在幾個小時後，隨著塵埃向外擴散至大氣層的高處，天空會改變顏色。也許在頭兩天恐龍沒有受到太大影響，但隨後灰塵的堆積會使白天變成黑夜，黑暗可能會持續數週。

沒有光，恐龍會持續處於麻木狀態，懶洋洋地躺在地上，像往常在夜間打瞌睡。但這一次，沒有溫暖日出的到來，牠們繼續睡，當中大多數也許在不知不覺中死去。缺乏光照會殺死大多數動物，而無法進行光合作用的植物也會枯萎。也許是在最初那幾個月滿布陰霾之際有降雨清除掉灰塵，所以生命並沒有全部死絕，隨著光線和溫暖的回歸，又恢復到原狀。昆蟲可以休眠，也許水下的魚類也逃過一劫。

一項二〇一八年對突尼西亞的艾爾克夫（El Kef）的白堊紀－古近紀地層剖面的研究顯示，在撞擊後不久，溫度就上升了五度，這持續了大約十萬年。這是透過測量埋在岩石中的魚骨的氧同位素來確定的，並且在這個地層剖面中，高溫的狀態持續了約三公尺。溫度升高可能是由於大氣中額外增加的二氧化碳所致，因為在撞擊時，石灰石會熔化，而且隨後不久發生的森林大火也會釋放該氣體。

在生命從這場危機中恢復的初始階段，這種溫和的溫度上升會驅使一些熱帶地區的物種離開，但這種變化並不足以導致進一步的大量滅絕。所有證據都顯示，這場危機是短暫而殘酷的，而且撞擊導致了持續的環境變化。不過，從地質學角度來看，地球和生命復原的速度驚人地快，比方說在溫度升高的這十萬年內，鳥類和哺乳類這兩個群體就此勝出，牠們的命運相當值得詳細研究。

鳥類如何在大滅絕中倖存下來？

鳥類在六千六百萬年前的大災難中倖存下來，二〇一八年的一項研究顯示出當時的狀況。與哺乳類一樣，鳥類在中生代已經演化了一段時間，不過僅有晚侏羅世以後，約是在一億五千五百萬年前，才有世人可識別的鳥類。這些第一批鳥類包括來自德國南部索倫霍芬潟湖的著名「古鳥」始祖鳥，以及中國北部在類似甚至更古老的岩層中發現的其他

化石標本。事實上，從小型有羽毛的獸腳類恐龍過渡到鳥類的過程相當微妙，所以要決定哪個個體是最後一隻恐龍，哪個又是演化分支上的第一隻鳥，其實只是一種語彙使用的問題。

過去一直認為鳥類在大滅絕中倖免於難——儘管一些古老的譜系已經滅絕，但鳥類倖存下來，然後迅速多樣化，最終達到現生的一萬一千種現存物種的盛況。這應該足以證實牠們巨大的適應性，也因此在現代生態系取得的成功，同時凸顯牠們與全都滅絕的恐龍表親間的明顯對比。然而，現在這故事似乎要改寫了。

對鳥類化石紀錄的詳細研究，再加上現代鳥類演化的基因體分析，兩者都顯示出其實僅有五種鳥類跨越了白堊紀－古近紀的交界。事實上，整群飛鳥似乎瀕臨滅亡。所以到底發生了什麼事？

正如我們之前所提，中國北方的熱河床已經出土了數以千計的白堊紀鳥類標本，展現出超乎比我們想像的驚人多樣性。在晚白堊世，已經演化出四大群鳥類，但在小行星撞擊事件後，牠們全都死亡。這些是反鳥類（enantiornithine），是一群由八十種飛鳥組成的多樣化群體，牠們主要是在水或泥中捕食帶有硬殼的獵物，或是脊椎動物和節肢動物——可能是在樹上捉到的。第二群是後轉板鳥形類（palintropiform），僅包括來自蒙古的兩三個物種。魚鳥類（ichthyornithine）是食魚的飛鳥，長有強大的牙齒，分布在北美西部內陸海道的海岸上。最後一群黃昏鳥類（hesperornithiform），主要也是棲息在北美相同地區，牠們的體形通常很大，不會飛，但會潛水捕魚。

唯一的倖存者是幾種雞鴨這類陸棲鳥的祖先。對此簡單的解釋就是牠們很幸運——不過一項二〇一八年的研究顯示其他的故事。充滿熱情的年輕古鳥類學家丹恩·菲爾德（Dan Field）與同事一起對鳥類進行了大規模的生態研究。他們在現代鳥類物種的親緣關係樹上標注出不同的棲息類型，如知更鳥、貓頭鷹、雨燕和鸚鵡等是樹棲型，還有主要生活範圍是地棲型的鴕鳥、鴨子、雞、秧雞、濱鳥和海鷗等。往前追溯到晚近白堊紀，他們發現所有現代鳥類的祖先在小行星撞地球時都是地棲型

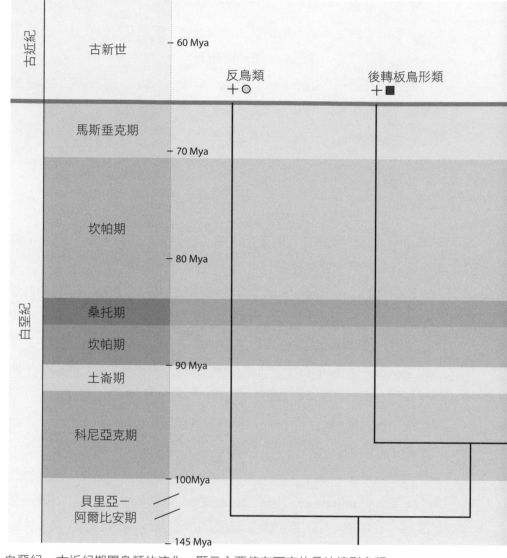

白堊紀－古近紀期間鳥類的演化，顯示主要倖存下來的是地棲型鳥類。

的。

　　所有樹棲型的鳥，連同不幸的魚鳥類和黃昏鳥類，全都滅絕了。菲爾德及其同事將這一發現與植物和花粉化石紀錄等證據相結合，顯示出

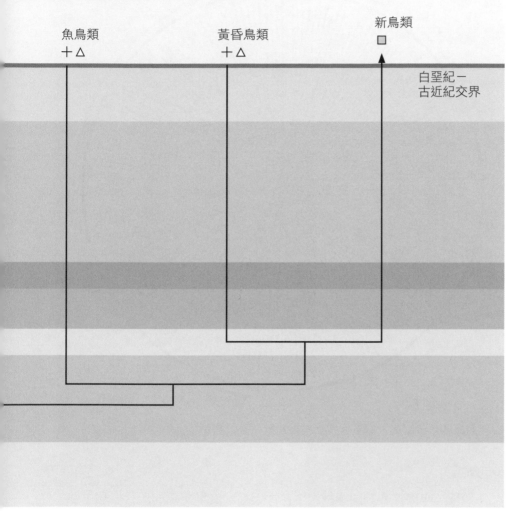

魚鳥類
＋△

黃昏鳥類
＋△

新鳥類
□

白堊紀－
古近紀交界

○ 樹棲為主　　　　□ 陸棲為主
■ 未知　　　　　　＋ 已滅絕的演化分枝
△ 水棲型

小行星撞擊的一項後果是摧毀了森林大約一千年的時間。遮蔽陽光會停
止光合作用，通常這會殺死植物，而酸雨和撞擊的其他可怕後果則可能
剷平森林。生活在樹木內部和周圍複雜生態系的鳥類和其他動物就此無

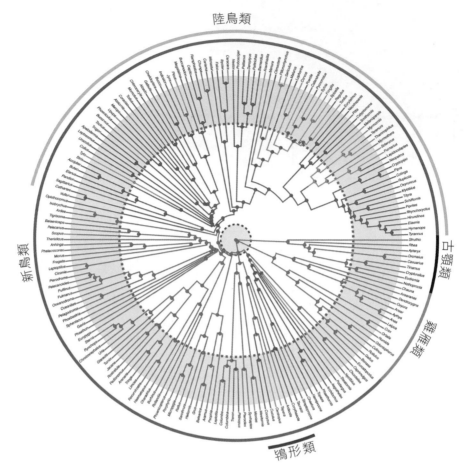

陸鳥類

古顎類

鴴動雞鴨

新鳥類

鴰形類

現代鳥類的親緣關係，顯示大多數鳥類的祖先是地棲型的。

家可歸。

　　然後，菲爾德及其同事指出，在古近紀，最早出現的現代鳥類主要是地棲型的，牠們追著昆蟲到處亂竄，或以海岸上的海洋生物為食。他們可以透過觀察化石鳥腿各部分的相對長度看出當時廣泛的生命模式——樹棲型的股骨往往很長，而那些在地上亂跑的地棲型鳥類，股骨較短，而膝蓋以下的腿偏長。真正的樹棲型鳥類需要一些時間才重新出現，許多不同的鳥類在時機合適時各自適應了樹棲生活。

　　可以說在大滅絕中生存下來的鳥類是競爭相當激烈，難分高下。那

哺乳類這邊又是如何呢？

哺乳類如何取代恐龍？

在六千六百萬年前的那場大滅絕後，這故事的經典說法就是哺乳類接管了地球——確實是如此。小行星的撞擊嚴重威脅到恐龍、翼龍、海洋爬行類、菊石、箭石和許多其他群體的存續，但對於我們的祖先，以及最終演化出來的人類來說，卻是好事一樁。事實上，哺乳類與恐龍同時起源於三疊紀，但在整個中生代，大多數的體形仍然很小，而且主要是在夜間活動。我們要如何確定哺乳類之所以在古近紀出現多樣化是因為恐龍從生態系中消失呢？

答案來自數值模型。芝加哥大學的葛拉漢‧史拉特（Graham Slater）在二〇一三年的一篇論文中對此進行了測試。首先，他構建一棵早期哺乳類在中生代和古近紀演化的過往親緣關係樹。然後他嘗試將各種演化模型與數據擬合，尋找當中解釋數據能力最好的模型，也就是他所謂的「釋放和輻射」模型（'release and radiate' model）——這模型將哺乳類的演化描述成受到恐龍壓制，當恐龍消失後，就從壓力中釋放出來，爆炸性地輻射。其他模型，包括各種隨機模式、驅動趨勢，或是恐龍的滅絕等，皆不會造成哺乳類任何的生態反應。

就這樣，設計巧妙的電腦演算模型證實了哺乳類的發展是受到恐龍阻礙的舊假設——在那些大型的日行性恐龍消失後，沒有競爭對手的哺乳類可以演化出晝夜活動的生活形態，以及更大的體形，占據整個棲息地。事實上，牠們在古近紀早期的演化尤其迅速，這一點令人震驚，因為牠們在中生代已經存在了一億七千萬年。在這次大滅絕後的一千萬年間，哺乳類演化出了所有現代群體，從類似鼩鼱的小型生物到會飛的蝙蝠和巨鯨，從大型披有裝甲的植食性動物到頂著巨大頭骨的掠食者，甚至還有像猴子一樣的樹棲動物，包括我們的直系祖先在內。

過去六千六百萬年來，哺乳類的演化持續在全球擴張。隨著全球溫度的起伏波動——不過主要是下降——棲地發生重大變化。這當中最引

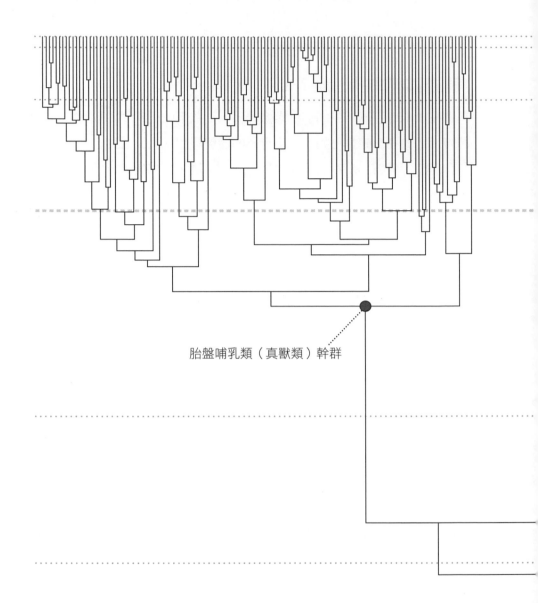

胎盤哺乳類（真獸類）幹群

六千六百萬年前白堊紀－古近紀事件後，
哺乳類出現爆炸性演化。

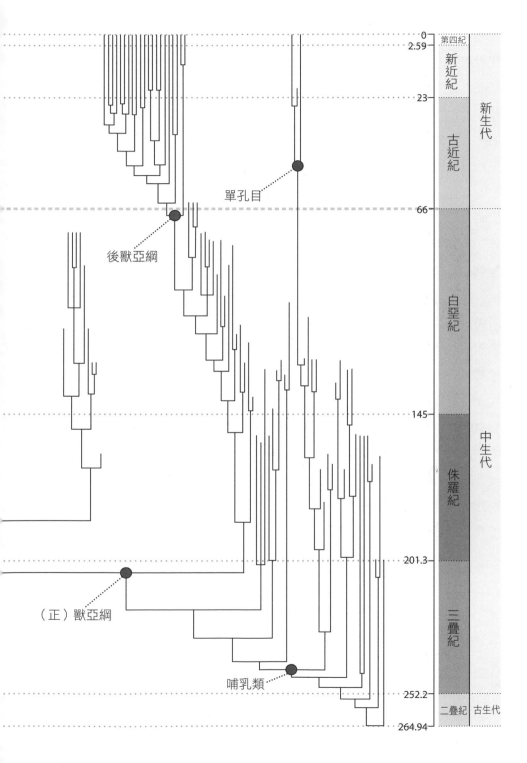

單孔目

後獸亞綱

（正）獸亞綱

哺乳類

第四紀	
新近紀	新生代
古近紀	
白堊紀	中生代
侏羅紀	
三疊紀	
二疊紀	古生代

0
2.59
23
66
145
201.3
252.2
264.94

人注意的是大約在三千萬年前發生的草原蔓延。隨著氣候變冷，降雨模式也跟著改變，不再那麼集中在熱帶，而變得往溫帶，大陸的中心也變得較為乾燥。森林退縮，大草原遍布在南北美洲的大部分地區，以及中非和亞洲。在那之前，哺乳類早已適應了在森林中過著稍有遮蔽的生活，而新的草原則帶來新機會。一方面是馬和犀牛的祖先，另一方面是牛和鹿的祖先從森林邊緣爬出，有些開始吃起正在萌芽的新草。

草是一種堅韌的食物，因為大多數都含有二氧化矽來保護自身，抵禦啃食者，因此草食性動物必須演化出更深、更堅固的牙齒來加以磨碎。此外，早期的草食性動物在野外草原上很脆弱。原本在森林中保護牠們的小體形不再是優勢。成功的物種會演化得更高，腿變得又細又長，這樣就可以四處查看掠食者，但在受到威脅時也可以迅速逃跑。眾所周知，馬是從類似拉布拉多犬大小的動物演化到目前的尺寸，大多數其他成功的草食性動物也是如此。掠食者也產生適應，開始奔跑而不是攀爬。

一種看待早期人類演化的觀點就是在從森林進入到平原時，發生了類似的轉變。我們親緣關係最近的黑猩猩和大猩猩仍然居住在非洲森林中，但我們的祖先顯然在五百萬年前踏入非洲中部和東部炎熱的草原。我們之所以能有直立的姿勢，是因為這些早期的猿類需要在高高的草叢中四處張望，尋找獅子和獵豹的身影，還要用空出來的雙手搬運食物和工具。

....

白堊紀末大滅絕的研究一直帶來推陳出新的觀念。這也是一個很好的例子，用以說明這門學科如何從推測變成科學，並且揭露出一些我們完全料想不到的事情。早在一九八〇年，路易斯・阿爾瓦雷斯和他的團隊就提出了小行星撞擊和全球破壞的模型，此後的數千項研究調查證實了他們的精采想法。他們所預測的已經被發現，現在很少有人會去懷疑撞擊說的證據──墨西哥的希克蘇魯伯隕石坑、海嘯層和原始加勒比地

區周圍的融化玻璃珠以及傳播全世界富含銥的細塵。

　　古生物學的研究也大幅改善我們對大滅絕事件序列的想像。恐龍在地球上的最後四千萬年似乎早已在緩慢地衰退，但最終是因為撞擊事件和隨之而來的寒冷和黑暗使牠們快速消失。鳥類和哺乳類也身受其害，只有某些物種在嚴峻的環境條件下倖免於難。這些劫後餘生的鳥類和哺乳類在危機過後的世界安穩下來，發生了爆發性的演化，構成現代陸地生態系的基礎。

　　關於這起事件還有許多需要更加關注、逐步解開的環境惡化問題。此外，我們還不能將小行星撞擊造成的破壞與印度持續時間更長的德干熔岩噴發造成的破壞完全結合起來。而且演化的特性，在那場危機之前、之中和之後都還有待探究。最近有許多研究是關於恐龍衰退和選擇性滅絕以及鳥類和哺乳類的多樣化，這些正在解決長期以來的問題。六千六百萬年前的這些事件仍然在現代生態系的結構中產生共鳴，這也增加了進一步研究的緊迫性。

後記

　　過去四十年來，我們見證了古生物學向科學的轉變。這涉及到可檢驗科學領域的擴展，以及推測領域的減少。推測的領域可以說是無限的，並且可能會隨著人們提出更多問題而增長。儘管如此，在本書中，我已列出現在能夠以可驗證方式來回答的恐龍功能問題（恐龍吃什麼？跑得多快？是什麼顏色？成長速率得有多快？）。

什麼是科學？

　　長久以來，哲學家一直在爭論科學的定義。可以肯定的是，科學不僅僅是可以進行證明的數學。在所有其他科學中，永遠不可能證明（proof），只能反證（disproof）。而這一點導致巨大的誤解，尤其是那些地平論者、氣候變遷否認者、神創論者和其他人——他們喜歡說科學是關於事實的，並認為如果他們能夠推翻一個事實，就能讓整個科學垮臺。

　　實際上，自然科學是關於假設和理論的。關於恐龍為何滅絕（見附錄）或蜥腳類恐龍為何如此龐大等問題，可以提出很多假設，當有足夠且連貫的證據時，這當中會有一些在經過修改後成為理論。例如，阿爾瓦雷斯的模型，他在當中提出在白堊紀末期發生災難性的撞擊，以及這在恐龍滅亡中所扮演的角色，這可說是一個有良證據支持的理論。我們無法證明它，但它很容易被推翻。尤其是當阿爾瓦雷斯和他的團隊在一九八〇年建立該理論時，實際證據並不多——基本上只有在古比奧和斯泰溫斯陡崖兩個地方的銥峰值可以佐證。年復一年，證據不斷積累，證實了他們的說法，而且沒有任何證據可以反駁。要是能夠證明在不同的地質時代都有出現銥的峰值，或是銥的峰值只出現在這兩個地方，就可

以推翻這個理論。但是，在一九九一年，科學家發現了撞擊坑，這為阿爾瓦雷斯理論提供了確鑿的好證據。至於小行星撞擊對於恐龍滅亡的確切效應，以及它是唯一的效應，還是當時還有氣候變遷和火山噴發等額外壓力，以及德干熔岩的噴發等問題，仍然還存在有一些爭論。但這一理論是迄今為止最有說服力的。

這就是卡爾‧波普在一九三四年闡述的科學假設的演繹法原理。他可以看出來這套方法可以擴及歷史性科學，但有點不確定要如何進展。起初，似乎永遠不可能以科學的方式來討論歷史事件，無論是考古學、古生物學還是地質學。然而，在本書中，我們已經探討了一些可用這套方法的例子。

理論與批評

科學家和非科學家常常會誤解批評的作用。當然，糾正弄錯的事實是所有觀察者的責任——因此古生物學家和大量網路上的評論者很快就會發現化石定年、標本鑑定、尺寸測量以及特定解剖特徵報告等的錯誤。查爾斯‧達爾文（Charles Darwin）說得很對，他說：「虛假事實對科學的進步造成嚴重的傷害，因為它們往往經久不衰；但錯誤的觀點就算有證據支持，幾乎不會造成傷害，因為每個人都以證明自己的錯誤為樂。」

對假設和理論的批評則是另一回事。的確，正如達爾文所說，科學家不會拒絕批評他人的理論。但是批評家不能僅是嘲笑一個特定的理論就收手。這不像政治。批評者必須提出比他所批評的理論更有說服力的理論，而且要把數據解釋得更好。身為科學家，是相當嚴謹的工作，在論證時必須考量所有的證據，並公平地權衡其他的可能假設。

這就讓我們來到「理論」（theory）的概念。在英語和許多其他語言中，「理論」一詞可有兩個含義。在日常講話中，「理論」可以是一個概念或想法，比方說：「我的理論是我們今晚的晚餐有香腸……然後，把花園弄得一團糟的是我鄰居的狗。」這些是小規模的推論，可說

是某種形式的理論。在科學中，理論則是關於世界如何運作的模型，例如重力或演化（大理論），或是白堊紀末期的撞擊事件或哺乳類透過競爭性的釋放取代了恐龍（小理論）。這些證據一字排開，經過反復測試後變得更為可靠，而且目前也沒有更好的理論。至於晚餐是香腸還是熱狗，誰知道呢？可能有一百萬種可能的結果或解釋。

因此，氣候變遷否認者和神創論者，還有過去那批否認吸煙致死的人，都是在玩弄「理論」這個詞。「哦！這只是一個猜測」，他們說。然而，他們的替代觀點經不起證據的考驗。地球上曾存在有恐龍是一種理論。重力也是理論；細菌致病論也是，而且就是根據這些理論，我們準備好冒險搭乘飛機或進行外科手術——因為它們是經過壓力測試的真實理論。

恐龍古生物學的轉變：從推測到科學

本書帶領我們從一九八〇年一直到今天，在這段旅程中，我們停下腳步來認識一些辯論和爭議。特別是去仔細查看那些過去專家只能進行推測和發表意見的地方，以及這些領域是如何轉化為科學的。

我們看了恐龍的演化樹和分類系統，認識它們是如何從一九八四年開始通過透過支序分類方法發生轉變——以及在二〇一七年因為一種全新的恐龍樹而重新展開辯論。我們看到這些演化樹成為演化研究的基礎，可應用新方法來尋找快速和緩慢的變化率，甚至是包括張力在內的各種演化模型，其中還有一篇是我們在二〇一六年發表的關於恐龍是否在小行星撞擊前很久就以某種方式消失的文章。

事實上，導致恐龍滅絕的原因是地球受到一顆巨大的小行星撞擊後引發的種種衝擊效應，這個想法早在一九八〇年就有人提出，而且經過嚴格測試，最終導致許多科學領域出現非凡的復興。

而且，正如我們所見，重新為人思考的不僅是演化樹和撞擊事件，還有古生物學。新的工程方法徹底改變了恐龍學家研究進食和運動以及密切觀察骨骼組織學的方式，讓人得以對生長和生理做出一些定論。這

當中最引人注目的可以說是在二〇一〇年發現了恐龍羽毛的顏色和圖案，以及這一發現讓我們認識到在恐龍演化中性行為以及性擇的作用。

下一步是什麼？

那接下來要做什麼？十年前，我會說我們肯定永遠不會知道恐龍的顏色。現在我們知道了——至少有一些，並且是基於可靠的推理。所以，我們現在有了關於古代顏色的黑素體理論。也許我們不會知道恐龍發出的聲音。還有，我們似乎永遠不可能找到恐龍的DNA，或是複製一隻活生生的恐龍……不過，也許話不應該說得太滿，也許不該說「永遠不會」。

化學分析方法和實驗方法的進步正在提高我們對哪些有機分子能夠承受化石化的嚴酷考驗的認識。一些分子，如黑色素，就可以保存下來，而其他恐龍身上的分子，如蛋白質，或可提供用於測試演化樹中親緣關係的序列資訊。我們才剛展開對化石進行電腦斷層掃描和工程分析的研究，這將會帶來許多關於恐龍如何移動和進食的新知。另一個不斷增長的領域是超級樹方面的演化模式和過程的電腦運算，以及那些帶來新發現的新方法。骨骼的顯微研究將會告訴我們更多關於恐龍生長和性別的訊息，牙齒磨損模式可能會證實關於飲食的想法。

科學家和大眾對恐龍著迷是可以理解，大家都想知道恐龍滅絕的方式和原因。當然，同樣令人著迷的是恐龍的起源，這部分還相當晦暗不明。我們已經看到許多新發現的化石，將起源日期從兩億三千萬年前往前推到兩億四千五百萬年前，而且搞不好未來的研究人員可能還會進一步往前推。我們已經看到，恐龍的起源是個複雜的生態故事，我們現在才開始稍加掌握。之前提到，在競爭模型和機會主義模型間存在有根本的緊張關係——恐龍是將牠們的競爭對手逼到絕境，展現出牠們的進步優勢？還是說牠們僅是一系列嚴峻的環境災難的幸運受益者？這些是關於地球生命、變化率以及氣候變遷在推動演化時的角色的核心問題——都是要了解生物多樣性未來命運的當前問題的關鍵。

　　資深科學評論員和編輯約翰・馬多克斯（John Maddox）在他一九九八年出版《尚待發現的東西》（*What Remains to be Discovered*）一書時，對此非常清楚，科學中還有很多事物有待發現，每一個新發現都會引發新問題。古生物學和恐龍科學無疑也是如此。我們熱切地等待新一代研究人員帶來各種新的想法。

附錄
滅絕假說

　　下列是已發表的恐龍滅絕的假說清單。我盡可能地列出每個想法首次發表的日期。這些想法大多數會被評為「無稽之談」，因為沒有證據。我會以灰階標示那些有一些證據的想法，並用粗體標記兩個可能對大規模滅絕理論有貢獻的。這些想法在我多年前寫的一篇文章中（Benton, M.J.1990. Scientific methodologies in collision: the history of the study of the extinction of the dinosaurs. Evolutionary Biology, 24, 371–424）。

1. 生物原因

A. 「醫療問題」

A1. 代謝紊亂

01. 椎間盤突出
02. 荷爾蒙系統功能失調或失衡
　　01. 腦下垂體過度活躍，骨骼和軟骨過度生長（1917）
　　02. 腦下垂體功能障礙導致角、棘和褶邊過度生長且脆弱（1910）
　　03. 血管收縮素和雌激素濃度失衡，導致蛋殼病理性變薄（1979）
03. 性活動減少（1917）
04. 白內障失明（1982）
05. 疾病：白堊紀晚期爬蟲類的齲齒、關節炎、骨折和感染的盛行率最高（1923）
06. 流行病

07. 寄生蟲

08. 濫交引起的愛滋病（1986）

09. DNA 與細胞核比例改變

A2. 精神錯亂

01. 大腦萎縮和隨之而來的智商降低（1939）

02. 缺乏意識和改變行為的能力（1979）

03. 精神疾病導致自殺

04. Paleoweltschmerz：對古代世界感到厭倦

A3. 遺傳疾病：因高強度的宇宙射線和／或紫外線引起的大量突變，導致小型族群承受巨大遺傳壓力，且降低了族群對抗環境衝擊的適應性（1987）

B. 族群老化

01. 遺傳漂變導致老化過度，如巨人症和多刺（例如牙齒脫落和「退化」）（1910）

02. 族群式微（1964年，威爾　庫比：「爬蟲類的時代結束了，因為它已經持續了足夠長的時間，而且這首先是一個錯誤。」）

C. 生物間的交互作用

C1. 與其他動物競爭

01. 與哺乳類的競爭——亞洲哺乳類入侵北美（1922）

02. 與毛毛蟲競爭，毛毛蟲吃掉所有植物（1962）

C2. 捕食

01. 掠食者的殺傷力太過強大（獸腳亞目動物自相殘殺）

02. 哺乳類吃掉恐龍蛋，降低了幼龍的孵化成功率（1925）

C3.開花植物變化

01. 開花植物的傳播，針葉樹、蕨類等植物愈來愈難找到，導致蕨
類油脂的攝取減少，最終便秘導致死亡（1964）

02. 沼澤植被的花卉變化和喪失（1922）

03. 森林中的花卉變化和增加（1981）

04. 植物性食物整體供應量減少

05. 開花植物中存在有毒單寧和生物鹼（1976）

06. 植物中有其他毒物

07. 植物中缺乏鈣和其他必需礦物質

08. 開花植物及其花粉的興起，導致恐龍因花粉症而滅絕（1983）

2.物理環境原因

D.環境解釋

D1.氣候變遷

01. 由於大氣中二氧化碳含量過高以及「溫室效應」，氣候變得太
熱；滅絕是因高溫和乾旱的發生頻率增加（1946）引起的，這
要麼使精子的製造減少（1945）、幼龍雌雄比例不平衡
（1982）、幼龍無法存活（1949），要麼導致夏季過熱，尤其是
如果恐龍是溫血動物（1978）

02. 氣候變得太冷，導致胚胎無法發育而滅絕（1929），因為恐龍
需要吸收環境中的熱量，缺乏保溫的身體機制，無法維持恆定
的體溫（1965），而且牠們體形太大而無法冬眠（1967），即使
牠們是溫血動物，寒冷的冬季溫度也會使牠們消失（1973）

03. 氣候變得過於乾燥（1946）

04. 氣候變得太潮濕

05. 氣候變化加劇和季節性增加（1968）

D2. 大氣變化

01. 大氣壓力或組成改變（例如光合作用產生過多的氧氣）（1957）

02. 大氣氧含量高，導致外星撞擊後起火（1987）

03. 二氧化碳含量低，抑制恐龍的呼吸作用（1942）

04. 大氣中二氧化碳含量過高和恐龍胚胎在蛋中窒息（1978）

05. 大規模的火山活動和火山灰產生

06. 火山熔岩和火山灰硒中毒（1967）

07. 空氣中含有可能來自火山的有毒物質，導致恐龍蛋殼變薄
（1972）

D3. 海洋和地形變化

01. 海平面下降和內陸乾燥（1964）

02. 全球海平面下降導致恐龍滅絕，如果牠們是水中生物的話
（1949）

03. 洪水

04. 山脈形成，例如北美的拉拉米迪亞大陸（1921）

05. 沼澤和湖泊棲息地的排水（1939）

06. 高濃度二氧化碳導致海洋了無生機（1983）

07. 海平面上升，使海床上的氧氣流失（1984）

08. 來自北極的淡水外溢到海洋中，導致全球溫度降低（1978）

09. 地形起伏減少，陸地棲息地減少（1968）

D4. 其他陸地災難

01. 德干熔岩噴發（1982）

02. 地球重力改變

03. 地球自轉軸偏移

04. 月球的引力和隨之而來的全球擾動

05. 吸收到來自土中的鈾中毒（1984）

E. 外星解釋

01. 熵；宇宙愈來愈混亂，因此失去了大型的生命形式

02. 太陽黑子

03. 宇宙輻射和高強度紫外線輻射（1928）

04. 太陽閃焰破壞臭氧層，使紫外線輻射進到地表（1954）

05. 游離輻射（1968）

06. 來自附近超新星爆炸的電磁輻射和宇宙射線（1971）

07. 行星際塵雲（1984）

08. 隕石進入，快速加熱大氣（1956）

09. 銀河面振盪（1970）

10. **小行星、彗星或彗塵雨的影響（Luis Alvarez and colleagues,1980）**

作者的話

標有星號（＊）的出版物提供了該主題的簡單介紹，應首先查閱。

下面列出了一些在本書中提及的重要出版物，供專門的學者或任何想查看我所說內容的人使用。論文後的簡短評論進一步說明了該出版物的其他細節。

除非文中另有說明，否則所有來自個人的報價均通過電子郵件直接提供給我。

我還添加了一份最新的恐龍書籍清單，這些書籍都是原創的，值得一讀。

導言

Benton, M. J.2015. *When Life Nearly Died*.2nd edition. Thames & Hudson, London and New York

*Magee, B.1974. *Popper*. Routledge, London
一本對卡爾波普哲學著作的精采簡介紹，包括科學中的假設演繹法和他對歷史科學的思考。

Popper, K. R.1934. Logik der Forschung. Mohr Siebeck, Tübingen [First English-language edition, *The logic of scientific discovery*, published by Routledge, London.]

Rhodes, F. H. T., Zim, H. S., and Shaffer, P. R.1962. *Fossils, a guide to prehistoric life*. Golden Nature Guides, Golden Press, New York; Hamlyn, London

Witmer, L. M.1995. The extant phylogenetic bracket and the importance of reconstructing soft tissues in fossils. In J. J. Thomason（ed.）, *Functional morphology in vertebrate paleontology*, Cambridge University Press, Cambridge and New York, pp.19–33

第一章

Benton, M. J.1983. Dinosaur success in the Triassic: A noncompetitive ecological model. *Quarterly Review of Biology* 58,29–55
我的原始論文，以競爭性接力模型來

挑戰羅默-科爾伯特-查里格的恐龍起源模型。

Benton, M. J., Bernardi, M., and Kinsella, C.2018. The Carnian Pluvial Episode and the origin of dinosaurs. *Journal of the Geological Society*175（6）,1019

* Benton, M. J., Forth, J., and Langer, M. C.2014. Models for the rise of the dinosaurs. *Current Biology*24, R87–R95 一篇簡要但略帶技術性的介紹，告訴我們如何使用數值方法來探索恐龍的起源。

Bernardi, M., Gianolla, P., Petti, F. M., Mietto, P., and Benton, M. J.2018.

Dinosaur diversification linked with the Carnian Pluvial Episode. *Nature Communications* 9,1499: https://www.nature.com/articles/s41467-018- 03996-1

Brusatte, S. L., Benton, M. J., Ruta, M., and Lloyd, G. T.2008. Superiority, competition, and opportunism in the evolutionaryradiation of dinosaurs. *Science* 321,1485–88

*Brusatte, S. L., Nesbitt, S. J., Irmis,

R. B., Butler, R. J., Benton, M. J., and Norell, M. A.2010. The origin and early radiation of dinosaurs. *Earth- Science Reviews*101, 68–100 廣泛綜覽三疊紀的各個面向以及恐龍的起源。

Brusatte, S. L., Nied wiedzki, G., and Butler, R. J.2011. Footprints pull origin and diversification of dinosaur stem lineage deep into Early Triassic. *Proceedings of the Royal Society* B278,1107–13

Dal Corso, J. et al.二〇一二年. Discovery of a major negative d13C spike in the Carnian（Late Triassic）linked to the eruption of Wrangellia flood basalts. *Geology*40, 79–82

Dzik, J.2003. A beaked herbivorous archosaur with dinosaur affinities from the early Late Triassic of Poland. *Journal of Vertebrate Paleontology*23, 556–74

Nesbitt, S. J., Sidor, C. A., Irmis, R. B.,Angielczyk, K. D., Smith, R. M. H., and Tsuji, L. A.2010. Ecologically distinct dinosaurian sister group shows early diversification of Ornithodira. *Nature* 464, 95–98 宣布在三疊紀中期發現西里龍，證實恐龍起源早期的日期。

Simms, M. J., and Ruffell, A. H.1989.

Synchroneity of climatic change and extinctions in the late Triassic. *Geology*17,265–68

Sookias, R. B., Butler, R. J., and Benson, R. B. J.二〇一二年. Rise of dinosaurs reveals major body-size transitions are driven by passive processes of trait evolution.

Proceedings of the Royal Society B279, 2180–87

第二章

Bakker, R. T., and Galton, P. M.1974. Dinosaur monophyly and a new class of vertebrates. *Nature* 248,168–72

Baron, M. G., Norman, D. B., and Barrett, P. M.2017. A new hypothesis of dinosaur relationships and early dinosaur evolution. *Nature* 543, 501–6

Benton, M. J.1984. The relationships and early evolution of the Diapsida. *Symposium of the Zoological Society of London* 52, 575–96

*Brusatte, S. L. 二〇一二年. *Dinosaur paleobiology*. Wiley, New York and Oxford
給學生看的最佳恐龍教科書。

Gauthier, J.1986. Saurischian monophyly and the origin of birds. *Memoirs of the California Academy of Science* 8,1–55

*Gee, H.2008. *Deep time: Cladistics, the revolution in evolution*. Fourth Estate, London
詳細介紹支序分類學和所有相關爭論。

Hennig, W.1950. *Grundzüge einer Theorie der phylogenetischen Systematik. Deutscher Zentralverlag*, Berlin

Hennig, W.1966. *Phylogenetic systematics*, translated by D. Davis and R. Zangerl. University of Illinois Press, Urbana

Lloyd, G. T., Davis, K. E., Pisani, D., Tarver, J. E., Ruta, M., Sakamoto, M., Hone, D. W. E., Jennings, R., and Benton, M. J.2008. Dinosaurs and the Cretaceous Terrestrial Revolution. *Proceedings of the Royal Society*, Series B275,2483–90
我們的第二棵恐龍超級樹。

*Naish, D., and Barrett, P.2016. Dinosaurs: How they lived and evolved. Natural History Museum, London; Smithsonian Books, Washington DC
一本關於恐龍最新發現的精采簡介，還附有彩色插圖。

Norman, D. B.1984. A systematic reappraisal of the reptile order Ornithischia. In W.-E. Reif and F.

Westphal（eds）, *Third Symposium on Mesozoic terrestrial ecosystems, short papers, Attempto Verlag, Tübingen*, pp.157–62

Owen, R.1842. Report on British fossil reptiles. Part II. *Report of the Eleventh Meeting of the British Association for the Advancement of Scienc*e; held at Plymouth in July1841,60–204
理查・歐文命名恐龍的經典論文（見第103頁）。

Pisani, D., Yates, A. M., Langer, M. C., and Benton, M. J.2002. A genus- level supertree of the Dinosauria.

Proceedings of the Royal Society B269, 915–21
我們的第一棵恐龍超級樹。

Seeley, H. G.1887. On the classification of the fossil animals commonly named Dinosauria. *Proceedings of the Royal Society, London*43,165–71

Sereno, P. C.1986. Phylogeny of the bird-hipped dinosaurs（order Ornithischia）. *National Geographic Research*2,234–56

Sweetman, S. C.2016. A comparison of Barremian–early Aptian vertebrate assemblages from the Jehol Group, north-east China and the Wealden Group, southern Britain: The value of microvertebrate studies in adverse preservational settings. *Palaeobiodiversity and Palaeoenvironments* 96,149–68

第三章

*Benton, M. J., Schouten, R., Drewitt, E. J. A., and Viegas, P. 二〇一二年. The Bristol Dinosaur Project. *Proceedings of*

*the Geologists' Association*123,210–25
棘齒龍的完整故事以及我們如何以這種恐龍來打造教育和互動參與計畫。

*Currie, P. J., and Koppelhus, E. B.（eds）.2005. Dinosaur Provincial Park: A spectacular ancient ecosystem revealed. Indiana University Press, Bloomington
關於恐龍公園層的一切故事：其地質、植物、動物和恐龍。

第四章

Bakker, R. T.1972. Anatomical and ecological evidence of endothermy in dinosaurs. *Nature* 238, 81–85
這篇論文引發了「溫血恐龍」的辯論。

*Bakker, R. T.1986. The dinosaur heresies: New theories unlocking the mystery of the dinosaurs and their extinction. W. Morrow, New York; Longman, Harlow
標題說明了一切。

Bakker, R. T., and Galton, P. M.1974. Dinosaur monophyly and a new class of vertebrates. *Nature* 248,168–72

Benton, M. J.1979. Ectothermy and the success of the dinosaurs. *Evolution* 33, 983–97
我所寫的論文，談的是關於「溫血恐龍」的爭議。

*Benton, M. J., Zhou, Z., Orr, P. J., Zhang F., and Kearns, S. L.2008. The remarkable fossils from the Early Cretaceous Jehol Biota of China and how they have changed our knowledge of Mesozoic life. *Proceedings of the Geologists' Association*119,209–28
中國帶羽毛恐龍化石及其發生的概略介紹。

Chen, P., Dong, Z., and Zhen, S.1998. An exceptionally well-preserved theropod dinosaur from the Yixian Formation of China. *Nature* 391,147–52
第一篇以英文描述帶羽毛恐龍的文章，向世界介紹中華龍鳥。

*Chiappe, L. M., and Meng, Q. J.2016. Birds of stone: Chinese avian fossils from the age of dinosaurs. Johns Hopkins University Press, Pittsburgh
當中有令人驚嘆的鳥類化石。

Colbert, E. H., Cowles, R. B., and Bogert, C. M.1946. Temperature tolerances in the American alligator and their bearing on the habits, evolution, and extinction of the dinosaurs. *Bulletin of the American Museum of Natural History* 86, 327–74
科爾伯特及其同事在這些重大實驗中發現體形大多少有助於維持體溫恆定。

Huxley, T. H.1870. Further evidence of the affinity between the dinosaurian reptiles and birds. *Quarterly Journal of the Geological Society of London* 26,12–31
赫胥黎展示了恐龍和鳥類的大部分解剖結構。

Jerison, H. J.1969. Brain evolution and dinosaur brains. *American Naturalist* 103, 575–88

Knell, R. J., and Sampson, S.2011. Bizarre structures in dinosaurs: Species recognition or sexual selection? A response to Padian and Horner. *Journal of Zoology* 283,18–22
恐龍的角和冠是用於性展示，而不是物種辨識的論點。

Li, Q., Gao, K.-Q., Vinther, J., Shawkey, M. D., Clarke, J. A., D'Alba, L., Meng, Q., Briggs, D. E. G., Miao, L., and Prum, R. O.2010. Plumage color patterns of an extinct dinosaur. *Science* 327,1369–72
耶魯大學小組展示侏羅紀恐龍中的近鳥龍的羽毛顏色和圖案。

*Long, J., and Schouten, P.2009.
Feathered dinosaurs: The origin of birds.
Oxford University Press, Oxford and
New York
書中有壯觀的插圖，並論及中國新化
石的重要性。

Ostrom, J. H.1969. Osteology of
Deinonychus antirrhopus, an unusual
theropod from the Lower Cretaceous of
Montana. *Bulletin, Peabody Museum of
Natural History* 30,1–165
恐爪龍的經典描述，並且顯示鳥類是
自恐龍演化而來的論文。

Padian, K., and Horner, J.2011. The
evolution of 'bizarre structures' in
dinosaurs: Biomechanics, sexual
selection, social selection, or species
recognition? *Journal of Zoology* 283,
3–17
主張角和冠是用於物種辨識，而不是
性展示。

Vinther, J., Briggs, D. E. G., Prum, R. O.,
and Saranathan, V.2008. The colour of
fossil Feathers. *Biology Letters* 4, 522–25
羽毛化石中發現黑素體的個案。

Xing, L., McKellar, R. C., Xu, X., Li, G.,
Bai, M., Persons, W. S. IV, Miyashita, T.,
Benton, M. J., Zhang, J. P., Wolfe, A. P.,
Yi, Q. R., Tseng, K. W., Ran, H., and
Currie, P. J.2016. AFEAthered dinosaur
tail with primitive plumage trapped in
mid- Cretaceous amber. *Current Biology*
26, 3352–60

Zhang, F., Kearns, S. L, Orr, P. J.,
Benton, M. J., Zhou, Z., Johnson, D., Xu,
X., and Wang, X.2010. Fossilized
melanosomes and the colour of
Cretaceous dinosaurs and birds. *Nature*
463,1075–78
我們展示出中華龍鳥有一條薑黃色和
白色條紋的尾巴。

第五章

瑪麗‧史懷哲（Mary Schweitzer）的
引文來自：M. Schweitzer and T.
Staedter, The real Jurassic Park. *Earth*
June1997, 55–57

*Briggs, D. E. G., and Summons, R.
E.2014. Ancient biomolecules: Their
origins, fossilization, and role in
revealing the history of life. *BioEssays*
36,482–90
清楚說明哪些生物分子可能留存數百
萬年，哪些不能。

Buckley, M., Warwood, S., van Dongen,
B., Kitchener, A. C., and Manning, P.
L.2017. A fossil protein chimera:
Difficulties in discriminating dinosaur
peptide sequences from modern cross-
contamination. *Proceedings of the Royal
Society B*284,20170544
駁斥所發現的恐龍骨骼中的血管僅是
細菌生物膜。

Burroughs, E. R.1918. *The Land that
Time Forgot*. A. C. McClurg, Chicago
Cano, R. J., Poinar, H. N., Pieniazek, N.
J., Acra, A., and Poinar, G. O., Jr.1993.
Amplification and sequencing of
DNAfrom a120–135-million- year-old
weevil. *Nature* 363, 536–38

Cano, R. J., Poinar, H. N., Roubik, D. W.,
and Poinar, G. O., Jr.1992. Enzymatic
amplification and nucleotide sequencing
of portions of the18s rRNA gene of the
bee Proplebeia dominicana（Apidae:
Hymenoptera）isolated from
25–40-million-year-old Dominican
amber. *Medical Science Research* 20,
619–22

Chinsamy, A., Chiappe, L. M., Marugan-
Lobon, J., Gao, C. L., and Zhang, F.
J.2013. Gender identification of the

Mesozoic bird Confuciusornis sanctus. *Nature Communications* 4,1381
以髓質骨識別出化石鳥為雌性。

*Crichton, M.1990. *Jurassic Park*. Alfred A. Knopf, New York
開始這一切的書。

Doyle, A. C.1912. The Lost World. Hodder & Stoughton, London Kaye, T. G., Gaugler, G., and Sawlowicz, Z.2008. Dinosaurian soft tissues interpreted as bacterial biofilms. *PLoS ONE* 3, e2808
駁斥所發現的恐龍骨骼中的血管僅是細菌生物膜。

Kupferschmidt, K.2014. Can cloning revive Spain's extinct mountain goat? *Science* 344,137–38

Lindahl, T.1993. Instability and decay of the primary structure of DNA. *Nature* 362, 709–15
從一開始就有證據顯示古代DNA不太可能保存數百萬年。

Muyzer, G., Sandberg, P., Knapen, M. H. J., Vermeer, C., Collins, M., and Westbroek, P.1992. Preservation of the bone protein osteocalcin in dinosaurs. *Geology* 20, 871–74

O'Connor, R. E., Romanov, M. N., Kiazim, L. G., Barrett, P. M., Farré, M., Damas, J., Ferguson-Smith, M., Valenzuela, N., Larkin, D. M., and Griffin, D. K.2018. Reconstruction of the diapsid ancestral genome permits chromosome evolution tracing in avian and non-avian dinosaurs. *Nature Communications* 9,1883
重建恐龍基因體。

Prondvai, E.2017. Medullary bone in fossils: Function, evolution and significance in growth curve reconstructions of extinct vertebrates. Journal of Evolutionary

Biology 30,440–60.
指出髓質骨發生的位置和不會發生的位置。

Schweitzer, M. H., Wittmeyer, J. L., and Horner, J. R.2005. Gender- specific reproductive tissue in ratites and *Tyrannosaurus rex. Nature* 308,1456–60
巨型恐龍髓質骨的報告。

Schweitzer, M., Marshall, M., Carron, K., Bohle, D. S., Busse, S. C., Arnold, E. V., Barnard, D., Horner,J. R., and Starkley, J. R.1997. Heme compounds in dinosaur trabecular bone. *Proceedings of the National Academy of Sciences, U.S.A.* 94, 6291–96
第一篇關於恐龍血液的報告。

Schweitzer, M. H., Wittmeyer, J. L., Horner, J. R., and Toporski, J. K. 2005. Soft-tissue vessels and cellular preservation in *Tyrannosaurus rex. Science* 307,1952–55

*Shapiro, B.2015. *How to clone a mammoth: The science of de-extinction*. Princeton University Press, Princeton
對整個主題的精采概述,從桃莉羊到複製,以及與猛獁象的未來計畫。

*Thomas, M., Gilbert, M. T. P., Bandlet, H.-J., Hofreiter, M., and Barnes, I.2005. Assessing ancient DNA studies. *Trends in Ecology and Evolution* 20, 541–44
對這主題的實用概述。

Wiemann, J., Fabbri, M., Yang, T.-R., Stein, K., Sander, P. M., Norell, M. A., and Briggs, D. E. G.2018. Fossilization transforms vertebrate hard tissue proteins into N-heterocyclic polymers. *Nature Communications* 9,4741

Woodward, S. R., Weyand, N. J., and Bunnell, M.1994. DNA sequence from Cretaceous period bone fragments.

Science 266,1229–322
宣稱找到應當是恐龍DNA的報告。

第六章

Benton, M. J., Csiki, Z., Grigorescu, D., Redelstorff, R., Sander, P. M., Stein, K., and Weishampel, D. B. 2010. Dinosaurs and the island rule: The dwarfed dinosaurs from Ha eg Island. *Palaeogeography, Palaeoclimatology, Palaeoecology* 293, 438–54
特蘭西瓦尼亞的侏儒恐龍。

*Carpenter, K., Hirsch, K. F., and Horner, J. R.（eds）.1996. Dinosaur eggs and babies. Indiana University Press, Bloomington; Cambridge University Press, Cambridge
一系列關於恐龍蛋和幼龍的文章。

Chapelle, K., and Choiniere, J. N.2018. A revised cranial description of Massospondylus carinatus Owen （Dinosauria: Sauropodomorpha）based on computed tomographic scans and a review of cranial characters for basal Sauropod omorpha. *PeerJ* 6, e4224

*Erickson, G. M.2005. Assessing dinosaur growth patterns: a microscopic revolution. *Trends in Ecology and Evolution* 20, 677–84
對整個主題的回顧。

Erickson, G. M., Curry Rogers, K., and Yerby, S. A.2001. Dinosaurian growth patterns and rapid avian growth rates. *Nature* 412,429–33

Erickson, G. M., Makovicky, P. J., Currie, P. J., Norell, M. A., Yerby, S. A., and Brochu, C. A.2004. Gigantism and comparative life history of *Tyrannosaurus rex. Nature* 430, 772–75

Erickson, G. M., Rauhut, O. W. M., Zhou, Z., Turner, A. H., Inouye, B. D., Hu, D., and Norell, M. A.2009. Was dinosaurian physiology inherited by birds? Reconciling slow growth in Archaeopteryx. *PLoS ONE* 4, e7390

Norell, M. A., Clark, J. M., Chiappe, L. M., and Dashzeveg, D.1995. A nesting dinosaur. *Nature* 378, 774–76
證據顯示竊蛋龍變成化石，而且她是在那裡孵化她的蛋。

Reisz, R. R., Scott, D., Sues, H.- D., Evans, D. C., and Raath, M. A.2005. Embryos of an Early Jurassic prosauropod dinosaur and their evolutionary significance. *Science* 309, 761–64
刀背大椎龍的胚胎。

Sander, P. M., Christian, A., Clauss, M., Fechner, R., Gee, C. T., Griebeler, E.-M., Gunga, H.-C., Hummel, J., Mallison, H., Perry, S. F., Preuschoft, H., Rauhut, O. W. M., Remes, K., Tutken, T., Wings, O., and Witzel, U.2010. Biology of the sauropod dinosaurs: the evolution of gigantism. *Biological Reviews* 86,117–55

Zhao, Q., Benton, M. J., Sullivan, C., Sander, P. M., and Xu, X.2013. Histology and postural change during the growth of the Ceratopsian dinosaur *Psittacosaurus lujiatunensis. Nature Communications* 4,2079

第七章

*Barrett, P. M., and Rayfield, E. J.2006. Ecological and evolutionary implications of dinosaur feeding behaviour. *Trends in Ecology and Evolution* 21,217–24
古生物學家如何確定恐龍進食行為的文獻回顧。

Bates, K. T., and Falkingham, P. L. 二〇一二年. Estimating maximum bite performance in *Tyrannosaurus rex* using multi-body dynamics. *Biology Letters* 8, 660–64

Button, D. J., Rayfield, E. J., and Barrett, P. M.2014. Cranial biomechanics underpins high sauropod diversity in resource-poor environments. *Proceedings of the Royal Society B*281,20142114
莫里森蜥腳類恐龍之間的資源分配。

Chin, K., and Gill, B. D.1996. Dinosaurs, dung beetles, and conifers: Participants in a Cretaceous food web. *Palaios*11,280–85

 Chin, K., Tokaryk, T. T., Erickson, G. M., and Calk, L.1998. A king- sized theropod coprolite. *Nature* 393, 680–82

Erickson, G. M., Krick, B. A., Hamilton, M., Bourne, G. R., Norell, M. A., Lilleodden, E., et al. 二〇一二年. Complex dental structure and wear biomechanics in hadrosaurid dinosaurs. *Science* 338, 98–101

Gill, P. G., Purnell, M. A., Crumpton, N., Brown, K. R., Gostling, N. J., Stampanoni, M., and Rayfield, E. J.2014. Dietary specializations and diversity in feeding ecology of the earliest stem mammals. *Nature* 591, 303–5

Godoy, P. L., Montefeltro, F. C., Norell, M. A., and Langer, M. C.2014. An additional baurusuchid from the Cretaceous of Brazil with evidence of interspecific predation among Crocodyliformes. *PLoS ONE* 9（5）, e97138
阿達曼蒂納層以鱷魚為主的食物網。

Mitchell, J. S., Roopnarine, P. D., and Angielczyk, K. D. 二〇一二年. Late Cretaceous restructuring of terrestrial communities facilitated the end-Cretaceous mass extinction in North America. *Proceedings of the National Academy of Sciences*, U.S.A.109,18857–61

Rayfield, E. J.2004. Cranial mechanics and feeding in *Tyrannosaurus rex*. *Proceedings of the Royal Society B271*,1451–59

Rayfield, E. J.2005. Aspects of comparative cranial mechanics in the theropod dinosaurs *Coelophysis, Allosaurus* and *Tyrannosaurus*. *Zoological Journal of the Linnean Society*144, 309–16

 *Rayfield, E. J.2007. Finite element analysis and understanding the biomechanics and evolution of living and fossil organisms. *Annual Review of Earth and Planetary Sciences* 35, 541–76
應用FEA方法在恐龍和其他化石動物上的文獻回顧。

Rayfield, E. J., Milner, A. C., Xuan, V. B., and Young, P. G.2007. Functional morphology of spinosaur 'crocodile-mimic' dinosaurs. *Journal of Vertebrate Paleontology* 27, 892–901

Rayfield, E. J., Norman, D. B., Horner, C. C., Horner, J. R., May Smith, P., et al.2001. Cranial design and function in a large theropod dinosaur. *Nature* 409,1033–37

第八章

 Alexander, R. McN.1976. Estimates of speeds of dinosaurs. *Nature* 261,129–30

*Alexander, R. McN.1989. *Dynamics of dinosaurs and other extinct giants*. Columbia University Press, New York
仍然是一份很好的介紹。

*Alexander, R. McN.2006. Dinosaur biomechanics. *Proceedings of the Royal Society B* 273,1849–55
大師說話。

Bishop, P. J., Graham, D. F., Lamas, L. P., Hutchinson, J. R., Rubenson, J., Hancock, J. A., Wilson, R. S., Hocknull, S. A., Barrett, R. S., Lloyd, D. G., et al.2018. The influence of speed and size on avian terrestrial locomotor biomechanics: Predicting locomotion in extinct theropod dinosaurs. *PLoS ONE* 13, 0192172

Coombs, W. P., Jr.1980. Swimming ability of carnivorous dinosaurs. *Science* 207,1198–1200

Falkingham, P. L., and Gatesy, S. M.2014. The birth of a dinosaur footprint: Subsurface 3Dmotion reconstruction and discrete element simulation reveal track ontogeny. *Proceedings of the National Academy of Sciences, U.S.A.*111,18279–84

Galton, P. M.1970. The posture of hadrosaurian dinosaurs. *Journal of Paleontology* 44,464–73

Gatesy, S. M., Middleton, K. M., Jenkins, F. A., and Shubin, N. H.1999. Three-dimensional preservation of foot movements in Triassic theropod dinosaurs. *Nature* 399,141–44

*Gillette, G. G., and Lockley, M. G.（eds）.1989. Dinosaur tracks and traces. Indiana University Press, Bloomington; Cambridge University Press, Cambridge

概述和許多案例研究。

*Haines, T.1999. Walking with dinosaurs: A natural history. BBC Books, London; DK, New York
這個系列節目的製作人談論製作動畫的方法與如何確保正確性。

Heers, A. M., and Dial, K. P.2015. Wings versus legs in the avian bauplan: Development and evolution of alternative locomotor strategies. *Evolution* 69, 305–20

Henderson, D. M.2006. Burly gaits: Centers of mass, stability, and the trackways of sauropod dinosaurs. *Journal of Vertebrate Paleontology* 26, 907–21

Hutchinson, J. R., and Garcia, M.2002. *Tyrannosaurus* was not a fast runner. *Nature* 415,1018–21

Hutchinson, J. R., and Gatesy, S. M.2006. Dinosaur locomotion: Beyond the bones. *Nature* 440,292–94

Kubo, T., and Benton, M. J.2009. Tetrapod postural shift estimated from Permian and Triassic trackways. *Palaeontology* 52,1029–37
在二疊紀－三疊紀大滅絕中從爬行轉變到直立步行。

Lockley, M. G., Houck, K., and Prince, N. K.1986. North America's largest dinosaur tracksite: Implications for Morrison Formation paleoecology. *Geological Society of America, Bulletin* 97,1163–76

Mickelson, D., King, M., Getty, P., and Mickelson, K.2006. Subaqueous tetrapod swim tracks from the middle Jurassic Bighorn Canyon National Recreation Area（BCNRA）, Wyoming, USA. *New*

Mexico Museum of Natural History and Science Bulletin 34
僅摘要：全文尚未發表。

*Ostrom, J. H.1979. Bird flight: How did it begin? *American Scientist* 67,46–56
鳥類飛行起源的經典「由地面起飛」的觀點。

Palmer, C.2014. The aerodynamics of gliding flight and its application to the arboreal flight of the Chinese Feathered dinosaur *Microraptor. Biological Journal of the Linnean Society* 113, 828–35

*Xu, X., Zhou, Z., Dudley, R., et al.2014. An integrative approach to understanding bird origins. *Science* 346,1253293
當前對鳥類起源和飛行起源的「樹梢飛下」模型的文獻回顧。

第九章

*Alvarez, L. W., Alvarez, W., Asaro, F., and Michel, H. V.1980. Extraterrestrial cause for the Cretaceous–Tertiary extinction. *Science* 208,1095–1108
The original proposal of impact.
最初提提議撞擊的文章。

*Alvarez, W.2008. *T. rex* and the crater of doom,2nd edition. Princeton University Press, Princeton
可以說是科普讀物有史以來取得最好的書名——華特・阿爾瓦雷斯講述了整個故事。

Benton, M. J.1990. Scientific methodologies in collision: The history of the study of the extinction of the dinosaurs. *Evolutionary Biology* 24, 371–424
恐龍滅絕的一百個首要原因。

Field, D. J., Bercovici, A., Berv, J. S., Dunn, R. E., Fastovsky, D. E., Lyson, T.

R., Vajda, V., and Gauthier, J. A.2018. Early evolution of modern birds structured by global forest collapse at the end-Cretaceous mass extinction. *Current Biology* 28,1825–31

Hildebrand, A. R., Penfield, G. T., Kring, D. A., Pilkington, M., Camargo, A., Jacobsen, S. B., and Boyton, W. V.1991. Chicxulub crater – a possible Cretaceous/Tertiary boundary impact crater on the Yucatán Peninsula, Mexico. *Geology* 19, 867–71

Lyell, C.1830–33. Principles of geology, being an attempt to explain the former changes of the Earth's surface, by reference to causes now in operation, 3 vols. John Murray, London
均變論的經典論述。

MacLeod, K. G., Quinton, P. C., Sepúlveda, J., and Negra, M. H.2018. Postimpact earliest Paleogene warming shown by fish debris oxygen isotopes（El Kef, Tunisia）. *Science* 24, eaap8525

Maurrasse, F. J.-M. R., and Sen, G.1991. Impacts, tsunamis, and the Haitian Cretaceous-Tertiary boundary layer. *Science* 252,1690–93

Morgan, J., Warner, M., Brittan, J., Buffler, R., Camargo, A., Christeson, G., Dentons, P., Hildebrand, A., Hobbs, R., MacIntyre, H., Mackenzie, G., Maguires, P., Marin, L., Nakamura, Y., Pilkington, M., Sharpton, V.,and Snyders, D.1997. Size and morphology of the Chicxulub impact crater. *Nature* 390,472–76

Raup, D. M., and Sepkoski, J. J., Jr.1984. Periodicity of extinctions in the geologic past. *Proceedings of the National Academy of Sciences, U.S.A.* 81, 801–05

Sakamoto, M., Benton, M. J., and Venditti, C.2016. Dinosaurs in decline tens of millions of years before their final extinction. *Proceedings of the National Academy of Sciences, U.S.A.* 113, 5036–40

Slater, G. J.2013. Phylogenetic evidence for a shift in the mode of mammalian body size evolution at the Cretaceous–Palaeogene boundary. *Methods in Ecology and Evolution* 4, 734–44

Wolfe, J. A.1991. Palaeobotanical evidence for a June 'impact' at the Cretaceous/Tertiary boundary. *Nature* 352, 420–23

後記

Maddox, J.1998. *What remains to be discovered*. The Free Press, New York; Macmillan, London

Oreskes, N., and Conway, E. M.2010. *Merchants of doubt*. Bloomsbury, London and New York
科學家濫用科學來發表政治觀點，尤其是之前支持吸煙的遊說團體，以及目前否認氣候變遷的陣營。